U0323314

乙烯装置分离
全流程模拟

卢光明　著

Full Separation
Process Simulation
in Ethylene Plant

化学工业出版社

·北京·

内 容 简 介

本书从乙烯装置分离过程模拟涉及的基础物性方法和模型出发，基于1200kt·a^{-1}乙烯装置的重质裂解原料和轻质裂解原料两个模拟基础工况，用Aspen Plus V8.8模拟研究乙烯装置自汽油分馏塔系统接收裂解炉区废热锅炉出口的裂解气始至脱丁烷塔采出碳四馏分和粗裂解汽油组分止的分离流程。全流程模拟研究三种典型分离技术的分离过程，侧重于概括顺序分离后加氢、前脱乙烷前加氢和前脱丙烷前加氢三种分离技术的特点与差异，分析其模拟计算结果，并在模拟计算公用工程消耗的基础上比较这三种分离技术的综合能耗，有利于乙烯设计和生产者等更加透彻地理解不同的乙烯分离技术。

本书特别适用于乙烯生产单位开展乙烯分离技术培训和乙烯分离过程模拟，还适合设计单位开展乙烯装置的分离工艺包优化设计工作。可供乙烯行业设计、科研开发和生产技术人员，以及高等院校热能或化工类专业师生参考阅读。

图书在版编目（CIP）数据

乙烯装置分离全流程模拟/卢光明著． —北京：化学
工业出版社，2021.12
ISBN 978-7-122-39907-6

Ⅰ．①乙…　Ⅱ．①卢…　Ⅲ．①乙烯–分离设备–流程
模拟　Ⅳ．①TQ325.1

中国版本图书馆CIP数据核字（2021）第187283号

责任编辑：窦　臻　林　媛　　　　　　　　　　装帧设计：王晓宇
责任校对：王鹏飞

出版发行：化学工业出版社（北京市东城区青年湖南街13号　邮政编码100011）
印　　装：凯德印刷（天津）有限公司
787mm×1092mm　1/16　印张18¾　字数348千字　2022年2月北京第1版第1次印刷

购书咨询：010-64518888　　　　　　　　　　售后服务：010-64518899
网　　址：http://www.cip.com.cn
凡购买本书，如有缺损质量问题，本社销售中心负责调换。

定　　价：128.00元

自序

近年来，国内大型乙烯工程的裂解原料多样化，乙烯装置规模大型化，不仅迫切需要选择较优的分离工艺，还需做好设计优化工作，开展这些工作都需要了解三种典型乙烯分离技术的差异。同时对已投产的乙烯装置，也需要利用流程模拟软件对乙烯分离过程进行全流程模拟，以达到操作优化，便于乙烯装置节能降耗，促进乙烯工业高质量发展。

本书基于上述背景选题，结合乙烯装置分离技术工业应用实际情况，较系统地在统一规定和同一模拟基础上，全流程模拟计算了国内应用成熟的三种主要乙烯分离技术的分离过程，指出了它们所采用的不同模拟方法，既便于乙烯生产者和设计人员学习借鉴，又可为乙烯装置模拟技术人员提供指导，对国内推广普及乙烯装置全流程模拟工作有重要意义。

目前国内外针对乙烯装置局部或单元进行模拟研究的论文较多，介绍 Aspen Plus 模拟的用法也有较多专著，但未发现国内外有专门针对乙烯装置撰写全流程模拟的专著，本书填补了这一空缺。本书不涉及邹仁鋆和王松汉等关于乙烯装置分离技术基础理论的著作内容，也不涉及 Aspen Plus 模拟用法，其主要内容是作者在模拟计算过程中的经验总结，及作者通过模拟计算结果对分离过程的理解。全书前后相互印证，自成一体，统一规定了三种分离技术所涉及的设备位号，既便于统一描述分离过程流程，又便于分析不同分离技术的特点与差异。

本书适合不同层次的读者。三种分离技术的工艺描述不仅适合初学者，让初学者可粗略地了解其中一种乙烯分离工艺，还特别适合熟练者，便于熟练者分析研究三种乙烯分离技术的差异，使熟练者融会贯通地掌握各种乙烯分离深层技术。

本书重点是乙烯装置分离全流程稳态模拟，适合对流程模拟有初步了解的读者。爱好模拟计算的熟练者学完"工程热力学"或"化工热力学"、"传热传质学"或"化工分离过程"和"乙烯装置分离原理与技术"之后，会使用流程模拟软件稳态模拟计算化工单元过程，可进一步学习本书，按本书的模拟技术路线和模拟说明开展乙烯装置分离全流程模拟实训，既较全面消化掌握三种乙烯分离技术，又可独立开展各种乙烯分离工艺的全流程稳态模拟，成为乙烯装置分离工艺方面的专业化工工程师。对于设计人员来说，可参考本书分离系统模拟模型，建立设计乙烯装置的分离系统全流程模型，可精雕细琢地开展分离系统工艺包优化设计工作。对于乙烯生产者来说，可建立已有乙烯装置的分离系统全流程模型，开展分离系统离线操作优化工作，并根据裂解原料和公用工程等的变化，改进分离工艺，降低分离系统综合能耗。既有助于新建乙烯装置的分离技术选择，又有助于已建乙烯装置的分离技术改进。

期望本书的出版，有助于乙烯化工工程师通透地学习研究三种典型分离技术的分离过程，透彻地理解不同乙烯分离技术，并助力乙烯分离技术国产化再上新台阶。

著　者
2021年2月于独山子

前言

国内乙烯工业始于1961年，乙烯装置分离过程模拟起步于20世纪70年代，迄今已有50多年的历史。当前化工过程模拟软件已非常普及，乙烯装置分离过程模拟已取得显著成绩和跨越式发展，国内已利用它开发了多个具有自主知识产权的乙烯装置轻烃分离流程。一批乙烯装置专家、学者通过发表论文和编写专著较系统地阐述了乙烯分离技术，这适应了20世纪我国乙烯装置的科研、设计、生产和教育需要，为21世纪乙烯装置逐步国产化和乙烯工业的跨越发展打下了坚实的基础。

作者运用自己掌握的热能动力机械与装置专业的理论知识，将压缩机、涡轮机等原理联系裂解气压缩机、制冷压缩机及其汽轮机等的实际运行操作实践；运用掌握的工程热物理专业的理论知识，将化工热力学、传热传质及流体力学等理论知识联系各种分离单元操作实践。既消化掌握了乙烯装置技术，又积累了大量的乙烯装置生产运行操作经验。作者自1992年开始从事乙烯装置的技术工作，亲身经历过160kt·a⁻¹顺序分离技术乙烯装置的建设和投产运行及230kt·a⁻¹扩能脱瓶颈改造，1000kt·a⁻¹前脱乙烷前加氢技术乙烯装置的建设和投产运行及1100kt·a⁻¹扩能脱瓶颈改造，调研学习过国内大部分乙烯装置，自学了反应动力学及裂解理论知识，熟练运用PRO/Ⅱ及Aspen Plus两种化工过程模拟软件模拟研究过乙烯装置的一些分离单元操作。作者从事乙烯工艺技术工作28年来，一直致力于乙烯工艺技术的消化和创新工作，既基本消化掌握了乙烯装置技术，又积累了大量乙烯装置生产运行操作经验，特别是较深入研究掌握了顺序分离、前脱乙烷和前脱丙烷分离三种乙烯分离技术。在2010年前后开始考虑撰写本书，一直在做知识积累及国内外文献调研工作。

2000年以来，国内开始建设百万吨级乙烯装置。"十三五"期间，有1200～1500kt·a⁻¹乙烯装置投产。作者考虑到乙烯装置规模化、大型化的趋势，以及裂解原料趋向轻质化，把本书乙烯装置规模定为1200kt·a⁻¹，定义了重质裂解原料和轻质裂解原料两个工况，便于研究分析裂解原料的轻质化对乙烯装置运行的影响，以及不同分离技术对乙烯装置运行的影响，可为不同裂解原料乙烯装置运行、改造及其分离技术的选择提供指导。

关于一套乙烯装置的过程模拟，一般会经历四个阶段：第一是原始设计阶段，第二是开车阶段，第三是正常生产运行阶段，第四是停车阶段，后续可能会回到改造设计阶段，依此类推。本书涉及第一和第三阶段的部分内容，从乙烯装置分离过程模拟涉及的基础物性方法和模型出发，基于1200kt·a⁻¹乙烯装置的重质裂解原料和轻质裂解原料两个模拟基础工况，用 Aspen Plus V8.8 模拟研究乙烯装置自汽油分馏塔系统接收裂解炉区废热锅炉出口的裂解气始至脱丁烷塔采出碳四馏分和粗裂解汽油组分止的分离流程，研究三种典型分离技术的分离过程，侧重于概括顺序分离后加氢、前脱乙烷前加氢和前脱丙烷前加氢三种分离技术的特点与差异，有利于乙烯生产者更加透彻地理解不同的乙烯分离技术，便于乙烯生产者根据特定裂解原料选择较优的分离技术。至于乙烯装置的分离技术基础理论，请读者参阅邹仁鋆、王松汉等前辈的著作，本书尽可能不重复。

本书内容共分 11 章。第 1 章简要介绍乙烯装置常用的传质分离过程；第 2 章主要介绍乙烯装置分离过程模拟常用的基础物性方法和模型；第 3 章规定本书模拟计算的基础及统一规定；第 4 章介绍急冷系统不同技术差异与模拟计算结果；第 5 章介绍裂解气压缩系统的模拟计算结果；第 6 章主要介绍裂解气脱除酸性气、乙炔、甲基乙炔、丙二烯和一氧化碳的模拟计算结果；第 7 章介绍三种不同深冷分离技术的差异与模拟计算结果；第 8 章介绍脱乙烷和乙烯精馏系统的三种不同分离技术差异与模拟计算结果；第 9 章介绍脱丙烷和丙烯精馏系统、脱丁烷及汽油系统的三种不同分离技术差异与模拟计算结果；第 10 章介绍给三种乙烯分离技术配套的复叠制冷系统及其模拟计算结果；第 11 章在模拟计算公用工程消耗的基础上比较三种分离技术的综合能耗。

提升乙烯装置分离系统全流程模拟技术水平需要大家一起努力。虽然目前乙烯装置的分离过程模拟计算已相当准确、可靠和成熟，已达到稳态模拟计算结果可直接用于乙烯装置设计的程度，并与实际运行工艺参数相符，但作者在乙烯装置分离系统全流程模拟过程中，因相关技术水平有限，影响因素较多，模拟计算结果难免存在不足，必然有一定的误差，恳请读者不吝赐教。作者会虚心接受不同意见，并不胜感激，择机在本书再版时修订。

著 者

2021 年 2 月于独山子

主要符号说明

BFW	锅炉给水	
BMCI	芳烃指数，Bureau of Mines Correlation Index	
BTX	苯、甲苯和二甲苯	
COT	裂解炉出口温度	℃
CW	循环冷却水	
DS	稀释蒸汽	
EP1	顺序分离流程乙烯装置	
EP2	前脱乙烷分离流程乙烯装置	
EP3	前脱丙烷分离流程乙烯装置	
F_{BFW}	补入工艺水汽提塔C104的锅炉给水量	$t \cdot h^{-1}$
F_{DS}	稀释蒸汽量	$t \cdot h^{-1}$
F_{LS}	工艺水汽提塔C104的汽提低压蒸汽量	$t \cdot h^{-1}$
F_{MS}	稀释蒸汽发生器系统的中压蒸汽输入量	$t \cdot h^{-1}$
F_{PW}	急冷水塔系统产出的工艺水量	$t \cdot h^{-1}$
f_W	分子筛床的设计水吸附容量	$g \cdot (100g)^{-1}$
HFO	重质裂解燃料油	
HRS	热集成精馏系统，Heat Integrated Rectifier System	
HS	高压蒸汽	
LFO	轻质裂解燃料油	
LMTD	对数平均温差	K
LS	低压蒸汽	
MA	甲基乙炔	
MFO	中质裂解燃料油	
MS	中压蒸汽	
MVR	机械蒸汽再压缩，Mechanical Vapor Recompression	
PAH	多环芳烃，Polycyclic Aromatic Hydrocarbons	
PD	丙二烯	
PFO	裂解燃料油	
PGO	裂解柴油	
PO	盘油	
PONA	裂解原料族组成，指烷烃、烯烃、环烷烃和芳烃组成	
PW	工艺水	
QO	急冷油	

QW　急冷水

Q_{C401B}　脱乙烷塔C401塔底再沸热量　　　　　　　　　　　　MW

$Q_{C403侧}$　乙烯精馏塔C403侧线再沸热量　　　　　　　　　　MW

Q_{C567B}　1/2丙烯精馏塔C506/C507塔底再沸热量　　　　　MW

Q_{CW}　急冷系统未回收的低温热量　　　　　　　　　　　　MW

Q_{DS}　急冷系统高温热量　　　　　　　　　　　　　　　　MW

Q_{E5167}　1/2丙烯精馏塔再沸器E5116和E5117的换热量之和　MW

Q_{E5189}　1/2丙烯精馏塔侧线再沸器E5118和E5119的换热量之和　MW

Q_{LT}　急冷系统可回收的低温热量　　　　　　　　　　　　MW

Q_{MT}　急冷系统中温热量　　　　　　　　　　　　　　　　MW

Q_{PGO}　急冷系统模拟计算出的裂解柴油回收热量　　　　　MW

Q_{PO}　急冷系统模拟计算出的盘油回收热量　　　　　　　MW

Q_{QO}　急冷系统急冷油回收的热量　　　　　　　　　　　　MW

Q_{QW}　急冷水塔系统通过急冷水回收的低温热量　　　　　MW

RPG　粗裂解汽油

SS　超高压蒸汽

TLE　废热锅炉，Transfer Line Exchanger

TSA　变温吸附，Temperature Swing Adsorption

VC　蒸汽压缩，Vapor Compression

XW　新水

目录

第1章

绪论

1.1　概述

我国乙烯工业成长壮大于二十世纪，已在二十一世纪头二十年迎来从量变到质变的飞跃式发展。1961年11月，我国第一套自苏联引进的乙烯装置在兰州化学工业公司建成投产。1964年上海高桥化工厂乙烯装置建成投产，国内乙烯工业才正式起步，年乙烯生产能力6.7kt。1970年自联邦德国引进的砂子炉乙烯装置建成投产，到20世纪70年代末，随着燕山石化公司、上海石化总厂和辽阳化纤公司三套乙烯装置的建成投产，我国的乙烯工业才向前迈进了一大步，走入了正常发展的轨道。1988年毫秒炉乙烯装置建成投产，同期80年代还有5套新乙烯装置建成投产，1990年全国乙烯生产能力达到了2090kt。90年代，乙烯工业得到了较大的发展，有9套新乙烯装置建成投产，同时兴起第一轮乙烯装置扩能改造，使我国乙烯工业成长壮大。到二十世纪末，全国年乙烯生产能力为4405kt。进入二十一世纪头十年，我国乙烯工业飞速发展，加快了乙烯技术国产化步伐，在完成第二轮乙烯装置扩能改造的同时，还新建了10套600~1000kt·a⁻¹大型乙烯装置，使全国蒸汽裂解制乙烯年生产能力增加2.3倍以上。进入二十一世纪第二个十年，有两套乙烯生产能力低于200kt·a⁻¹的老乙烯装置停产，我国乙烯工业实现从量变到质变的飞跃发展，建成国产化率70%以上的乙烯装置，新建了10套600~1500kt·a⁻¹大型乙烯装置，截止到2020年年底，全国蒸汽裂解制乙烯年生产能力达到27000kt。

在我国乙烯工业近60年的发展历程中，前40年完全引进国外乙烯技术，近20年才逐步将乙烯技术国产化[1]。2012年，中国石油天然气股份有限公司（简称中国石油）在大庆600kt·a⁻¹乙烯工程中推进乙烯分离技术国产化。中国石油化工股份有限公司（Sinopec，简称中国石化）已拥有自主知识产权的低能耗乙烯分离技术（Low Energy Consumption Technology，简称LECT）[2]，并在2013年成功应用于武汉800kt·a⁻¹乙烯工程，使乙烯装置的裂解和分离技术首次全面实现了国产化[3]。中国石化还应对"十三五"期间应用乙烷裂解原料所建的乙烯装置开发了优越乙烯回收分离技术（Advanced Recovery Technology，简称ART）。

国外主要有五大乙烯技术专利商。美国有鲁姆斯（Lummus）公司、石伟（Stone & Webster，简称S&W）公司和凯洛格布朗路特（Kellogg Brown & Root，简称KBR）公司三家，法国有德西尼布（Technip，简称TP）公司一家，德国有林德（Linde）公司一家。这五大乙烯技术专利商都各自拥有自主知识产权的裂解技术和分离技术，它们都拥有前脱乙烷分离技术。Lummus、S&W和TP公司还拥有顺序分离技术，KBR和S&W公司还拥有前脱丙烷技术。Linde

公司主要以前脱乙烷前加氢技术为主，TP公司的顺序分离技术始终采用中压双塔脱甲烷的近"渐近"分离工艺。国内中国石化的LECT技术采用了前脱丙烷前加氢技术，ART技术采用了前脱乙烷后加氢技术。

一些乙烯技术专利商认为，顺序分离技术适应所有裂解原料，液体裂解原料优先用前脱丙烷前加氢技术，气体裂解原料优先用前脱乙烷前加氢技术[4, 5]。我国早期引进的乙烯装置绝大部分采用了顺序分离技术。该技术裂解原料适应性强，工艺流程直观易懂，国内对其技术消化较深，导致2000年前我国引进的18套乙烯装置中有72.2%的乙烯装置都优先采用了顺序分离技术（见表1-1）。随着乙烯技术的不断进步，乙烯生产者不断追求低能耗、低投资的乙烯技术，结合国内大部分是石脑油和加氢尾油等液体裂解原料的特点，在2000年以来新建的乙烯装置上大部分采用了前脱丙烷前加氢技术。TP公司自2012年并购S&W公司后，其分离技术大多采用S&W公司的前脱丙烷前加氢技术。

表1-1　国内采用乙烯分离技术的乙烯装置套数

序号	分离技术	专利商	2000年前	2001—2015年	2016—2020年
1	顺序分离	Lummus、S&W、TP	13	4	2
2	前脱乙烷	Linde、Lummus、TP、S&W、KBR、中国石化	1	1	3
3	前脱丙烷	KBR、S&W、Lummus/中国石化、中国石化	4	9	7

本书以国内应用成熟的三种典型分离技术为基础，参照国内典型顺序分离流程乙烯装置（EP1）[6~9]、前脱乙烷分离流程乙烯装置（EP2）[10~14]和前脱丙烷分离流程乙烯装置（EP3）[14~17]，分别对一些典型平衡分离过程进行稳态模拟计算，全流程模拟乙烯装置分离系统[18~20]，定量地分析研究三种典型分离技术的特点和差异。

1.2　乙烯装置常用的传质分离过程

分离过程可分为机械分离和传质分离两大类[21]，这两类都与乙烯装置的分离过程有关。传质分离过程还分为两类，即平衡分离过程和速率分离过程。精馏、蒸出和部分冷凝等平衡分离过程是本书讨论的重点内容，大部分都通过稳态模拟计算来详细分析研究其工艺参数。

1.2.1　平衡分离过程

乙烯装置常用的平衡分离过程[21, 22]见表1-2。因本书未采用变压吸附工艺回收氢气，该部分内容未作介绍。

表1-2　乙烯装置常用的平衡分离过程

序号	名称	原料相态	分离媒介	产生相态	分离原理	实例
1	精馏	汽、液或汽液混合物	热量或机械功	气体和液体	挥发度(蒸气压)有差别	乙烯和乙烷的分离
2	部分冷凝	气体	热量	液体	挥发度(蒸气压)有较大差别	氢气和甲烷的分离
3	吸收	气体	液体吸收剂	液体	溶解度不同	用液体甲烷吸收甲烷氢气体中的碳二组分
4	变温吸附	气体或液体	固体吸附剂	固体	吸附作用的差别	通过分子筛吸附裂解气中的水分
5	变压吸附	气体	固体吸附剂	固体	吸附作用的差别	回收氢气
6	蒸出	液体	汽提气	气体	溶解度不同	裂解燃料油的汽提
7	再沸蒸出	液体或汽液混合物	热量	气体	溶解度不同	粗裂解汽油的汽提
8	闪蒸	液体	减压	气体	挥发度(蒸气压)有较大区别	由中压凝液生产低压蒸汽

（1）精馏

表1-3列出了本书三套乙烯装置12个精馏塔的简要情况。当全凝或几乎全凝时，所产生的一部分液体作回流，剩余液体输出；当部分冷凝时，通过塔顶或回流罐罐顶输出气体，所产生的液体全部作回流或输出部分液体。

表1-3　精馏分离过程

序号	精馏塔	冷凝器	再沸器	备注
1	汽油分馏塔	—	—	粗裂解汽油作回流
2	急冷水塔	—	—	气液水三相
3	预脱甲烷塔	部分冷凝	用液相丙烯作热源	EP3装置
4	脱甲烷塔	部分冷凝	用气相丙烯作热源	EP2和EP3装置冷凝器在塔顶
5	脱乙烷塔	部分冷凝	用低压蒸汽、急冷水或裂解柴油作热源	EP3装置几乎全凝
6	脱丙烷塔	全凝	用低压蒸汽或盘油作热源	EP2和EP3装置
7	高压后脱丙烷塔	全凝	用低压蒸汽作热源	EP1装置

序号	精馏塔	冷凝器	再沸器	备注
8	低压脱丙烷塔	全凝	用低压蒸汽作热源	EP1装置
9	高压前脱丙烷塔	部分冷凝	用盘油作热源	EP3装置
10	乙烯精馏塔	部分冷凝	用丙烯、乙烯或裂解气作热源	EP2和EP3装置应用开式热泵
11	丙烯精馏塔	部分冷凝	用急冷水及低压蒸汽作热源	EP2装置几乎全凝
12	脱丁烷塔	全凝	用低压蒸汽作热源	—

（2）部分冷凝

部分冷凝分离过程在乙烯装置非常多，除绝大多数精馏塔的塔顶冷凝器外，还有许多的冷却器或冷凝器存在着部分冷凝分离过程。表1-4列出了乙烯装置的一些主要部分冷凝分离过程。

表1-4　主要的部分冷凝分离过程

序号	换热器	原料	冷源
1	裂解气干燥器进料丙烯预冷器	裂解气	丙烯冷剂
2	碱洗塔塔顶过冷器	裂解气	丙烯冷剂
3	1号冷箱	冷箱尾气	中压或低压汽液两相甲烷
4	预脱甲烷塔进料冷却器	裂解气	丙烯冷剂及循环乙烷
5	乙烯精馏塔尾气冷凝器	乙烯尾气	乙烯冷剂
6	乙烯精馏塔塔底再沸器	气相丙烯	EP1装置乙烯精馏塔塔底液体
7	脱甲烷塔逆流再沸器	气相丙烯	EP2和EP3装置脱甲烷塔塔底液体
8	乙烯产品加热器	气相丙烯	EP1装置气液两相乙烯产品

（3）吸收

表1-5列出了本书涉及的3个吸收分离过程情况。绿油罐用于洗涤EP1装置碳二加氢反应器出口流出物中绿油。碳二吸收塔和碳三吸收塔都在EP2装置使用，碳二吸收塔用于减少冷箱尾气中乙烯含量，提高深冷分离系统的乙烯回收率；碳三吸收塔用于减少裂解气中丙烯含量，提高乙烯装置丙烯收率。

表1-5　吸收分离过程

序号	吸收塔或罐	进料气	吸收剂	备注
1	碳二吸收塔	含少量碳二的甲烷氢气体	液相甲烷	降低塔顶气体中乙烯含量
2	碳三吸收塔	含少量碳三及碳三以上组分的裂解气	液相碳二组分	降低塔顶气体中丙烯含量
3	绿油罐	可能含少量绿油的碳二气体	液相碳二组分	防止绿油带入下游

（4）蒸出

蒸出分离过程一般在乙烯装置急冷系统，见表1-6。

表1-6 蒸出分离过程

序号	塔	原料	汽提气	备注
1	轻燃料油汽提塔	轻裂解燃料油	稀释蒸汽	EP1和EP2装置无
2	重燃料油汽提塔	重裂解燃料油	高压蒸汽和乙烷裂解气	EP1和EP2装置无
3	裂解燃料油汽提塔	裂解柴油和裂解燃料油	中压蒸汽	EP3装置无
4	工艺水汽提塔	工艺水	稀释蒸汽或低压蒸汽	—

（5）再沸蒸出

再沸蒸出分离过程一般是裂解气压缩系统烃凝液的加热蒸发和粗裂解汽油的汽提，见表1-7。

表1-7 再沸蒸出分离过程

序号	塔或加热器	原料	热源	备注
1	凝液汽提塔	烃凝液	低压蒸汽	EP2和EP3装置无
2	冷凝液加热器	粗裂解汽油	低压蒸汽	EP2和EP3装置无
3	烃凝液加热器	烃凝液	急冷水	EP2和EP3装置无
4	汽油汽提塔	粗裂解汽油	低压蒸汽或盘油	EP1装置无

（6）闪蒸

闪蒸分离过程在乙烯和丙烯制冷系统应用较多，低压低温级位的吸入罐一般都是高压高温级位吸入罐罐底液体的闪蒸罐。在裂解气压缩系统段间罐也存在闪蒸分离过程，后段较高压力吸入罐罐底的凝液返回前段较低压力的吸入罐，可闪蒸出水中的烃类。除此之外，还有一些闪蒸分离过程，见表1-8。

表1-8 其它闪蒸分离过程

序号	闪蒸罐或蒸发器	原料	闪蒸压力/MPa	备注
1	脱甲烷塔回流罐	液体甲烷	0.98	EP2和EP3装置无
2	脱甲烷塔塔底蒸发器	脱甲烷塔塔底液体	0.83	EP1和EP2装置无
3	中压凝液罐	中压凝液	0.60	—

（7）变温吸附

表1-9列出了本书涉及的6个变温吸附分离过程情况。它们都是干燥器，用3A分子筛吸附原料中水分。

表1-9 变温吸附分离过程

序号	干燥器	原料	吸附剂	备注
1	裂解气干燥器	裂解气	3A分子筛	—
2	裂解气凝液干燥器	液态烃	3A分子筛	EP1装置无

序号	干燥器	原料	吸附剂	备注
3	裂解气保护干燥器	碳二及碳二以下气体	3A分子筛	EP1装置无
4	乙烯干燥器	碳二组分	3A分子筛	EP2和EP3装置无
5	丙烯干燥器	碳三组分	3A分子筛	EP2和EP3装置无
6	氢气干燥器	氢气	3A分子筛	—

1.2.2　机械分离过程

乙烯装置涉及的机械分离过程[23]主要有过滤、沉降、旋液分离和旋风分离（见表1-10），它们不是本书专门讨论的内容，全部在模拟流程中省略。

表1-10　乙烯装置常用的机械分离过程

序号	名称	原料相态	分离媒介	产生相态	分离原理	实例
1	过滤	液-固	压力	液+固	颗粒尺寸大于过滤介质孔	冷箱裂解气入口
2	重力沉降	液-固(油)	重力	液+固(油)	密度差	从废碱液中分出油和固体杂质
3	重力沉降	液-水	重力	液+水	密度差	从裂解气凝液中分出游离水
4	旋液分离	液-固	流动惯性	液+固	密度差	急冷油除焦
5	旋风分离	气-液	流动惯性	气+液	密度差	裂解气除雾

1.2.3　速率分离过程

有些乙烯装置应用速率分离过程[23]来回收氢气，其速率分离过程名称为气体渗析分离，它的分离原理是利用各组分渗透速率的差别而分离出气体混合物，其推动力是分压差，一般用平板膜、螺旋卷式膜、中空纤维膜等膜类型。本书未采用该分离过程回收氢气，未介绍该部分内容。

1.3　本书的主要任务和内容

本书先确定三套1200kt·a⁻¹乙烯装置的三种典型乙烯分离流程，然后按设计模式进行分离系统的稳态模拟计算。分离流程的结构、操作条件和输入变量介于核算型计算和设计型计算之间，主要模拟计算工作是分离流程的物料衡算和能量衡算，不涉及设备结构和尺寸，也不涉及投资与经济分析[24, 25]。

本书的主要任务是利用全流程模拟方法[26~29]，在同一基础上，规定重轻两种裂解原料工况，考虑裂解原料轻质化与分离技术的匹配。既研究乙烯装置三种典型乙烯分离技术的差异，又研究同一工况下不同乙烯装置间和同一乙烯装置不同工况间的工艺参数变化特点。考察不同裂解原料工况对分离技术的影响，便于乙烯生产者选择适合一定裂解原料的乙烯分离技术。

本书在同一基础上，较完整、系统、连贯地展开分离系统全流程模拟计算，既体现出不同乙烯分离技术所建立模型收敛方法的不同，又能体会到裂解原料的变化所带来的解决问题的技术路线的差异。本书的模拟计算结果分析仅适用于基于模拟基础的EP1、EP2和EP3装置。这利于读者针对特定乙烯装置建立个性化的模型，开展乙烯分离技术研究工作。

除丙烯精馏塔外，本书不考虑乙烯装置大型化或备用所带来的设备台数问题，同一设备统一用一个位号表示，如急冷油泵、裂解气压缩机段间换热器、裂解气干燥器和碳三加氢反应器等。

本书共分11章。

第1章绪论是乙烯装置常用的传质分离过程简介。简要介绍我国乙烯工业发展历史，以及三种典型乙烯分离技术的应用情况；三种分离过程在乙烯装置分离系统中的应用情况；本书的主要任务和内容。

第2章物性方法和模型是专门针对乙烯装置的分离过程模拟而全面解析热力学性质方法[30-32]。简要介绍有关的基本概念；乙烯装置常用的热力学性质方法和模型；主要涉及急冷系统液体组分的黏度性质方法和模型。

第3章模拟基础是第4~11章模拟计算的基础。给出本书所涉及的裂解原料性质；用裂解炉反应过程模拟软件模拟计算的裂解原料单程产物收率；乙烯装置的两个裂解原料工况；进入急冷系统的裂解气参数；有关模拟计算的关键基础条件。

第4章是急冷系统的模拟计算。共用65个组分模拟计算急冷系统，其中26个真组分表征粗裂解汽油馏分、5个真组分表征205~288℃裂解柴油馏分、12个真组分和1个虚拟组分表征288℃以上裂解燃料油馏分，不仅满足急冷系统的模拟计算，还可进行该系统的优化研究。叙述急冷系统的工艺流程及其特点；说明急冷系统的模拟计算方法与模拟计算结果，给出汽油分馏塔塔底在实际温度下一些关键的物料平衡和热量平衡数据。根据模型计算结果，通过高中温和低温热回收研究热量平衡。通过模拟计算发现，在轻裂解原料工况下，从急冷水塔系统采出的粗裂解汽油量难以满足汽油分馏塔的回流，需要补充芳烃汽油。初步介绍急冷系统存在的黏度升高、结垢和乳化等问题，给出一些减黏、阻垢和破乳等经验型措施。

第5章是裂解气压缩系统的模拟计算。简要介绍热力学参数和主要性能参数；裂解气压缩系统的工艺流程及其特点；压缩过程的模拟计算方法与模拟计算结果。初步介绍设计裂解气压缩机的工艺参数；裂解气压缩系统存在的结垢和腐蚀等问题，给出一些阻垢控制和防腐等经验型措施。说明了三套乙烯装置的裂解气压缩机一段吸入罐及其凝液返回量的不同；二段采出的粗裂解汽油量不同；段间凝液处理工艺的不同及其液体干燥器的应用。

第6章是裂解气的净化。主要介绍裂解气脱除酸性气、乙炔、甲基乙炔、丙二烯和一氧化碳的工艺流程和特点，以及模拟计算方法与模拟计算结果。简要介绍碱洗塔的黄油生成机理及其抑制措施；模拟计算碳二、碳三反应器的乙烯或丙烯增加量；模拟计算各种干燥器的吸附水量。

第7章是深冷分离系统的模拟计算。主要介绍三种不同深冷分离技术的工艺流程和特点；说明模拟计算方法；分析模拟计算结果；讨论提高乙烯回收率和氢气回收率的措施。在EP2装置增加丙烯冷剂换热器E306X继续回收冷箱工艺物料的冷量。通过三套乙烯装置体现出低压和高压脱甲烷塔系统的差异，以及双塔脱甲烷与单塔脱甲烷工艺的差异。

第8章是碳二精馏系统的模拟计算。主要介绍脱乙烷和乙烯精馏系统三种不同分离技术的工艺流程和特点；说明模拟计算方法；分析模拟计算结果。强调脱乙烷塔塔底温度及其聚合问题与阻聚措施。

第9章是热分离系统的模拟计算。主要介绍脱丙烷系统、丙烯精馏系统、脱丁烷及汽油系统的工艺流程和特点；说明模拟计算方法；分析模拟计算结果。通过三套乙烯装置体现出丙烯精馏工艺的差异；双塔脱丙烷与单塔脱丙烷工艺的差异；粗裂解汽油中碳四组分的差异。强调脱丙烷塔塔底温度及其聚合问题与阻聚措施；脱丁烷塔聚合问题特点与解决方案。说明设置汽油汽提塔的优点。

第10章是制冷系统的模拟计算。主要介绍给三种乙烯分离技术配套的复叠制冷系统的工艺流程和特点；说明模拟计算方法；分析模拟计算结果。通过三套乙烯装置体现出裂解气压缩机、乙烯和丙烯制冷压缩机功率的差异；制冷系统工艺的差异。通过三套乙烯装置体现出丙烯制冷压缩机一段吸入罐及其积液处理方式的不同。

第11章是公用工程及综合能耗的模拟计算。在模拟计算蒸汽、循环水和电消耗量的基础上比较三种乙烯分离技术的综合能耗，也就是在同一基础上比较三套乙烯装置分离系统的综合能耗；总体评价三种典型的乙烯分离技术；指出气体原料占比会影响乙烯分离技术的选择。

参 考 文 献

[1] 王子宗. 乙烯装置分离技术及国产化研究开发进展 [J]. 化工进展，2014，33（3）：523-537.
[2] 中国石油化工股份有限公司，中国石化工程建设公司. 一种改进的轻烃深冷分离系统. CN97111162.6 [P]. 1999-06-23.
[3] 刘家明. 首套国产化乙烯装置工程技术开发及应用 [J]. 石油化工，2012，41（2）：125-130.
[4] 陈明辉，王俭，李勇. 国际先进乙烯装置分离技术的进展 [J]. 化学反应工程与工艺，2005，21（6）：542-550.

[5] 蓝春树，鲁卫国. 典型乙烯技术特点分析 [J]. 乙烯工业，2008，20（1）：47-52.

[6] 北京石油化工总厂. 轻柴油裂解年产三十万吨乙烯技术资料第一册综合技术 [M]. 北京：化学工业出版社，1979.

[7] 张万钧. 扬子乙烯装置技术综览第一篇综合技术 [M]. 北京：中国石化出版社，1997.

[8] 盛在行，王振维. 乙烯装置顺序分离技术（一）[J]. 乙烯工业，2009，21（1）：61-64.

[9] 盛在行，王振维. 乙烯装置顺序分离技术（二）[J]. 乙烯工业，2009，21（2）：59-64.

[10] 林德股份公司. 在乙烯装置中分离C_2/C_3碳氢化合物的方法. CN 95106016.3 [P]. 1996-04-03.

[11] 中国石油天然气股份有限公司. 乙烯装置前脱乙烷分离工艺方法. CN 200910090076.7 [P]. 2013-10-16.

[12] 王明耀，李广华. 乙烯装置前脱乙烷分离技术（一）[J]. 乙烯工业，2009，21（3）：62-64.

[13] 王明耀，李广华. 乙烯装置前脱乙烷分离技术（二）[J]. 乙烯工业，2009，21（4）：60-64.

[14] 王松汉. 乙烯装置技术与运行 [M]. 北京：中国石化出版社，2009.

[15] 王振维. 两种前脱丙烷前加氢分离技术 [J]. 乙烯工业，2000，12（4）：33-40.

[16] David Chen, Sugar Laud. Advanced Heat Integrated Rectifier System. US 6343487 [P]. 2002-02-05.

[17] 王振维，盛在行. 乙烯装置分离顺序选择及前脱丙烷技术 [J]. 乙烯工业，2008，20（4）：52-58.

[18] 韩英. 乙烯分离系统模拟软件EPSS的应用 [J]. 乙烯工业，2001，13（2）：40-45.

[19] 耿大钊. 乙烯分离过程的模拟与优化 [D]. 杭州：浙江大学，2006.

[20] 姜大为. 流程模拟及系统优化技术在乙烯装置的应用 [J]. 乙烯工业，2018，30（2）：20-23.

[21] 陈洪钫，刘家祺. 化工分离过程 [M]. 北京：化学工业出版社，1999.

[22] Seader J D, Emest J. Henley. 分离过程原理 [M]. 朱开宏，吴俊生，译. 上海：华东理工大学出版社，2007.

[23] André B. de Haan, Hans Bosch. Industrial Separation Processes Fundamentals [M]. Berlin: Walter de Gruyter GmbH, 2013.

[24] 朱开宏. 化工过程模拟 [M]. 北京：中国石化出版社，1993.

[25] 倪进方. 化工过程设计 [M]. 北京：化学工业出版社，1999.

[26] 武兴彬. 乙烯装置全流程模拟的快速收敛法 [J]. 乙烯工业，1996，8（4）：8-18.

[27] 陈惕. 乙烯流程模拟计算及能耗分析 [D]. 上海：华东理工大学，1995.

[28] 侯经纬，白跃华，高飞，等. 乙烯分离流程模拟技术 [J]. 化工进展，2011，30（增刊）：70-79.

[29] 田峻，李东风，杨元一. 乙烯装置分离过程模拟技术 [J]. 应用化工，2015，44（1）增刊：148-153.

[30] Smith J M, Van Ness H C, Abbott M. Introduction to Chemical Engineering Thermodynamics [M]. 6th ed. New York: McGraw-Hill, 2001.

[31] 童景山. 流体的热物理性质 [M]. 北京：中国石化出版社，1996.

[32] Aspen Technology, Inc. Aspen Plus version 8.8, Help documentation [Z/OL], 2015.

第 2 章

物性方法和模型

本章介绍的物性方法和模型是关于热力学和传递性质的。在热力学性质方法和模型方面，只介绍与乙烯装置有关的状态方程、液体逸度关联式和蒸汽表。在传递性质方法和模型方面，只介绍黏度。

2.1 Aspen Plus®推荐的物性方法和模型

在 Aspen Plus®的 Properties 环境下，打开 Methods 项，选择 Specifications 的 Global 窗口，单击 Methods Assistant 按钮来显示物性方法选择助手。该方法助手提供了组分类型和工艺过程类型两种选择物性方法的途径。通过工艺过程类型来选择物性方法的步骤是：

① 单击 Specify process type 显示工艺过程类型。

② 单击 Petrochemical 显示石化工艺过程。

③ 单击 Ethylene Plant，提示乙烯装置汽油分馏塔用 CHAO-SEA（Chao-Seader）或 GRAYSON（Grayson-Streed）方法，急冷水塔及其它分离过程用 PENG-ROB（Peng-Robinson）或 SRK（Soave-Redlich-Kwong）状态方程[1]。

乙烯装置有关基础热力学方法对应的主要物性方法和模型见表 2-1。

表 2-1 Aspen Plus 推荐的主要物性方法和模型

基础物性方法	GRAYSON	RK-SOAVE	RKS-BM	SRK	SRK-KD	PENG-ROB	PR-BM
气相逸度系数	ESRK	ESRKSTD	ESRKS	ESSRK	ESSRK	ESPRSTD	ESPR
选择码	—	100020	000020	200101	210101	100000	00000
液相逸度系数	PHIL0GS	ESRKSTD	ESRKS	ESSRK	ESSRK	ESPRSTD	ESPR
气相摩尔体积	ESRK	ESRKSTD	ESRKS	ESSRK	ESSRK	ESPRSTD	ESPR
液相摩尔体积	VL2API	VL2API	ESRKS	ESSRK	ESSRK	VL2API	ESPR
摩尔焓	ESLK	ESRKSTD	ESRKS	ESSRK	ESSRK	ESPRSTD	ESPR
气相混合物黏度	MUV2DSPC	MUV2DSPC	MUV2TRAP	MUV2LUS	MUV2LUS	MUV2DSPC	MUV2TRAP
液相混合物黏度	MUL2API	MUL2API	MUL2TRAP	MUL2API	MUL2API	MUL2API	MUL2TRAP
液相活度系数	GMXSH	—	—	—	—	—	—
二元相互作用参数	—	内置 RKSKBV-1	内置 RKSKBV-1	内置 SRKKIJ-1	内置 SRKKIJ-1	内置 PRKBV-1	内置 PRKBV-1

本书实际模拟使用的基础物性方法主要是三种：RK-SOAVE、SRK-KD 和 PR-BM。汽油分馏塔系统用 RK-SOAVE，急冷水塔系统用 SRK-KD，全流程分离系统用 PR-BM。

2.2　有关基本概念

2.2.1　理想气体

一种分子本身没有体积，且分子间没有任何相互作用的理想化气态物质被称为理想气体。在1834年Emile Clapeyron结合波义耳（Boyle）定律和盖·吕萨克（Gay-Lussac）定律导出了理想气体定律。它被用作状态方程计算的参考状态，并可用于低压下气体混合物的模拟。

理想气体状态方程是：

$$p = \frac{RT}{V_{\mathrm{m}}}\tag{2-1}$$

式中　p——气体的绝对压力，Pa；

V_{m}——气体的摩尔体积，$\mathrm{m^3 \cdot kmol^{-1}}$；

T——热力学温度，K；

R——通用气体常数，等于$8314.46\mathrm{kJ \cdot mol^{-1} \cdot K^{-1}}$。

该方程还可以写作：

$$p = \rho(c_p - c_v)T\tag{2-2}$$

式中　ρ——密度，$\mathrm{kg \cdot m^{-3}}$；

c_p——比等压热容，$\mathrm{J \cdot kg^{-1} \cdot K^{-1}}$；

c_v——比等容热容，$\mathrm{J \cdot kg^{-1} \cdot K^{-1}}$。

理想气体混合物遵循道尔顿（Dalton）分压定律。

2.2.2　临界常数

临界状态是纯物质的气液两相平衡共存的一个极限状态。处于临界状态的温度、压力和体积，分别称为临界温度T_{c}、临界压力p_{c}和临界体积V_{c}，它们是三个被广泛应用的纯物质临界常数。在p-V图上，临界等温线在临界点的切线斜率和曲率都为零，满足下列条件

$$\left(\frac{\partial p}{\partial V}\right)_{T_{\mathrm{c}}} = \left(\frac{\partial^2 p}{\partial V^2}\right)_{T_{\mathrm{c}}} = 0\tag{2-3}$$

为了描述气体所处状态与临界状态的偏离程度，引入对比压力p_{r}、对比温度T_{r}和对比摩尔体积V_{r}，统称为对比参数。其定义式为：$p_{\mathrm{r}} = p/p_{\mathrm{c}}$，$T_{\mathrm{r}} = T/T_{\mathrm{c}}$，$V_{\mathrm{r}} = V_{\mathrm{m}}/V_{\mathrm{cm}}$。

2.2.3 压缩因子和偏心因子

2.2.3.1 压缩因子

压缩因子 Z 被定义为:

$$Z = \frac{pV_{\mathrm{m}}}{RT} \tag{2-4}$$

它表示真实气体受到压缩后与理想气体受到同样压力压缩后在体积上的偏差，其大小反映出真实气体偏离理想气体的程度。因为 Z 反映出真实气体压缩的难易程度，所以将它称为压缩因子。在同样压力和温度下，Z 是真实气体摩尔体积与理想气体摩尔体积的比值。很显然，理想气体在任何条件下 Z 恒为 1。

在临界点，可得到临界压缩因子 Z_{c}:

$$Z_{\mathrm{c}} = \frac{p_{\mathrm{c}}V_{\mathrm{cm}}}{RT_{\mathrm{c}}} \tag{2-5}$$

经实验发现，虽然不同气体的 Z_{c} 是不同的，但各个气体在临界状态时偏离理想气体的程度大致相同，多数气体的 Z_{c} 比较接近，一般约为 0.23~0.29[2]。

式（2-4）还可写作:

$$Z = Z_{\mathrm{c}} \cdot \frac{p_{\mathrm{r}}V_{\mathrm{r}}}{T_{\mathrm{r}}} \tag{2-6}$$

2.2.3.2 偏心因子

偏心因子 ω 是美国 Kenneth Sanborn Pitzer 于 1955 年提出的一个物质特性参数[2]，其定义式为

$$\omega = -\lg p_{\mathrm{r}} - 1.000 \tag{2-7}$$

式中，p_{r} 是指 $T_{\mathrm{r}} = 0.7$ 时物质的对比饱和蒸气压。

ω 可表征物质分子的偏心度或非球形度，它广泛作为物质分子在几何形状和极性方面的复杂性的度量。

临界压缩因子 Z_{c} 和 ω 的关联式只适用于正常流体，其关系是

$$Z_{\mathrm{c}} = 0.291 - 0.080\omega \tag{2-8}$$

2.2.4 汽液相平衡

在一个汽液相平衡系统中，组分 i 的汽相逸度 f_i^{v} 等于组分 i 的液相逸度 f_i^{l}。有两种相平衡计算方法来描述逸度[2, 3]。

（1）状态方程方法

$$f_i^v = \varphi_i^v y_i p \qquad (2\text{-}9)$$

$$f_i^l = \varphi_i^l x_i p \qquad (2\text{-}10)$$

式中　φ_i^v——组分 i 的汽相逸度系数，用状态方程计算；

　　　φ_i^l——组分 i 的液相逸度系数，用状态方程计算；

　　　y_i——组分 i 在汽相中的摩尔分数；

　　　x_i——组分 i 在液相中的摩尔分数。

其汽液相平衡关系为：

$$\varphi_i^v y_i = \varphi_i^l x_i \qquad (2\text{-}11)$$

组分 i 的汽液平衡比 K_i 为：

$$K_i = \frac{y_i}{x_i} = \frac{\varphi_i^l}{\varphi_i^v} \qquad (2\text{-}12)$$

（2）活度系数方法

$$f_i^l = x_i \gamma_i f_i^{*,\,l} \qquad (2\text{-}13)$$

式中　γ_i——组分 i 的液相活度系数，用活度系数模型计算；

　　　$f_i^{*,\,l}$——纯组分 i 在混合物温度下的液相逸度，用经验关联式计算。

组分 i 的汽相逸度还是用式（2-9）计算，其汽液相平衡关系为：

$$\varphi_i^v y_i p = x_i \gamma_i f_i^{*,\,l} \qquad (2\text{-}14)$$

组分 i 的汽液平衡比 K_i 为：

$$K_i = \frac{y_i}{x_i} = \frac{\gamma_i f_i^{*,\,l}}{\varphi_i^v p} \qquad (2\text{-}15)$$

2.2.5　理想溶液

如果溶液中各纯组分分子的大小及其分子间作用力的大小与性质相同，各纯组分经等温等压混合前后，没有热效应和体积的变化，则该溶液被称为理想溶液[3, 4]。显然，理想气体是理想溶液，$\varphi_i^v = 1$，$p_i = f_i^v = y_i p$。而理想溶液不一定是理想气体。

理想溶液的各组分在全部浓度范围内都遵循拉乌尔（Raoult）定律，即：

$$p_i = x_i p_i^{*,\,l} \qquad (2\text{-}16)$$

式中　p_i——组分 i 的饱和分压；

　　　$p_i^{*,\,l}$——纯组分 i 在同温下的饱和蒸气压。

在完全理想系中，气相是理想气体混合物，液相是理想溶液，满足关系式：

$$y_i p = x_i p_i^{*,\,l} \qquad (2\text{-}17)$$

当气相不是理想气体混合物，而气相和液相都是理想溶液时，气、液两相的每个组分都服从路易斯-伦达尔（Lewis-Randal）逸度规则，即：

$$f_i^1 = x_i f_i^{*,1} = y_i f_i^{*,v} = f_i^v \qquad (2\text{-}18)$$

式中　$f_i^{*,1}$——纯组分 i 在同温下的液相逸度；

　　　$f_i^{*,v}$——纯组分 i 在同温下的气相逸度。

理想溶液组分 i 的活度系数 $\gamma_i = 1.0$。每个纯组分液体的活度系数都等于 1.0。

2.3　热力学性质方法和模型

简单介绍与乙烯装置有关的计算汽液平衡的状态方程方法和活度系数方法。状态方程描述纯组分和混合物的 $p\text{-}V\text{-}T$ 关系，仅限于介绍立方型状态方程。采用一个状态方程方法，气液两相中的所有热力学性质都可以由一个状态方程导出，并都有相应的状态方程模型。对于纯组分的状态方程模型，在其名称末尾有"0"。采用一个活度系数方法，气相的热力学性质由一个状态方程导出，而液相的热力学性质是通过纯组分性质的加和来确定的，液相活度系数由一个活度系数模型计算，纯组分液相参考状态逸度仅限于介绍用一个经验关联式计算。

2.3.1　立方型状态方程

2.3.1.1　Redlich-Kwong 状态方程

在 GRAYSON 物性方法[1]中 Redlich-Kwong（RK）状态方程用于计算气相逸度系数和摩尔体积等气相物性。RK 状态方程是

$$p = \frac{RT}{V_m - b} - \frac{a}{T^{0.5} V_m (V_m + b)} \qquad (2\text{-}19)$$

式中　a——校正分子间引力的参数，用混合规则[2]计算；

　　　b——校正有效分子体积的参数，被称为协体积，用混合规则[2]计算。

不同的纯组分 i，a_i 和 b_i 数值不同。利用临界等温线在临界点上的水平拐点的特殊条件可计算得到[2]：

$$a_i = \frac{1}{9(\sqrt[3]{2} - 1)} \cdot \frac{R^2 T_{ci}^{2.5}}{p_{ci}} = 0.42748 \frac{R^2 T_{ci}^{2.5}}{p_{ci}} \qquad (2\text{-}20)$$

$$b_i = \frac{\sqrt[3]{2} - 1}{3} \cdot \frac{RT_{ci}}{p_{ci}} = 0.08664 \frac{RT_{ci}}{p_{ci}} \qquad (2\text{-}21)$$

RK 状态方程适用于从低压到中压（最大压力为 1.0MPa）范围且气相非理

想程度较低的系统，其模型是 ESRK 或 ESRK0。当对比压力低于对比温度计算值的一半时，RK 状态方程足够用于气体物性计算。

2.3.1.2　标准 Redlich-Kwong-Soave 状态方程

RK 状态方程还可表示为：

$$p = \frac{RT}{V_m - b} - \frac{a}{V_m(V_m + b)} \tag{2-22}$$

式中，a 和 b 用混合规则[2] 计算，其中纯组分参数为：

$$a_i = 0.42748 \alpha_i \frac{R^2 T_{ci}^2}{p_{ci}} \tag{2-23}$$

$$\alpha_i = T_{ri}^{-0.5} \tag{2-24}$$

$$b_i = 0.08664 \frac{RT_{ci}}{p_{ci}} \tag{2-25}$$

式（2-24）是 RK 状态方程的原始 α 函数，对饱和气相密度的计算效果较差。Giorgio Soave 通过重新定义 α 为对比温度 T_r 和偏心因子 ω 的函数[5]，比较成功地改进了该方程。Soave 修正式为

$$\alpha_i(T_{ci}) = 1.0 \tag{2-26}$$

$$\alpha_i(T) = \left[1 + m_i\left(1 - T_{ri}^{0.5}\right)\right]^2 \tag{2-27}$$

式中，m_i 是 ω_i 的关联式。

$$m_i = 0.480 + 1.574\omega_i - 0.176\omega_i^2 \tag{2-28}$$

由于式（2-28）采用的临界压力、临界温度和偏心因子数据组有限，且与 1977 年美国石油学会（American Petroleum Institute，API）技术数据手册推荐值不完全一致，Michael S. Graboski 和 Thomas E. Daubert 用更多的物性数据组重新拟合[6]，按 Soave 方法回归得到新的 m_i：

$$m_i = 0.48508 + 1.55171\omega_i - 0.15613\omega_i^2 \tag{2-29}$$

式（2-28）是 Soave α 函数的原始文献表达式。式（2-29）是标准 RKS α 函数，适用于大部分烃系统。满足式（2-23）、式（2-25）、式（2-26）、式（2-27）和式（2-29）的式（2-22）是标准 Redlich-Kwong-Soave（RKS）状态方程，用于模型 ESRKSTD 或 ESRKSTD0。

RK-SOAVE 性质方法[1]，除液相摩尔体积外，使用标准 RKS 状态方程可计算其它所有的热力学性质。液相摩尔体积用 VL2API 模型计算，使用 API 方法计算虚拟组分的液相摩尔体积，使用 Rackett 方法计算真实组分的液相摩尔体积。

2.3.1.3　Redlich-Kwong-Soave 状态方程

RKS 状态方程为：

$$p = \frac{RT}{V_m - b} - \frac{a}{V_m(V_m + b)} \qquad (2\text{-}30)$$

式中，a和b用标准RKS混合规则[1]计算，其中纯组分参数为：

$$a_i = 0.42748\alpha_i \frac{R^2 T_{ci}^2}{p_{ci}} \qquad (2\text{-}31)$$

$$b_i = 0.08664 \frac{RT_{ci}}{p_{ci}} \qquad (2\text{-}32)$$

$$\alpha_i(T_{ci}) = 1.0 \qquad (2\text{-}33)$$

$$\alpha_i(T) = \left[1 + m_i\left(1 - T_{ri}^{0.5}\right)\right]^2 \qquad (2\text{-}34)$$

$$m_i = 0.48508 + 1.55171\omega_i - 0.15613\omega_i^2 \qquad (2\text{-}35)$$

在对比温度小于1.0时，α函数式（2-34）和式（2-35）是适用的。当对比温度大于1.0时，按式（2-34）和式（2-35）计算的α值在高对比温度下是错误的。因为在极高温度下，物质分子间的吸引力将消失，α值会渐近减少到0。为了确保α函数值随温度正确地变化，Boston和Mathias[7]推导出对比温度大于1.0的α函数：

$$\alpha_i(T) = \left\{\exp\left[c_i\left(1 - T_{ri}^{d_i}\right)\right]\right\}^2 \qquad (2\text{-}36)$$

式中，$d_i = 1 + \dfrac{m_i}{2}$，$c_i = 1 - \dfrac{1}{d_i}$，其中m_i由式（2-35）计算。式（2-36）就是Boston-Mathias α函数。

RKS-BM性质方法[1]使用Redlich-Kwong-Soave-Boston-Mathias（RKS-BM）状态方程，其模型是ESRKS或ESRKS0。RKS-BM状态方程是带有Boston-Mathias α函数的RKS状态方程，可计算所有热力学性质。

2.3.1.4　Soave-Redlich-Kwong状态方程

Soave-Redlich-Kwong（SRK）状态方程与RKS状态方程相同。为了提高SRK状态方程计算液相摩尔体积的准确性，Peneloux和Rauzy等[8]提出了Peneloux液相摩尔体积校正项c，校正后的液相摩尔体积等于$V_m - c$。c用混合规则[1]计算，其纯组分参数为：

$$c_i = 0.40768 \frac{RT_{ci}}{p_{ci}}\left(0.29441 - z_{RAi}\right) \qquad (2\text{-}37)$$

式中，z_{RAi}是Rackett方程的RKTZRA参数。这就是校正液相摩尔体积的Peneloux-Rauzy方法。

对于含氢系统，由于氢的超临界状态，不能用标准RKS α函数精确地预测其平衡常数值，所以Michael S. Graboski和Thomas E. Daubert单独给出氢气的α关系式[9]：

乙烯装置分离
全流程模拟

$$\alpha_{H_2}(T) = 1.202\exp(-0.30228T_r) \qquad (2\text{-}38)$$

式（2-38）就是氢气的 Graboski-Daubert α 函数。

SRK 性质方法使用 Peneloux-Rauzy 方法，并对氢气使用 Graboski-Daubert α 函数。

对于水-烃不混溶系统，使用 SRK-Kabadi-Danner（SRK-KD）性质方法，即带有处理水和烃组分相互作用的 Kabadi-Danner 混合规则[10]的 SRK 性质方法。这种性质方法可改善相平衡计算，并用 NBS 蒸汽表较准确地计算水和蒸汽的性质。

SRK 和 SRK-KD 性质方法[1]都使用 SRK 状态方程，其模型是 ESSRK 或 ESSRK0，内置有在乙烯装置过程模拟中用到的纯组分和二元相互作用参数，这些内置参数存储于乙烯数据库中，可计算所有热力学性质。

2.3.1.5　Peng-Robinson 状态方程

RKS 状态方程计算物质的液相密度时误差较大。Dingyu Peng 和 Donald B. Robinson 于 1976 年提出改进的标准 PENG-ROB 状态方程[11]，克服了这一缺陷。标准 PENG-ROB 状态方程是：

$$p = \frac{RT}{V_m - b} - \frac{a}{V_m(V_m + b) + b(V_m - b)} \qquad (2\text{-}39)$$

式中，a 和 b 用标准 PENG-ROB 混合规则[1]计算，其中纯组分参数为：

$$a_i = 0.457235\alpha_i\frac{R^2 T_{ci}^2}{p_{ci}} \qquad (2\text{-}40)$$

$$b_i = 0.077796\frac{RT_{ci}}{p_{ci}} \qquad (2\text{-}41)$$

$$\alpha_i(T_{ci}) = 1.0 \qquad (2\text{-}42)$$

$$\alpha_i(T) = \left[1 + m_i(1 - T_{ri}^{0.5})\right]^2 \qquad (2\text{-}43)$$

$$m_i = 0.37464 + 1.54226\omega_i - 0.26992\omega_i^2 \qquad (2\text{-}44)$$

式（2-43）和式（2-44）是 PENG-ROB α 函数的原始文献表达式，是标准 PENG-ROB 状态方程的标准 α 函数。PENG-ROB 性质方法，除液相摩尔体积外，使用标准 PENG-ROB 状态方程可计算其它所有的热力学性质，其模型是 ESPRSTD 或 ESPRSTD0。液相摩尔体积用 VL2API 模型计算，使用 API 方法计算虚拟组分的液相摩尔体积，使用 Rackett 方法计算真实组分的液相摩尔体积。

PR-BM 性质方法[1]使用 PENG-ROB 状态方程，它带有 Boston-Mathias α 函数，其模型是 ESPR 或 ESPR0，可计算所有热力学性质。当对比温度小于 1.0 时，用标准 PENG-ROB α 函数；当对比温度大于 1.0 时，用 Boston-Mathias α 函数。

2.3.2 液体逸度关联式

已知 $f_i^v = \varphi_i^v y_i p$，从式（2-13）和式（2-10）可推出：

$$f_i^1 = x_i \gamma_i \varphi_i^{*,1} p \tag{2-45}$$

所以组分 i 的汽液平衡比 K_i 为：

$$K_i = \frac{y_i}{x_i} = \frac{\gamma_i \varphi_i^{*,1}}{\varphi_i^v} \tag{2-46}$$

GRAYSON 性质方法[1] 使用 Grayson-Streed 关联式计算纯组分 i 的参考状态液体逸度系数 $\varphi_i^{*,1}$，其模型为 PHIL0GS；使用 Scratchard-Hilderbrand 模型计算组分 i 的液体活度系数 γ_i，其模型为 GMXSH；使用 RK 状态方程计算 φ_i^v 和气相摩尔体积，其模型为 ESRK 或 ESRK0。液相摩尔体积用 VL2API 模型计算，使用 API 方法计算虚拟组分的液相摩尔体积，使用 Rackett 方法计算真实组分的液相摩尔体积。

2.3.3 蒸汽表

Aspen Plus®建议与 SRK 物性方法一起使用的蒸汽表是 NBS/NRC 蒸汽表[1]。该蒸汽表可计算纯水和蒸汽的任意热力学性质，它是 STEAMNBS 性质方法的基础，其模型是 ESSTEAM 或 ESSTEAM0。该性质方法使用 1984 NBS/NRC 蒸汽表关联式计算热力学性质，使用前水蒸气国际协会（International Association for Properties of Steam，简写为 IAPS。目前该协会改为 The International Association for the Properties of Water and Steam，简写为 IAPWS）关联式计算传递性质。

2.4 传递性质方法和模型

Aspen Plus®描述的传递性质是黏度、热导率、表面张力和扩散系数。本节只介绍黏度性质[1]。

① API 液体黏度　其模型为 MUL2API，该模型在 GRAYSON、RK-SOAVE、SRK、SRK-KD、PENG-ROB 等基础物性方法中被推荐使用。本书使用 API 液体黏度模型计算粗裂解汽油、裂解柴油、裂解燃料油、急冷油的黏度。

② Lucas 气体黏度　其模型为 MUV2LUS，该模型在 SRK 和 SRK-KD 基础物性方法中被推荐使用。

③ TRAPP 黏度　其模型用于计算气体和液体的黏度。气体和液体的黏度

模型分别为MUV2TRAP和MUL2TRAP，它们在RKS-BM和PR-BM基础物性方法中被推荐使用。

④ 在GRAYSON、RK-SOAVE和PENG-ROB性质方法中，用带有Wilke近似的Chapman-Enskog方程计算低压气体混合物黏度，其模型为MUV2WILK；用Chapman-Enskog-Brokaw方程计算低压纯气体组分的黏度，其模型为MUV0CEB；用Dean and Stiel模型对其它气体混合物黏度校正，其模型为MUV2DSPC。

参 考 文 献

[1] Aspen Technology, Inc. Aspen Plus version 8.8, Help documentatio [Z/OL]. 2015.

[2] 童景山. 流体的热物理性质 [M]. 北京：中国石化出版社，1996.

[3] 朱自强，徐汛. 化工热力学 [M]. 北京：化学工业出版社，1991.

[4] 陆恩锡，张慧娟. 化工过程模拟———原理与应用 [M]. 北京：化学工业出版社，2011.

[5] Giorgio Soave. Equilibrium constants from a modified Redlich-Kwong equation of state [J]. Chemical Engineering Science，1972，27（6）：1197-1203.

[6] Michael S. Graboski, Thomas E. Daubert. A modified Soave equation of state for phase equilibrium calculations. 1. Hydrocarbon systems [J]. Industrial & Engineering Chemistry Process Design and Development，1978，17（4）：443-448.

[7] Boston J F, Mathias P M. Phase equilibria in a third-generation process simulator [C]// Proceedings of the 2nd International Conference on Phase Equilibria and Fluid Properties in the Chemical Process Industries, West Berlin, March 17—21, 1980：823-849.

[8] Andre Peneloux, Evelyne Rauzy, Richard Freze. A consistent correction for Redlich-Kwong-Soave volumes [J]. Fluid Phase Equilibria，1982，8（1）：7-23.

[9] Michael S. Graboski, Thomas E. Daubert. A modified Soave equation of state for phase equilibrium calculations. 3. Systems containing hydrogen [J]. Industrial & Engineering Chemistry Process Design and Development，1979，18（2）：300-306.

[10] Vinayak N. Kabadi, Ronald P. Danner. A modified Soave-Redlich-Kwong equation of state for water-hydrocarbon phase Equilibria [J]. Industrial & Engineering Chemistry Process Design and Development，1985，24（3）：537-541.

[11] Ding-Yu Peng, Donald B. Robinson. A new two-constant equation of state [J]. Industrial and Engineering Chemistry：Fundamentals，1976，15（1）：59-64.

第3章

模拟基础

本书研究的乙烯装置规模为1200kt·a⁻¹，裂解原料有乙烷、液化气、石脑油和加氢尾油，年操作时间8000h。本章给出进入急冷系统裂解气的进料组成、流量、温度及压力等参数，便于开展乙烯装置的分离系统全流程模拟计算。

3.1 裂解原料性质

乙烷、液化气、石脑油和加氢尾油四种裂解原料的典型组成或性质见表3-1~表3-4。该乙烯装置配置8台150kt·a⁻¹裂解炉裂解液化气、石脑油和加氢尾油，1台200kt·a⁻¹气体裂解炉裂解乙烷或液化气。

表3-1 乙烯装置自产乙烷和油田乙烷典型组成

组分	分子式	摩尔质量 /kg·kmol⁻¹	自产乙烷 体积分数/%	油田乙烷 体积分数/%
甲烷	CH_4	16.043	0.00	1.39
乙烯	C_2H_4	28.054	1.00	0.00
乙烷	C_2H_6	30.070	97.77	97.53
丙烯	C_3H_6	42.081	1.222	0.00
丙烷	C_3H_8	44.097	0.008	1.07
二氧化碳	CO_2	44.009	0.00	0.01

表3-2 液化气典型组成

组分	分子式	摩尔质量 /kg·kmol⁻¹	液化气 体积分数/%
甲烷	CH_4	16.043	0.005
乙烷	C_2H_6	30.070	4.200
丙烷	C_3H_8	44.097	48.440
丙烯	C_3H_6	42.081	0.250
异丁烷	C_4H_{10}	58.123	17.805
正丁烷	C_4H_{10}	58.123	28.390
正丁烯	C_4H_8	56.108	0.090
异丁烯	C_4H_8	56.108	0.020
异戊烷	C_5H_{12}	72.150	0.070
正戊烷	C_5H_{12}	72.150	0.730

3.2 裂解原料的产物分布

基于某裂解炉典型技术，使用裂解炉反应过程模拟软件（SPYRO®

Suite7）[1] 模拟计算乙烷、液化气、石脑油和加氢尾油在不同裂解炉出口温度（COT）下的裂解产物分布。每种裂解原料的稀释蒸汽量与裂解原料量的比值[2, 3]见表3-5。

表3-3　石脑油性质典型参数值

参数	数值	参数	数值
密度(20℃)/kg·m⁻³	728.00	体积分数95%/℃	179.9
GB/T 6536(ASTM D—86)蒸馏曲线		终馏点/℃	206.9
体积分数0%/℃	45.6	PONA	
体积分数10%/℃	68.9	直链烷烃质量分数/%	64.00
体积分数30%/℃	91.9	异构烷烃质量分数/%	31.00
体积分数50%/℃	113.9	环烷烃质量分数/%	26.67
体积分数70%/℃	138.7	烯烃质量分数/%	0.23
体积分数90%/℃	171.5	芳烃质量分数/%	9.10

表3-4　加氢尾油性质典型参数值

参数	数值	参数	数值
密度(20℃)/kg·m⁻³	835.0	体积分数50%/℃	380.0
GB/T 9168(ASTM D—1160)真实蒸馏曲线		体积分数70%/℃	409.0
体积分数0%/℃	295.0	体积分数90%/℃	456.0
体积分数10%/℃	327.0	体积分数98%/℃	500.0
体积分数30%/℃	353.0	BMCI值	12.0

表3-5　稀释蒸汽量与裂解原料量的典型比值

裂解原料	Lummus技术	S&W技术	Linde技术	本书取值
乙烷	0.30	0.30	0.30~0.35	0.30
液化气	0.40	0.40	0.40~0.50	0.40
石脑油	0.50	0.50	0.50	0.50
加氢尾油	0.75	0.75	0.75	0.75

　　双烯收率指乙烯与丙烯收率之和，三烯收率指乙烯、丙烯和丁二烯收率之和。不同乙烷转化率下乙烷裂解典型乙烯、双烯和三烯收率见图3-1；不同丙烷转化率下液化气裂解典型乙烯、双烯和三烯收率见图3-2；不同COT下石脑油裂解典型乙烯、双烯和三烯收率见图3-3；不同COT下加氢尾油裂解典型乙烯、双烯和三烯收率见图3-4。乙烷原料裂解时，一般选择乙烷质量转化率65%~70%，本书选择COT为830℃，乙烷质量转化率约68%；液化气原料裂解时，COT的选择与其丙烷、丁烷等质量分数关系较大，本书选择COT为855℃，丙烷质量转化率约88%；石脑油和加氢尾油原料裂解时，按有较高的

双烯和三烯收率选择COT，本书选择裂解石脑油和加氢尾油的COT各分别为840℃和835℃。这四种裂解原料的单程裂解产品收率见表 3-6。

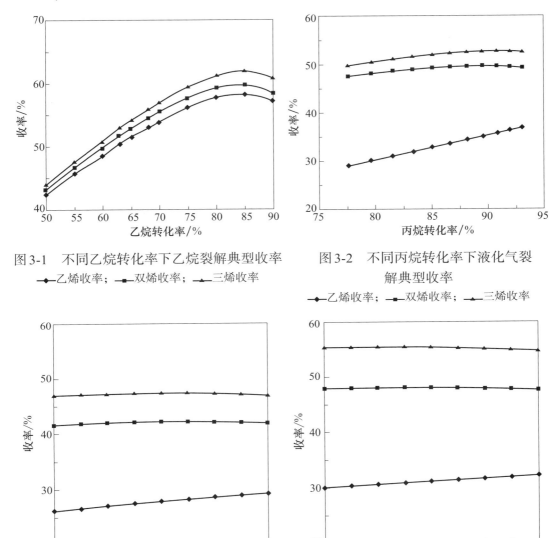

图 3-1　不同乙烷转化率下乙烷裂解典型收率
—◆—乙烯收率；—■—双烯收率；—▲—三烯收率

图 3-2　不同丙烷转化率下液化气裂解典型收率
—◆—乙烯收率；—■—双烯收率；—▲—三烯收率

图 3-3　不同COT下石脑油裂解典型收率
—◆—乙烯收率；—■—双烯收率；—▲—三烯收率

图 3-4　不同COT下加氢尾油裂解典型收率
—◆—乙烯收率；—■—双烯收率；—▲—三烯收率

表3-6　四种裂解原料的单程裂解产品收率

项目	乙烷	液化气	石脑油	加氢尾油
COT/℃	830	855	840	835
质量转化率/%	68.0	87.0	—	—

项目	乙烷	液化气	石脑油	加氢尾油
	质量分数/%			
氢气	4.08	1.34	0.90	0.59
甲烷	5.31	22.61	14.30	9.95
乙炔	0.30	0.65	0.44	0.44
乙烯	52.93	34.27	28.02	30.96
乙烷	30.96	3.92	3.51	3.73
甲基乙炔	0.02	0.54	0.41	0.43
丙二烯	0.01	0.36	0.27	0.29
丙烯	1.44	15.39	14.14	17.06
丙烷	0.22	5.09	0.44	0.55
丁炔	0.05	0.07	0.06	0.06
丁二烯	1.38	2.97	5.13	7.42
丁烯	0.19	3.33	3.90	5.17
丁烷	0.32	1.87	0.13	0.08
碳五~碳九	2.27	6.45	22.36	17.57
碳十以上	0.32	0.87	5.75	5.42
一氧化碳	0.04	0.07	0.06	0.07
二氧化碳	0.11	0.17	0.15	0.16
硫化氢	0.05	0.03	0.03	0.05

3.3 乙烯装置工况

本书给乙烯装置定义了两个裂解原料工况，工况一是石脑油工况，工况二是液化气工况。考虑到国内大部分乙烯生产企业的裂解原料是以液体原料为主的现状，特别是炼化一体化企业，除炼厂直馏石脑油、加氢石脑油、芳烃戊烷油和饱和液化气等做裂解原料外，还有馏分油加氢裂化和柴油加氢裂化装置产生的尾油也作为裂解原料，所以规定每个工况有液化气、石脑油和加氢尾油，同时不改变加氢尾油量，主要改变液化气和石脑油量。因为考虑到国内裂解原料不断轻质化的趋势，一是油田乙烷或进口乙烷原料渐多，二是液化气原料增多，所以液化气工况有 10t·h⁻¹ 油田乙烷与循环乙烷混合后在一台气体裂解炉中裂解。同时大幅度增加液化气量，减少石脑油量，以符合国内炼厂直馏石脑油去做连续重整装置原料的实际情况。规定这两个工况所产生的乙烯产量在 150t·h⁻¹ 左右，初步测算给出了这两个工况下的裂解原料量，见表3-7。工况二的气体原料量占43.9%，其总裂解原料量比工况一少55.5t·h⁻¹，其乙烯收率比工况一高4.36个百分点。

表 3-7   1200kt·a⁻¹ 乙烯装置的两个裂解原料工况   单位：t·h⁻¹

项目	工况一(石脑油工况)	工况二(液化气工况)
乙烷	0.0	10.0
液化气	20.5	170.0
石脑油	325.0	110.0
加氢尾油	120.0	120.0
裂解原料合计	465.5	410.0
气体原料占比/%	4.4	43.9
乙烯产量	约150.0	约150.0
乙烯收率/%	32.22	36.58
丙烯/乙烯	0.47	0.43

3.4   裂解气参数

裂解炉出口裂解产物组成涉及 126 个 SPYRO 组分[1]。根据乙烯装置粗裂解汽油（Raw Pyrolysis Gasoline，简称 RPG）、裂解柴油（Pyrolysis Gas Oil，简称 PGO）和裂解燃料油（Pyrolysis Fuel Oil，简称 PFO）的性质特点及急冷系统的模拟计算经验，将 126 个 SPYRO 组分与化工过程模拟软件（Aspen Plus V8.8）组分进行匹配，对 SPYRO 组分做适当划分与合并[4]，经过多次模拟计算某乙烯装置汽油分馏塔验证，最终确定了 65 个 Aspen 组分，可用于本书乙烯装置的分离过程模拟。当模拟裂解气压缩系统时，使用其中 48 个 Aspen 组分。

自裂解炉出口的高温裂解气经废热锅炉间接急冷，以发生超高压蒸汽（SS）而回收热量，然后进入急冷系统。进入急冷系统的裂解气温度因裂解原料不同、乙烯技术不同而稍有差异，见表 3-8。表 3-8 同时给出了本书模拟计算所用到的五个裂解气温度值。进入急冷系统的裂解气压力全部为 0.166MPa。

表 3-8   裂解气进入急冷系统的典型温度   单位：℃

裂解原料	Lummus 技术	S&W 技术	Linde 技术	本书取值
乙烷	371~375	371~375①	375~376	375②
液化气	371~375	371~375	375~376	375
石脑油	450	407~452	386~390	410
加氢尾油	555~560	409~457	386~390	410

① 当乙烷炉裂解气去重燃料油汽提塔作为汽提气时，裂解气温度为 500~510℃。

② 当乙烷炉裂解气去重燃料油汽提塔作为汽提气时，裂解气温度取 500℃。

假设两种乙烯装置工况下液化气、石脑油和加氢尾油的裂解炉出口裂解气组成不变，乙烷的裂解炉出口裂解气组成稍有差异。乙烷、液化气、石脑油和加氢尾油四种裂解原料裂解炉出口的裂解气组成和流量分别见表 3-9 和表 3-10。

表3-9　裂解炉出口的裂解气组成（质量分数）　　　　单位：%

裂解原料	乙烷	乙烷	液化气	石脑油	加氢尾油
工况	一	二	一和二	一和二	一和二
氢气	3.120	3.146	0.950	0.610	0.350
一氧化碳	0.03	0.03	0.05	0.04	0.04
二氧化碳	0.07	0.08	0.12	0.09	0.09
硫化氢	0.04	0.04	0.03	0.03	0.03
甲烷	4.01	4.09	16.17	9.54	5.7
乙炔	0.23	0.23	0.47	0.29	0.25
乙烯	40.85	40.75	24.52	18.71	17.72
乙烷	23.856	23.830	2.800	2.340	2.140
丙二烯/甲基乙炔	0.02	0.02	0.65	0.45	0.41
丙烯	1.09	1.11	11.01	9.44	9.76
丙烷	0.14	0.17	3.64	0.29	0.32
丁炔	0.04	0.04	0.05	0.04	0.03
1,3-丁二烯	1.07	1.06	2.13	3.42	4.24
丁烯	0.15	0.15	2.38	2.6	2.96
丁烷	0.25	0.24	1.34	0.09	0.04
碳五	0.457	0.460	1.030	2.390	2.750
C6~C8非芳烃	0.05	0.04	0.28	1.09	0.88
苯	1.01	0.99	2.23	5.39	3.58
甲苯	0.12	0.12	0.65	2.83	1.41
二甲苯	0.003	0.000	0.090	1.100	0.330
乙苯	0.01	0.01	0.01	0.18	0.08
苯乙烯	0.11	0.11	0.22	0.78	0.36
C9~205℃	0.02	0.02	0.12	1.29	0.76
205~288℃ PGO	0.004	0.004	0.010	0.050	0.060
288℃以上 PFO	0.24	0.24	0.60	3.67	2.93
蒸汽/水	23.01	23.02	28.45	33.25	42.78

表3-10　裂解炉出口的裂解气流量　　　　单位：$t \cdot h^{-1}$

裂解原料	工况一	工况二
乙烷	33.15	49.40
液化气	35.70	254.80
石脑油	487.50	165.00
加氢尾油	210.00	210.00

3.5　统一规定

本书仅模拟研究乙烯装置分离系统，模拟研究的范围不超出图3-5所示虚线框。主要建立了四种分离系统的模型：汽油分馏塔和急冷水塔系统模型、稀释蒸汽发生系统模型、全流程分离系统模型、丙烯制冷系统模型和EP1装置的乙烯制冷系统模型（见图3-6虚线框），全流程分离系统模型计算出的循环乙烷和循环丙烷物流与SPYRO®模型开环计算，手动迭代计算调整。为了分析分离系统的综合能耗，还初步建立了蒸汽及其凝液系统模型。

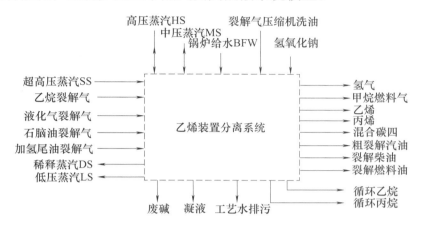

图3-5　乙烯装置分离系统进出物料框图

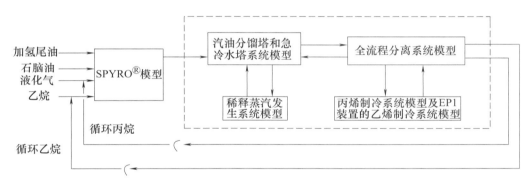

图3-6　分离系统模型循环物流示意图

由于一些裂解原料的预热与急冷系统的中温热和低温热回收有关，也与裂解炉对流段的设计相关，因此统一规定裂解原料的进料及预热温度（见表3-11），便于急冷系统的热量平衡分析。

表3-11　裂解原料的进料及预热温度

裂解原料	进料温度/℃	预热温度/℃
乙烷	30.0	50.0
液化气	30.0	70.0
石脑油	25.0	60.0
加氢尾油	60.0	80.0

图3-7~图3-9分别是EP1、EP2和EP3装置的裂解原料预热工艺流程简图。三套装置都用急冷水（QW）加热石脑油和乙烷，都用低压蒸汽（LS）加热液化气和循环丙烷，但加热加氢尾油的热源因其采用的急冷系统工艺不同而不同。EP1、EP2和EP3装置各分别用LS、裂解柴油和盘油加热加氢尾油。

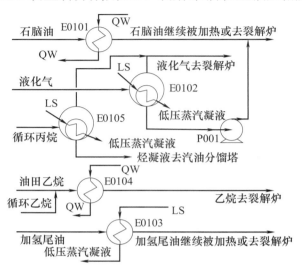

图3-7　EP1装置裂解原料预热工艺流程简图

E0101—石脑油进料预热器；E0102—液化气进料预热器；E0103—加氢尾油进料预热器；
E0104—乙烷过热器；E0105—循环丙烷预热器；P001—轻烃凝液泵

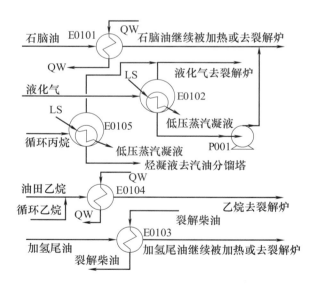

图3-8　EP2装置裂解原料预热工艺流程简图

E0101—石脑油进料预热器；E0102—液化气进料预热器；E0103—加氢尾油进料预热器；
E0104—乙烷过热器；E0105—循环丙烷预热器；P001—轻烃凝液泵

乙烯装置分离
全流程模拟

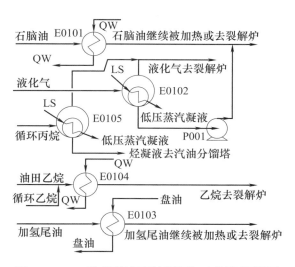

图 3-9 EP3 装置裂解原料预热工艺流程简图

E0101—石脑油进料预热器；E0102—液化气进料预热器；E0103—加氢尾油进料预热器；E0104—乙烷过
热器；E0105—循环丙烷预热器；P001—轻烃凝液泵

为了便于比较本书研究的三种典型分离技术差异，统一规定一些用于模拟计算的关键基础条件：

① 以 EP1 装置的工况一为基准。工况一为主工况，工况二被视为裂解原料轻质化后的副工况。

② 急冷水塔塔顶压力为 0.133MPa。

③ 急冷水塔工况一采出汽油量大于 $3.0t \cdot h^{-1}$，工况二按补入芳烃汽油处理。

④ 裂解气压缩机为五段，一段吸入压力为 0.126MPa。各段进出口压力见表 3-12 [2, 3, 5~7]。

表 3-12 裂解气压缩机每段进出口压力　　　　　　　　　　　单位：MPa

段	EP1 装置	EP2 装置	EP3 装置
一段入口	0.126	0.126	0.126
一段出口	0.260	0.260	0.256
二段入口	0.240	0.240	0.236
二段出口	0.490	0.490	0.482
三段入口	0.470	0.470	0.460
三段出口	0.960	0.960	0.930
四段入口	0.935	0.935	0.900
四段出口	1.940	1.940	1.860
五段入口	1.850	1.850	1.590
五段出口	3.830	3.830	3.970

⑤ 氢气产品的氢气体积分数不低于 95.0%。

⑥ 自冷箱出口到燃料气系统的甲烷气体温度为27~36℃。直接作再生气的甲烷气体被称为高压甲烷；甲烷气体压力低于0.5MPa，可直接进入燃料气系统的甲烷气体被称为中压甲烷；甲烷气体压力低于燃料气系统压力，需压缩至0.5MPa以上的甲烷气体被称为低压甲烷。

⑦ EP1装置的设计基础按全部液相乙烯产品进冷箱回收冷量考虑；EP2和EP3装置的设计基础按乙烯装置100%负荷运行时，40%的气相乙烯可液化（温度-35℃，压力2.0MPa）送入乙烯球罐[3]考虑。为了确保三套乙烯装置的乙烯产品输出基本对等，规定乙烯装置输出90t·h⁻¹中压气相乙烯产品（压力4.0MPa，乙烯体积分数不低于99.95%），其余为液相乙烯产品。当EP1装置100%负荷运行时，60%的液相乙烯产品去冷箱回收冷量；EP1装置依此与EP2和EP3装置的设计基础比对。而EP1装置的设计基础与EP2和EP3装置各分别输出150t·h⁻¹中压气相乙烯产品比对。

⑧ 输出的液相丙烯产品温度35℃、压力2.2MPa，其丙烯体积分数不低于99.6%。

⑨ 粗裂解汽油输出温度为40℃。裂解柴油等轻燃料油与重裂解燃料油混合，一并作为裂解燃料油输出，其输出温度为100℃。

⑩ 稀释蒸汽发生系统排放的工艺水温度为50℃，排污率取5.1%。

⑪ 其它相关公用工程物流的工艺参数见表3-13[3, 5, 6]。

表3-13　相关公用工程物流的工艺参数

物流名称	温度/℃	压力/MPa	备注
新水（XW）	20	0.5	
循环水（CW）	30	0.5	回水38℃
锅炉给水（BFW）	110	4.5~15.0	来自除氧器
低压蒸汽（LS）	170	0.5	
中压蒸汽（MS）	300	1.5	
高压蒸汽（HS）	400	4.1	
超高压蒸汽（SS）	515	12.1	

⑫ 分离系统的综合能耗计算不考虑工厂风、仪表风和氮气等用量，仅考虑水、电和蒸汽用量。有关耗能工质的能量折算值见表3-14[8, 9]。

表3-14　乙烯装置分离系统有关耗能工质的能量折算值

项目	能量折算值	备注
电/MJ·kW⁻¹·h⁻¹	9.76	GB 30250—2013
新水（XW）/MJ·t⁻¹	7.12	
循环水（CW）/MJ·t⁻¹	4.19	
锅炉给水（BFW）/MJ·t⁻¹	385.19	

项目	能量折算值	备注
透平凝液/MJ·t⁻¹	152.81	凝汽机凝结水
工艺凝液/MJ·t⁻¹	320.29	加热设备凝结水
低压蒸汽(LS)/MJ·t⁻¹	2763.00	
中压蒸汽(MS)/MJ·t⁻¹	3349.00	GB 30250—2013
高压蒸汽(HS)/MJ·t⁻¹	3684.00	
超高压蒸汽(SS)/MJ·t⁻¹	3852.00	GB 30250—2013

参 考 文 献

[1] TECHNIP BENELUX B.V. SPYRO® Suite 7 User manual [Z/OL]. 2014.

[2] 王松汉，何细藕. 乙烯工艺与技术 [M]. 北京：中国石化出版社，2000.

[3] 王松汉. 乙烯装置技术与运行 [M]. 北京：中国石化出版社，2009.

[4] 魏旭东. 基于实时优化乙烯裂解和急冷区的模拟研究 [D]. 大连：大连理工大学，2014.

[5] 北京石油化工总厂. 轻柴油裂解年产三十万吨乙烯技术资料第一册综合技术 [M]. 北京：化学工业出版社，1979.

[6] 张万钧. 扬子乙烯装置技术综览第一篇综合技术 [M]. 北京：中国石化出版社，1997.

[7] 李作政，冷寅正. 乙烯生产与管理 [M]. 北京：中国石化出版社，1992.

[8] 中华人民共和国住房和城乡建设. GB/T 50441—2016. 石油化工设计能耗计算标准 [S].

[9] 中国国家标准化管理委员会. GB 30250—2013. 乙烯装置单位产品能源消耗限额 [S].

第 4 章

急冷系统

急冷系统主要包括汽油分馏塔（也称初分馏塔、油洗塔或急冷油塔）系统、急冷水塔（也称急冷塔、水洗塔）系统和稀释蒸汽发生系统等，内含急冷油（QO）、急冷水（QW）和稀释蒸汽（DS）循环，见图 4-1。其主要作用是降低裂解气温度，分离出 PFO、PGO 和部分 RPG，回收高温、中温和低温热量，发生稀释蒸汽等。汽油分馏塔和急冷水塔是乙烯装置最复杂的两个精馏塔，其进料是含有 CO、CO_2、H_2S、氢气、蒸汽/水和 $C_1 \sim C_{42}$ 的烃类混合物。几乎所有的精馏挑战领域都集中在这两个塔系统，如固体颗粒、高温、含氧化合物、通过循环回流回收热量、结垢和聚合现象等[1]。

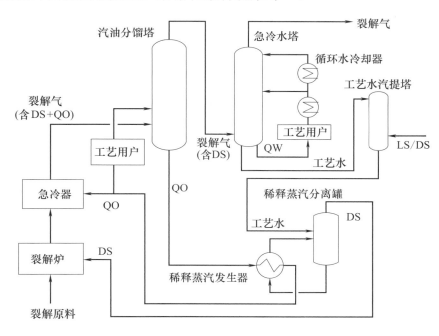

图 4-1　急冷系统三大循环示意图

本章通过建立汽油分馏塔和急冷水塔系统以及稀释蒸汽发生系统两类模型，模拟计算分析急冷系统，针对不同的高中温热回收工艺，相应分析急冷系统的模拟计算结果。同时分析研究急冷系统在正常运行中存在的一些问题，并给出一些经验型的解决方案。

4.1　急冷系统的模拟

一套乙烯装置的急冷系统有两个模型，一个是汽油分馏塔和急冷水塔系统模型，另一个是稀释蒸汽发生系统模型。本书共建立六个模型来模拟计算研究急冷系统。

4.1.1　汽油分馏塔和急冷水塔系统模拟

4.1.1.1　工艺描述

　　三套乙烯装置的汽油分馏塔和急冷水塔系统工艺流程简图见图4-2~图4-4。自废热锅炉出来的高温裂解气在进入汽油分馏塔之前，都要先进入急冷器被急冷油或工艺水冷却。除EP3装置有一股直接来自汽油分馏塔C101塔底的急冷油进入急冷器Q103去冷却乙烷裂解炉出口的500℃裂解气外，其余去急冷器Q101的急冷油都先经过稀释蒸汽发生器E1101去加热工艺水产生稀释蒸汽而回收其高温热。除EP2装置的全部裂解气经过急冷器Q101冷却后都进入汽油分馏塔C101底部外，另外两套装置7.5台裂解炉的裂解气经过急冷器Q101冷却后直接进入汽油分馏塔底部，EP1装置的半台乙烷裂解炉出口裂解气在急冷器Q102被工艺水冷却后进入裂解燃料油汽提塔C102中部，EP3装置的半台乙烷裂解炉出口裂解气在急冷器Q103被急冷油冷却后进入重燃料油汽提塔C112顶部。

　　可将汽油分馏塔C101分为三段来说明。汽油分馏塔C101底部是QO循环段，燃料油在此段冷凝；中部是QO中间回流或盘油（PO）、PGO循环段，PO或PGO在此段采出；上部是精馏段，顶部分离出RPG及比RPG更轻的裂解气。除EP1装置稀释蒸汽发生器E1101出口的一部分QO继续去加热工艺水和发生低压蒸汽后作为汽油分馏塔C101中间回流外，EP2和EP3装置稀释蒸汽发生器E1101出口的一部分QO都返回了汽油分馏塔C101底部。

　　EP1装置汽油分馏塔C101塔底QO去裂解燃料油汽提塔C102塔顶，其中部采出的PGO被裂解柴油进料泵P112送去裂解燃料油汽提塔C102中部，裂解燃料油汽提塔C102的汽提蒸汽为MS，其塔顶气体返回汽油分馏塔C101塔底，其塔底采出液体经QW回收热量后作为PFO产品输出。EP3装置汽油分馏塔C101塔底QO去重燃料油汽提塔C112塔底，重燃料油汽提塔C112塔的汽提蒸汽为HS，其塔顶气体返回汽油分馏塔C101塔底，其塔底循环液体返回汽油分馏塔C101塔底，采出液体经QW回收热量后作为PFO产品输出。EP2装置正常运行期间QO不进入裂解燃料油汽提塔C102，汽油分馏塔C101塔底采出QO经PGO和QW回收热量后直接作为PFO产品输出。

　　EP1装置没有轻燃料油汽提塔，PGO与PFO一起在裂解燃料油汽提塔C102塔底采出。EP2装置的汽油分馏塔C101中部有PGO循环段回收PGO中温热，中部采出的PGO去裂解燃料油汽提塔C102顶部，裂解燃料油汽提塔C102的汽提蒸汽为MS，其塔顶气体返回汽油分馏塔C101塔底，其塔底采出液体与PFO混合输出。EP3装置的汽油分馏塔C101中部有PO循环段回收PO中温热，

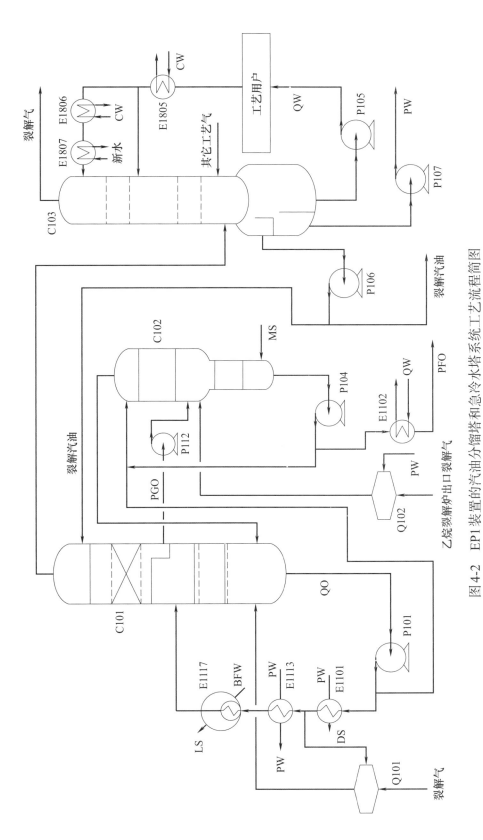

图 4-2　EP1 装置的汽油分馏塔和急冷水塔系统工艺流程简图

C101—汽油分馏塔；C102—裂解燃料油汽提塔；C103—急冷水塔；E1101—稀释蒸汽发生器；E1102—裂解燃料油冷却器；E1805—1号急冷水冷却器；
E1806—2号急冷水冷却器；E1807—QW/XW冷却器；E1113—稀释蒸汽分离罐1号进料加热器；E1117—QO/LS发生器；P101—急冷油循环泵；
P104—裂解燃料油进料泵；P105—急冷水循环泵；P106—汽油分馏塔回流泵；P107—工艺水泵；P112—裂解柴油进料泵；Q101/Q102—急冷器

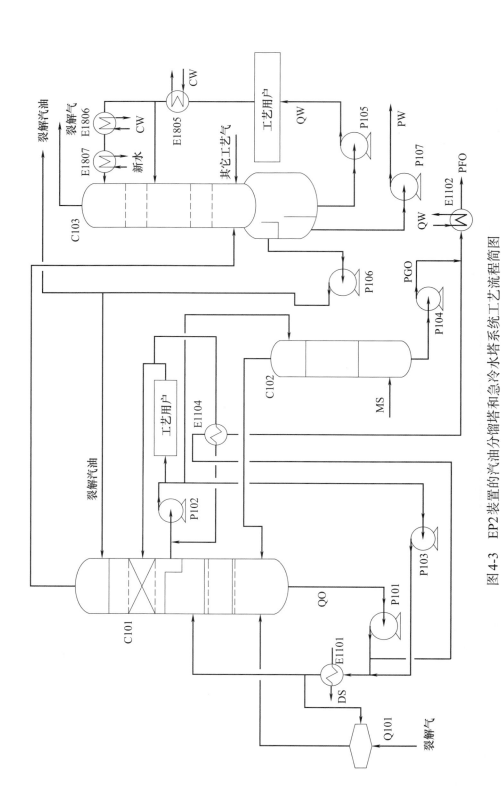

图 4-3 EP2 装置的汽油分馏塔和急冷水塔系统工艺流程简图

C101—汽油分馏塔；C102—裂解燃料油汽提塔；C103—急冷水塔；E1101—稀释蒸汽发生器；E1102—裂解燃料油冷却器；E1104—裂解柴油调温加热器；
E1805—1 号急冷水冷却器；E1806—2 号急冷水冷却器；E1807—QW/XW 冷却器；P101—急冷油循环泵；P102—裂解油循环泵；
P103—裂解柴油增压泵；P104—裂解燃料油回流泵；P105—急冷水循环泵；P106—汽油分馏塔回流泵；P107—工艺水泵；Q101—急冷器

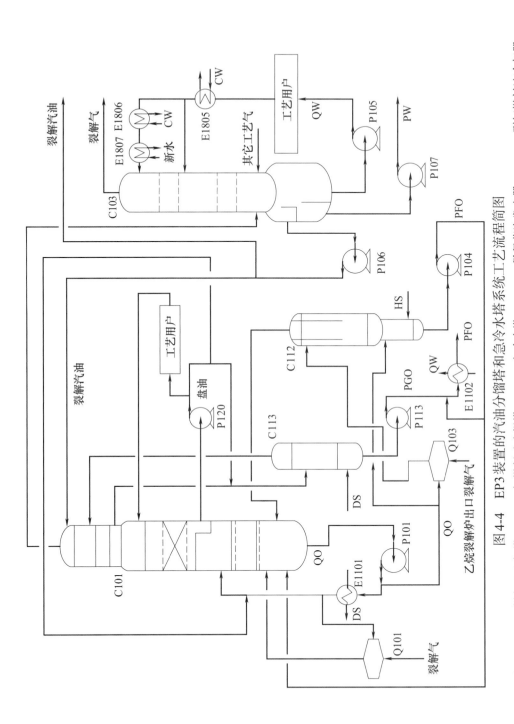

图 4-4　EP3 装置的汽油分馏塔和急冷水塔系统工艺流程简图

C101—汽油分馏塔；C112—重燃料油汽提塔；C113—轻燃料油汽提塔；C103—急冷水塔；E1101—稀释蒸汽发生器；E1102—裂解燃料油冷却器；E1805—1
号急冷水冷却器；E1806—2 号急冷水冷却器；E1807—QW/XW冷却器；P101—急冷油循环泵；P104—重燃料油泵；P105—急冷水循环泵；P106—汽油分馏
塔回流泵；P107—工艺水泵；P113—轻燃料油泵；P120—盘油循环泵；Q101/Q103—急冷器

中部采出的PO及上部采出的轻燃料油去轻燃料油汽提塔C113塔中部，轻燃料油汽提塔C113的汽提蒸汽为DS，其塔顶气体返回汽油分馏塔C101上部，其塔底采出液体与PFO混合输出。

三套乙烯装置的急冷水塔工艺大体相似，汽油分馏塔C101塔顶裂解气去急冷水塔C103底部。一部分气相RPG和大部分工艺蒸汽在急冷水塔C103内各分别被冷凝为液相RPG和QW，液相RPG和QW通过油水分离器分离。急冷水塔C103塔底冷凝的大部分液相RPG作为汽油分馏塔C101的回流，其余作为RPG组分采出。若汽油分馏塔C101的RPG回流量不够，就补充外购的芳烃汽油。急冷水塔C103塔底冷凝的大部分QW通过QW循环回收其低温热，其余QW作为发生DS的工艺水（PW）。一般QW温度为80~86℃，回收其低温热后，其温度降为70~71℃，然后经过冷却水冷却至55℃左右，大部分QW去急冷水塔C103中部，其余QW继续用冷却水及新水冷却，被送至急冷水塔C103顶部。被净化和冷却后的裂解气从急冷水塔C103塔顶采出至裂解气压缩机一段吸入罐。进入急冷水塔C103底部的其它工艺物流是裂解气压缩系统冷凝的凝结水及汽提粗裂解汽油组分所产生的气体。

4.1.1.2　工艺流程特点

三套乙烯装置都利用汽油分馏塔回收高温热和中温热，且都通过QO加热工艺水发生DS来回收高温热；都利用急冷水塔回收低温热，让QW去加热工艺介质。但每套装置回收中温热的方式不同：

① EP1装置通过QO回收中温热。一部分被回收高温热后的QO去稀释蒸汽分离罐进料加热器E1113加热工艺水，然后再去QO/LS发生器E1117生产LS。因QO的冷却温度受限于LS的饱和温度（约151.8℃），通过QO回收的中温热量有限。

② EP2装置通过PGO回收中温热。自汽油分馏塔C101中部采出的PGO温度约150℃，一般可将PGO冷却至120℃，通过PGO回收的中温热量主要取决于PGO的循环流量。

③ EP3装置通过PO回收中温热。自汽油分馏塔C101中部采出的PO温度约170℃，一般可将PO冷却至120℃，通过PO回收的中温热量主要取决于PO的循环流量。为了多回收中温热，将一股PO组分泵送至稀释蒸汽发生器出口QO管道中，通过PO带走少部分汽油分馏塔C101塔底部的热量。

④ 在相同工况下，一般来说EP3装置可回收的中温热量最多，EP2装置次之，EP1装置较低。

在整个急冷油循环物流中存在高芳烃含量的中间沸点（260~360℃）物质，这部分组分越多，急冷油的黏度越低，该中间沸点物质被称为调黏组分。三套装置利用调黏组分降低QO黏度的方式不一样：

① EP1装置汽油分馏塔C101塔底的部分QO和侧线抽出物PGO各分别被泵送到裂解燃料油汽提塔C102中部，在此馏程在260~360℃之间的小部分调黏组分被乙烷裂解炉出口裂解气汽提出来，并被MS汽提以控制闪点。裂解燃料油汽提塔C102的操作温度为170~200℃，馏程为260~360℃的气体组分返回汽油分馏塔C101塔底，虽有助于降低QO黏度，但效果不大，汽油分馏塔C101塔底仍不能维持较高的温度。

② EP2装置汽油分馏塔C101侧线抽出物PGO被泵送到裂解燃料油汽提塔C102顶部，在此馏程在260~360℃之间的极小部分调黏组分被MS汽提出来。裂解燃料油汽提塔C102的操作温度为120~180℃，馏程为260~360℃的气体组分返回汽油分馏塔C101塔底，对降低QO黏度所起到的作用很小，汽油分馏塔C101塔底仍不能维持较高的温度。为了降低通过稀释蒸汽发生器的QO黏度，将一股PGO组分通过裂解柴油增压泵P103送至稀释蒸汽发生器入口QO管道中，既有利于稀释蒸汽发生器的运行，又可通过PGO循环多回收中温热。

③ EP3装置汽油分馏塔C101塔底的部分QO被泵送到重燃料油汽提塔C112底部，被QO冷却过的乙烷裂解炉出口裂解气去重燃料油汽提塔C112顶部，在此馏程在260~360℃之间的大部分调黏组分被乙烷裂解炉出口裂解气及HS汽提出来。一般重燃料油汽提塔C112的操作温度为270~290℃，馏程为260~360℃的气体组分返回汽油分馏塔C101塔底，对降低QO黏度所起到的作用较大，汽油分馏塔C101塔底可以维持较高的温度，从而可减少QO循环量。

④ 在相同工况下，EP3装置的馏程在260~360℃之间的调黏组分最多，EP1装置次之，EP2装置较少，见表4-1。

表4-1　燃料油汽提塔C102/C112塔顶气体调黏组分质量分数　单位：%

项目	EP1装置	EP2装置	EP3装置
工况一	5.67	1.03	29.97
工况二	7.03	5.41	37.21

4.1.1.3　模拟说明

图4-2~图4-4是汽油分馏塔和急冷水塔系统模拟的基础。去急冷器Q101的裂解气代表各裂解炉的联合流出物，去急冷器Q102或Q103的乙烷裂解炉出口裂解气代表半台乙烷裂解炉裂解乙烷产生的裂解气。在模拟时每个裂解炉的急冷器被集中简化为一个急冷器Q101。

不同乙烯技术，急冷器的操作参数不同，见表4-2。本书规定供给急冷器的急冷油温度为168.5~185.0℃，急冷器出口的裂解气温度取190.0~215.0℃，它会因乙烯技术不同而不同。当乙烷炉裂解气去重燃料油汽提塔作为汽提气时，EP1和EP3装置急冷器出口的裂解气温度各分别取230.0℃和280.0℃。

表4-2　不同裂解原料下急冷器的典型操作参数

裂解原料	操作参数	Lummus技术	Linde技术	S&W技术
乙烷	出口裂解气温度/℃	201.0或230.0	225.0	211.0或280.0
	急冷油温度/℃	175.0	185.0	183.0
液化气	出口裂解气温度/℃	201.0	225.0	211.0
	急冷油温度/℃	175.0	185.0	183.0
石脑油	出口裂解气温度/℃	197.0~214.0	225.0	211.0
	急冷油温度/℃	175.0	185.0	183.0
加氢尾油	出口裂解气温度/℃	200.0~214.0	225.0	211.0
	急冷油温度/℃	175.0	185.0	183.0

　　汽油分馏塔C101的中部侧线采出量被设定为满足急冷水塔C103塔底RPG干点，同时使去汽油分馏塔C101的RPG回流量尽可能低。RPG回流量被设定为达到汽油分馏塔C101塔顶目标温度范围。

　　在两种原料工况下，汽油分馏塔C101的塔底温度都设定为205.0℃，急冷水塔C103塔顶QW回流量相同，急冷水冷却器E1805、E1806和E1807的出口QW温度都保持不变。规定E1805入口QW温度为71.0℃，每种工况的急冷水塔C103塔底温度不变。

　　汽油分馏塔和急冷水塔系统的模拟选用RK-SOAVE基础物性方法，而对于水-烃体系的急冷水塔，单独选用SRK-KD方法。不考虑急冷器内的化学反应，也不考虑QO的组成随停留时间的变化。

　　急冷系统的模拟在乙烯装置全流程模拟计算中最难，关键难点是表征粗裂解汽油及其以上馏分的组分，并给出各组分的质量分数或体积分数和虚拟组分的分子量和密度等物性参数。对于急冷系统而言，各乙烯技术专利商都独自有专门的计算方法，它们提供给国内各乙烯生产厂家的物料平衡数据都被简化处理过，工艺数据不全[2]。表4-3给出了三家乙烯技术专利商和高光英等[3]表征粗裂解汽油及其以上馏分的典型组分。Lummus公司给出9个组分，Linde公司给出27个组分，S&W公司给出15个组分。它们都不便用于急冷系统的模拟计算；高光英等[3]给出27个真组分（作者修改了5个组分名称）和1个虚拟组分，可用于急冷系统的模拟计算。本书用26个真组分表征粗裂解汽油馏分、5个真组分表征205~288℃PGO馏分、12个真组分和1个虚拟组分表征288℃以上PFO馏分，不仅满足急冷系统的模拟计算，还可进行该系统的优化研究。当三套乙烯装置的计算模型用于实际运行的乙烯装置时，它们的模拟计算结果都与实际运行乙烯装置的物料平衡和热量平衡数据相吻合。

表4-3 专利商和文献表征粗裂解汽油及其以上馏分的典型组分

天津大学化工学院[3]	Lummus 公司	Linde 公司	S&W 公司
对-1,2 二甲基环戊烷	C5'S	C5PON1	C5'S
顺-1,2 二甲基环戊烷	C6~C8 NON-AR	C5PON2	Benzene
甲苯	Benzene	Benzene	Toluene
乙苯	Toluene	C6PON	Xylenes
二甲苯	Xylenes/Ethylbenzene	Toluene	C9'S
邻甲乙基苯①	Stylene	C7PON	C10'S
反-2-苯基-2-丁烯	C9~205℃	Xylenes	Naphthalene
2-乙基间二甲苯	205~288℃PGO	Stylene	C11'S
顺-2-苯基-2-丁烯	288℃Plus PFO	C8PON	C12'S
丙烯苯		C9AR	C13'S
间二乙烯基苯		C9C10AR	C14'S
1,2,3,4-四氢萘		C10AR1	C15'S
顺-2-十二碳烯②		C10AR2	C16'S
2-甲基萘		OEL1N	C18'S
联苯		OEL2N	C20'S
2,7-二甲基萘		OEL3N	
1,1-联苯		OEL4N	
1-正丁基萘		OEL5N	
2,6-二乙基萘		OEL6N	
1-正己基萘		OEL7N	
三联苯		OEL1G	
1,1,2-三乙基苯		OEL2G	
三苯甲烷		OEL3G	
间三联苯③		OEL4G	
荧蒽④		OEL5G	
三乙烯苯		OEL6G	
四苯乙烯⑤		OEL7G	
沸点高于500℃的虚拟组分			

① 原文为甲苯。
② 原文为1,2,3-三甲基茚。
③ 原文为p-三联苯。
④ 原文为蒽。
⑤ 原文为四乙烯苯。

4.1.1.4 模拟结果分析

（1）汽油分馏塔

C101塔通过循环 QO 回收的热量记为 Q_{QO}，通过 PGO 或 PO 回收的热量记为 Q_{PGO} 或 Q_{PO}。设定 C101 塔中部 PGO 或 PO 采出量，规定 C101 塔塔底温度，将

C101塔循环回流取热量作为变量。参考三套乙烯装置专利商的基础设计数据，规定EP1、EP2和EP3装置的P101出口压力各分别为1.0MPa、1.6MPa和0.8MPa。设定EP3装置C101塔上部裂解轻燃料油（LFO）采出量。规定EP2装置P103的PGO流量为220.0t·h⁻¹；EP3装置P102出口去C101塔下部的PO流量为436.0t·h⁻¹。三套乙烯装置的C101塔模拟计算结果见表4-4。

在表4-4中，同一工况下EP3装置的C101塔回流量可控制最低，其塔顶温度、RPG干点、QO循环量都比其它两套乙烯装置的低，EP3装置通过C101塔系统回收的总热量最多，而且随着裂解原料变轻，所回收热量的优势更明显；EP2装置与EP1装置相比，其通过C101塔系统回收热量有优势，但随着裂解原料变轻，这种优势明显变弱。

表4-4　汽油分馏塔模拟计算结果

项目	EP1	EP2	EP3	EP1	EP2	EP3
	工况一			工况二		
塔顶温度/℃	100.0	100.0	92.0	102.7	102.7	94.2
塔顶压力/MPa	0.148	0.148	0.148	0.148	0.148	0.148
塔底温度/℃	205.0	205.0	205.0	205.0	205.0	205.0
E1101出口QO温度/℃	180.0	180.0	180.0	180.0	180.0	180.0
E1117出口QO温度/℃	160.0	—	—	160.0	—	—
进塔裂解气温度/℃	215.0	215.0	215.0	215.0	215.0	215.0
去Q101裂解气流量/t·h⁻¹	733.2	766.4	733.2	654.5	679.2	654.5
回流量/t·h⁻¹	410.0	390.0	290.0	390.0	390.0	290.0
QO循环量/t·h⁻¹	6320.0	6150.0	5590.0	4800.0	4120.0	3950.0
QO急冷量/t·h⁻¹	5400.0	4820.0	4750.0	3640.0	4000.0	3400.0
PGO或PO循环量/t·h⁻¹	—	1800.0	1800.0	—	1800.0	1500.0
Q_{QO}/MW	106.929	88.629	78.142	86.256	63.923	54.700
Q_{PGO}或Q_{PO}/MW	0.000	25.586	50.009	0.000	25.586	50.009
塔顶裂解气量/t·h⁻¹	1160.3	1134.4	1036.0	1063.1	1057.8	960.2
塔底QO采出量/t·h⁻¹	30.56	24.49	65.1	18.95	13.68	47.5
PGO或PO采出量/t·h⁻¹	10.7	5.3	1.8	7.2	2.8	1.8
LFO采出量/t·h⁻¹	—	—	2.7	—	—	1.6
E1104换热量/MW	—	0.8827	—	—	0.4930	—
RPG干点/℃	206.8	199.6	196.4	209.8	204.9	196.1

对于同一装置的不同工况而言，在C101塔回流量、塔底温度基本不变的情况下，随着裂解原料变轻，塔顶温度上升，QO循环量和回收的总热量下降。对于EP3装置而言，裂解原料变轻对RPG的干点影响不大，但其它两套乙烯装置的RPG干点有升高现象。

（2）裂解燃料油汽提塔

EP1装置需规定进塔裂解气温度，从而模拟计算出急冷裂解气所需要的工

艺水量。EP2装置不考虑QO进入C102塔。同时规定用于汽提的MS流量。EP1
和EP2装置的C102塔模拟计算结果见表4-5。

在表4-5中，同一工况下EP2装置与EP1装置相比，其C102塔温度较低，
其PGO与PFO混合的产品流量稍高。对于同一装置的不同工况而言，随着裂解
原料变轻，PGO和PFO采出量都明显减少。裂解原料的变化对C102塔温度的
影响不同，对EP1装置的C102塔温度影响较小，而EP2装置随着裂解原料变
轻，C102塔温度明显升高。

表4-5　裂解燃料油汽提塔模拟计算结果

项目	EP1	EP2	EP1	EP2
	工况一		工况二	
C102塔顶温度/℃	192.9	122.2	190.3	145.7
C102塔顶压力/MPa	0.162	0.162	0.162	0.162
C102塔底温度/℃	168.1	124.9	172.1	150.2
进塔裂解气温度/℃	230.0	—	230.0	—
去Q102裂解气流量/t·h⁻¹	33.15	—	24.70	—
去Q102工艺水量/t·h⁻¹	5.6	—	4.2	—
进塔MS流量/t·h⁻¹	4.0	4.0	4.0	3.0
塔顶裂解气量/t·h⁻¹	58.38	7.84	44.76	5.11
C102塔底采出量/t·h⁻¹	25.656	1.461	14.286	0.691
PGO+PFO产品量/t·h⁻¹	25.656	25.947	14.286	14.370
E1102换热量/MW	1.0510	0.7455	0.6176	0.4215

（3）轻燃料油汽提塔

仅EP3装置有轻燃料油汽提塔C113，C113塔用于汽提LFO和PO。规定用
于汽提的DS流量。C113塔模拟计算结果见表4-6。

在表4-6中，随着裂解原料变轻，工况二的C113塔温度升高，LFO和PO
混合流量下降，C113塔塔底PGO采出量减少。

表4-6　EP3装置轻燃料油汽提塔模拟计算结果

项目	工况一	工况二
C113塔顶温度/℃	94.0	100.6
C113塔顶压力/MPa	0.149	0.149
C113塔底温度/℃	95.1	100.1
LFO+PO进塔流量/t·h⁻¹	4.5	3.4
进塔DS流量/t·h⁻¹	5.5	5.5
塔顶裂解气量/t·h⁻¹	8.25	7.88
C113塔底PGO采出量/t·h⁻¹	1.75	1.02

（4）重燃料油汽提塔

仅EP3装置有重燃料油汽提塔C112，C112塔主要用于将QO中260~360℃

之间的调黏组分汽提出来。该塔因调黏组分返回C101塔底可显著降低QO黏度而常被称为减黏塔。规定用于汽提的HS流量。C112塔模拟计算结果见表4-7。

在表4-7中，随着裂解原料变轻，工况二的C112塔温度降低，C112塔底PFO采出量显著减少。

表4-7　EP3装置重燃料油汽提塔模拟计算结果

项目	工况一	工况二
塔顶温度/℃	280.0	276.3
塔顶压力/MPa	0.160	0.160
塔底温度/℃	279.5	274.6
去Q103裂解气流量/t·h⁻¹	33.15	24.70
进塔HS流量/kg·h⁻¹	500.0	500.0
塔顶裂解气量/t·h⁻¹	74.15	58.70
塔底PFO采出量/t·h⁻¹	24.60	13.96
PGO+PFO产品量/t·h⁻¹	26.35	14.98
E1102换热量/MW	2.8860	1.5888

（5）急冷水塔

C103塔通过循环QW回收的热量记为Q_{QW}，被传递给循环水和新水的未回收QW热量记为Q_{cw}。设定C103塔顶部QW循环量，规定C103塔塔底温度，将C103塔中部QW循环量作为变量。用SEP模块（组分分离器）简化模拟汽油水分离。三套乙烯装置的C103塔工艺基本相似，其模拟计算结果见表4-8。

表4-8　急冷水塔模拟计算结果

项目	EP1	EP2	EP3	EP1	EP2	EP3
	工况一			工况二		
塔顶温度/℃	36.7	36.7	36.5	35.4	35.3	35.3
塔顶压力/MPa	0.136	0.136	0.136	0.136	0.136	0.136
塔底温度/℃	85.0	85.0	85.0	81.0	81.0	81.0
Q_{QW}/MW	100.351	98.071	90.907	72.425	71.461	65.583
Q_{cw}/MW	160.634	157.331	149.178	161.085	159.550	150.198
塔顶裂解气量/t·h⁻¹	481.2	481.9	480.5	455.8	455.6	456.5
塔顶部QW量/t·h⁻¹	1300.0	1300.0	1300.0	1300.0	1300.0	1300.0
塔中部QW量/t·h⁻¹	4884.2	4706.4	4267.2	4908.7	4826.1	4322.2
RPG采出量/t·h⁻¹	4.293	3.353	4.167	1.253	3.300	1.822
PW采出量/t·h⁻¹	294.5	286.6	290.7	251.0	243.6	247.5

在表4-8中，同一工况下C103塔塔底温度相同，其塔顶温度变化不大，

QW循环量随Q_{QW}的下降而降低；Q_{QW}和Q_{CW}都随EP1、EP2和EP3装置顺序依次减少。随着裂解原料变轻，所回收的Q_{QW}热量下降明显，而未回收热量Q_{CW}却稍有增加，显然回收热量更难。

对于同一装置的不同工况而言，裂解原料变轻对C103塔的影响较大。因控制进入C103塔的总热量，使得工况二难以维持较高的C103塔底温度。随着裂解原料变轻，C103塔底温度控制在81.0℃，其塔顶温度下降，Q_{QW}降低。

4.1.2 稀释蒸汽发生系统模拟

4.1.2.1 工艺描述

稀释蒸汽发生系统主要由工艺水汽提塔C104和稀释蒸汽分离罐V101组成，其流程简图见图4-5~图4-7。自急冷水塔C103塔釜采出的工艺水（PW）被送入工艺水汽提塔C104塔顶，以除去酸性气体和溶解在水中的挥发性烃类。工艺水汽提塔C104塔顶气体返回急冷水塔C103塔底，其塔底PW被泵送至稀释蒸汽分离罐V101发生DS。稀释蒸汽分离罐V101罐顶的DS通过稀释蒸汽过热器E1910被MS过热后去裂解炉作裂解原料的稀释蒸汽。

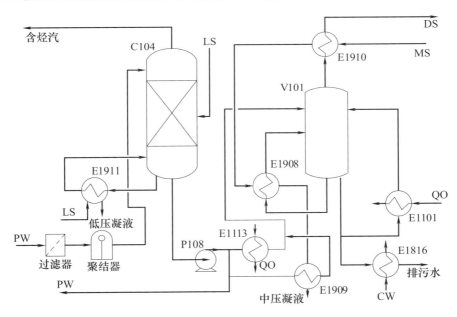

图4-5 乙烯装置EP1的稀释蒸汽发生器系统简图

C104—工艺水汽提塔；E1101—稀释蒸汽发生器；E1908—稀释蒸汽分离罐蒸汽再沸器；
E1909—稀释蒸汽分离罐2号进料加热器；E1910—稀释蒸汽过热器；E1911—工艺水汽提塔蒸汽再沸器；
E1113—稀释蒸汽分离罐1号进料加热器；E1816—排污冷却器；
P108—稀释蒸汽分离罐进料泵；V101—稀释蒸汽分离罐

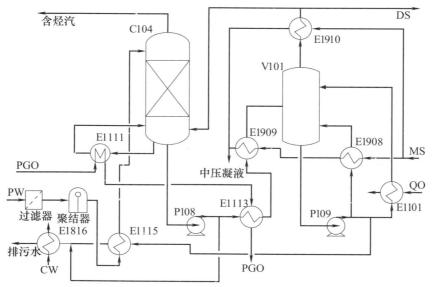

图4-6 乙烯装置EP2的稀释蒸汽发生器系统简图

C104—工艺水汽提塔；E1101—稀释蒸汽发生器；E1908—稀释蒸汽分离罐蒸汽再沸器；E1909—稀释蒸汽分离罐2号进料加热器；E1910—稀释蒸汽过热器；E1111—工艺水汽提塔再沸器；E1113—稀释蒸汽分离罐1号进料加热器；E1115—工艺水汽提塔进料加热器；E1816—排污冷却器；P108—稀释蒸汽分离罐进料泵；P109—稀释蒸汽分离罐工艺水循环泵；V101—稀释蒸汽分离罐

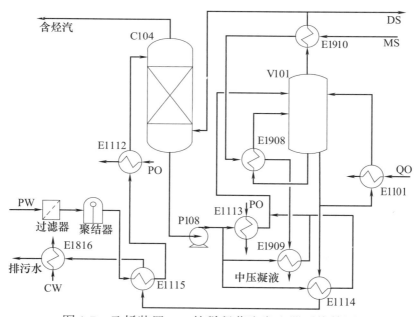

图4-7 乙烯装置EP3的稀释蒸汽发生器系统简图

C104—工艺水汽提塔；E1101—稀释蒸汽发生器；E1908—稀释蒸汽分离罐蒸汽再沸器；E1909—稀释蒸汽分离罐2号进料加热器；E1910—稀释蒸汽过热器；E1112—工艺水汽提塔2号进料加热器；E1113—稀释蒸汽分离罐1号进料加热器；E1114—排污预冷器；E1115—工艺水汽提塔进料加热器；E1816—排污冷却器；P108—稀释蒸汽分离罐进料泵；V101—稀释蒸汽分离罐

乙烯装置分离
全流程模拟

EP1装置的PW直接进入工艺水汽提塔C104。工艺水汽提塔C104塔底设低压蒸汽加热的再沸器E1911，塔中部补入LS，塔釜采出的少量PW去急冷器Q102，大量PW各分别通过稀释蒸汽分离罐1号进料加热器E1113被QO加热和通过稀释蒸汽分离罐2号进料加热器E1909被中压凝液加热后进入稀释蒸汽分离罐V101。稀释蒸汽分离罐V101罐底的PW各分别通过稀释蒸汽发生器E1101被QO加热和通过稀释蒸汽分离罐中压蒸汽再沸器E1908发生DS，其罐底的排污水通过排污冷却器E1816被循环水冷却后排放。

EP2装置的PW通过工艺水汽提塔进料加热器E1115被排污水加热后进入工艺水汽提塔C104。工艺水汽提塔C104塔底设裂解柴油加热的再沸器E1111，塔底部补入DS，塔釜采出少量排污水，其余PW通过稀释蒸汽分离罐1号进料加热器E1113被PGO加热，然后通过稀释蒸汽分离罐进料2号加热器E1909被中压凝液加热后进入稀释蒸汽分离罐V101。稀释蒸汽分离罐V101罐底的PW各分别通过稀释蒸汽发生器E1101被QO加热和通过稀释蒸汽分离罐中压蒸汽再沸器E1908发生DS，其罐底的排污水先被PW通过工艺水汽提塔进料加热器E1115回收热量，再通过排污冷却器E1816被循环水冷却后排放。

EP3装置的PW先通过工艺水汽提塔进料加热器E1115被排污水加热，再通过工艺水汽提塔2号进料加热器E1112被PO加热后进入工艺水汽提塔C104。工艺水汽提塔C104塔底不设再沸器，塔底部补入DS，塔釜采出的PW各分别通过稀释蒸汽分离罐1号进料加热器E1113被PO加热、通过稀释蒸汽分离罐2号进料加热器E1909被中压凝液加热和通过排污预冷器E1114被排污水加热后进入稀释蒸汽分离罐V101。稀释蒸汽分离罐V101罐底的PW各分别通过稀释蒸汽发生器E1101被QO加热和通过稀释蒸汽分离罐中压蒸汽再沸器E1908发生DS，其罐底的排污水依次被PW通过排污预冷器E1114和工艺水汽提塔进料加热器E1115回收热量，再通过排污冷却器E1816被循环水冷却后排放。

4.1.2.2 工艺流程特点

三套装置虽都采用过热的MS通过稀释蒸汽过热器E1910过热DS，但利用的方式稍有差异。EP1和EP3装置利用MS的方式相同，都是将所有过热的MS先通过稀释蒸汽过热器E1910过热DS，还处于过热状态的MS继续去稀释蒸汽分离罐中压蒸汽再沸器E1908加热PW发生DS，MS全部成为中压凝液后去加热进入稀释蒸汽分离罐的PW回收热量。而EP2装置只利用少量的MS去过热DS，MS直接变为带有部分中压凝液的饱和状态；绝大部分过热的MS直接去稀释蒸汽分离罐中压蒸汽再沸器E1908加热PW发生DS，MS全部变为饱和中压凝液后去加热进入稀释蒸汽分离罐的PW回收热量。

三套装置给工艺水汽提塔C104提供热源的方式也稍有不同：

① EP1和EP2装置都在工艺水汽提塔C104塔底设置再沸器，EP1装置的

再沸器热源为LS，而EP2装置的再沸器热源为PGO。EP3装置的工艺水汽提塔C104没设塔底再沸器，但设置工艺水汽提塔2号进料加热器E1112来利用PO加热进入工艺水汽提塔C104的PW。

② EP2和EP3装置工艺水汽提塔C104的汽提蒸汽为DS，而EP1装置以LS为汽提蒸汽。

4.1.2.3 模拟说明

图4-5~图4-7是稀释蒸汽发生系统模拟的基础。虽然三套装置都应设置在稀释蒸汽量不足时补入MS的工艺流程，但本书稀释蒸汽发生系统的模拟不考虑直接在DS中补入MS，而是在工艺水汽提塔C104的进料中补入锅炉给水（BFW），而使图4-8的工艺水系统达到平衡。

先利用汽油分馏塔和急冷水塔系统的模型模拟计算出急冷水塔C103塔釜采出的PW量（F_{PW}），然后取工艺水汽提塔塔顶排汽率约4.9%，取工艺水排污率约5.1%，可通过式（4-1）计算出补入的BFW量（F_{BFW}）。

$$F_{BFW} = F_{DS} - F_{PW}(1 - 4.9\% - 5.1\%) - F_{LS} \tag{4-1}$$

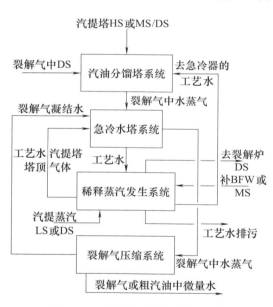

图4-8 工艺水系统平衡框图

式中，F_{DS}等于去裂解炉的DS量和补入汽油分馏塔系统的DS量之和；F_{LS}为补入工艺水汽提塔的LS量。

只有EP1装置用LS作为工艺水汽提塔的汽提蒸汽。当式（4-1）用于EP2和EP3装置时，F_{LS}等于0。

稀释蒸汽发生器E1101的换热量等于汽油分馏塔C101塔底部的QO被PW带走的高温热量（Q_{DS}），可通过汽油分馏塔和急冷水塔系统的模型算出。统一要求外排的中压凝液温度约150℃，需要输入的MS量赋初值，迭代计算出MS输入量（F_{MS}）。最后通过汽油分馏塔和急冷水塔系统模型、稀释蒸汽发生系统模型和裂解气压缩系统模型迭代计算，使裂解气凝结水、工艺水汽提塔塔顶气体等循环物流量基本一致，得到最终的F_{PW}、F_{MS}等结果。

用Flash2模块（闪蒸罐）简化模拟工艺水汽提塔C104和稀释蒸汽罐V101，其基础物性方法选用STEAMNBS。在模拟计算时，为便于模型收敛，将V101罐底物流作为循环物流断开处理，通过多次迭代计算，直至循环物流的流量变化很小，并且整个模型的物料平衡。

4.1.2.4　模拟结果分析

三套乙烯装置的C104塔工艺基本相似，其模拟计算结果见表4-9。

表4-9　工艺水汽提塔模拟计算结果

项目	EP1	EP2	EP3	EP1	EP2	EP3
	工况一			工况二		
塔顶温度/℃	116.07	112.17	112.37	116.07	112.17	112.37
塔顶压力/MPa	0.175	0.154	0.155	0.175	0.154	0.155
塔顶排汽量/t·h⁻¹	14.38	14.00	14.20	12.21	12.01	12.10
LS补入量/t·h⁻¹	11.2	—	—	8.6	—	—
DS补入量/t·h⁻¹	—	10.50	13.06	—	9.90	11.13
F_{PW} 量/t·h⁻¹	294.2	286.7	290.7	248.5	243.6	247.5
F_{BFW} /t·h⁻¹	0.0	12.2	14.2	0.0	10.4	12.0
急冷用PW量/t·h⁻¹	5.6	—	—	4.2	—	—
E1911换热量 /MW	12.327	—	—	12.219	—	—
E1111换热量/MW	—	10.467	—	—	9.523	—
E1112换热量/MW	—	—	9.464	—	—	9.264
E1115换热量/MW	—	0.886	0.530	—	0.742	0.451

在表4-9中，同一工况下EP1装置的C104塔顶温度比其它两套装置高，导致其加热PW的热负荷最大；EP1装置的汽提蒸汽为外部补入的LS，使得补入的BFW量最小。

对于同一装置的不同工况而言，裂解原料变化对C104塔的影响较小。随着裂解原料变轻，C104塔的PW进料量下降，加热PW的热负荷随之降低。

稀释蒸汽发生器E1101的换热量记为Q_{E1101}。三套乙烯装置的稀释蒸汽发生系统都是优先通过E1101利用C101塔高温热Q_{DS}，再通过稀释蒸汽分离罐1号进料加热器E1113利用部分C101塔中温热，该系统不足的热量由MS通过稀释蒸汽分离罐蒸汽再沸器E1908、稀释蒸汽分离罐2号进料加热器E1909和稀释蒸汽过热器E1910补充，以实现该系统产生足量过热DS的要求。E1101的换热量Q_{E1101}等于Q_{DS}。稀释蒸汽罐系统的模拟计算结果见表4-10。

在表4-10中，同一工况下DS外送量相等，PW进料量随EP1、EP2和EP3装置顺序依次增加，而E1101和E1113的换热量之和却依次降低；规定V101罐顶压力也依此顺序增高，EP3装置的V101罐顶温度比其它两套装置高。稀释蒸汽发生系统所需要的MS热量随EP1、EP2和EP3装置顺序依次增加，相应MS补入量升高。

对于同一装置的不同工况而言，裂解原料变化对稀释蒸汽罐系统有影响。随着裂解原料变轻，稀释蒸汽罐系统的PW进料量下降，E1101和E1113的换热量都随之降低，但MS补入量及其带入的热负荷变化不大。

表 4-10　稀释蒸汽罐系统模拟计算结果

项目	EP1	EP2	EP3	EP1	EP2	EP3
	工况一			工况二		
罐顶温度/℃	168.9	170.4	173.0	168.9	170.4	173.0
罐顶压力/MPa	0.77	0.80	0.85	0.77	0.80	0.85
DS温度/℃	200.0	185.0	185.0	200.0	185.0	185.0
DS外送量/t·h^{-1}	270.35	270.35	270.35	229.20	229.20	229.20
F_{MS}量/t·h^{-1}	110.33	139.80	150.86	109.30	136.30	146.89
PW进料量/t·h^{-1}	291.02	295.40	303.76	246.39	251.89	258.53
排污水量/t·h^{-1}	15.00	14.50	14.80	12.61	12.50	12.60
Q_{E1101}/MW	93.904	88.629	78.142	70.323	63.923	54.700
E1113换热量/MW	10.119	0.945	8.714	7.343	0.783	6.276
E1114换热量/MW	—	—	0.938	—	—	0.799
E1908换热量/MW	64.456	10.452	89.226	65.103	10.175	87.778
E1909换热量/MW	3.603	80.117	8.445	3.124	78.460	8.223
E1910换热量/MW	5.616	2.787	3.071	4.761	2.373	2.090
E1816换热量/MW	2.102	1.023	0.680	1.767	0.883	0.579

4.2　物料和热量平衡

　　不考虑裂解炉系统对急冷系统的物料和热量平衡影响，也不考虑工况二补充的芳烃汽油对其的影响。在高温裂解气通过废热锅炉（Transfer Line Exchengers，简称TLE）后的温度都不变及汽油分馏塔的粗裂解汽油回流量也不变的情况下讨论急冷系统的物料和热量平衡。

　　三套乙烯装置的汽油分馏塔塔底温度都按205.0℃设计。因汽油分馏塔在实际运行过程中必须维持急冷油循环系统的急冷油黏度在正常范围内，一般EP1、EP2和EP3装置的汽油分馏塔塔底温度都各分别实际控制在180.0℃、185.0℃和200.0℃。为此每套乙烯装置都给出汽油分馏塔塔底温度在设计值和实际值时的物料和热量平衡，所有数据都产生于稳态模拟计算中。

4.2.1　物料平衡

　　急冷系统的物料平衡关键在于汽油分馏塔系统的物料平衡。汽油分馏塔系统的进料量与出料量差值等于累积量的变化值，而累积量的变化主要体现在汽油分馏塔与燃料油汽提塔塔底液位的变化。进料、出料及累积物料量的变化都影响该系统内各关键组分的停留时间，应尽可能缩短污垢前体和多环芳烃

（Polycyclic Aromatic Hydrocarbons，简称PAH）的停留时间。

在模拟计算工况二过程中，急冷水塔分离出的RPG量总是低于汽油分馏塔所需要的RPG回流量，需要给RPG补充一定量的芳烃汽油以维持汽油分馏塔的回流量，同时采出一定量的RPG以避免RPG中污垢前体的累积，这一点详见4.4.2节内容。

表4-11和表4-12各分别给出了汽油分馏塔塔底温度在设计值和实际值时的急冷系统主要物料平衡情况。从这两个表可看出，对每套乙烯装置而言，在同一工况下的汽油分馏塔RPG回流量与裂解炉出口干裂解气流量的比值不变，它

表4-11　当汽油分馏塔塔底温度都为设计值时物料平衡情况

项目	EP1	EP2	EP3	EP1	EP2	EP3
	工况一			工况二		
裂解炉出口流出物/t·h⁻¹	766.35			679.20		
稀释蒸汽量/t·h⁻¹	270.35			229.20		
汽油分馏塔塔底温度/℃	205.0	205.0	205.0	205.0	205.0	205.0
急冷水塔塔底温度/℃	85.0	85.0	85.0	81.0	81.0	81.0
RPG回流量/裂解炉出口干裂解气流量	0.83	0.79	0.58	0.87	0.87	0.64
PFO/kg·h⁻¹	25656.3	24485.9	24601.1	14285.9	13679.5	13961.5
PGO/kg·h⁻¹		1461.2	1751.3		690.9	1022.5
急冷水塔塔顶裂解气量/t·h⁻¹	481245	481858	480473	455779	455560	456654
RPG采出量/kg·h⁻¹	4293.0	3353.0	4167.0	1253.0	3300.0	1822.0
补充的芳烃汽油量/t·h⁻¹	0.0	0.0	0.0	7.0	9.0	9.0

表4-12　当汽油分馏塔塔底温度都为实际值时物料平衡情况

项目	EP1	EP2	EP3	EP1	EP2	EP3
	工况一			工况二		
裂解炉出口流出物/t·h⁻¹	766.35			679.20		
稀释蒸汽量/t·h⁻¹	270.35			229.20		
汽油分馏塔塔底温度/℃	180.0	185.0	200.0	180.0	185.0	200.0
急冷水塔塔底温度/℃	85.0	85.0	85.0	81.0	81.0	81.0
RPG回流量/裂解炉出口干裂解气流量	0.83	0.79	0.58	0.87	0.87	0.64
PFO/kg·h⁻¹	25607.3	25191.8	24585.0	14280.0	14360.1	13985.0
PGO/kg·h⁻¹		1290.5	1754.2		263.3	1018.6
急冷水塔塔顶裂解气量/t·h⁻¹	481244	481865	480472	483562	453852	456455
RPG采出量/kg·h⁻¹	4348.0	2816.0	4181.0	3300.0	3045.0	1802.0
补充的芳烃汽油量/t·h⁻¹	0.0	0.0	0.0	7.0	9.0	9.0

们都在优化数值范围内 [4, 5]，而在工况二下该比值比工况一稍有增加；在同一工况下，EP3装置的汽油分馏塔RPG回流量与裂解炉出口干裂解气流量的比值最小，表明EP3装置汽油分馏塔所需要的RPG回流量最低。

从表4-11和表4-12还可看出，汽油分馏塔塔底温度的变化对EP1和EP3装置的PFO和PGO产品的采出量都影响不大，唯有EP2装置的PFO采出量随汽油分馏塔塔底温度下降而稍有增加，PGO采出量相应降低；汽油分馏塔塔底温度的变化对急冷水塔塔顶裂解气流量都影响不大，但在工况二下应不考虑补充的芳烃汽油对急冷系统所带来的影响。若在同等条件下考察急冷系统PFO、PGO和RPG三者之和，发现EP3装置的值都大于EP1和EP2装置的值，表明EP3装置急冷系统采出的油品量最大。

4.2.2　热量平衡

急冷系统的热量主要来自裂解炉中燃烧热，是裂解炉出口高温裂解气通过TLE回收热量产生超高压蒸汽（SS）后剩余的热量。这部分热量必须在分离部分的热端回收，并尽可能在最高温度点高效地去热。在急冷系统的去热情况如下：

① 高温热回收　通过急冷油循环回收高温热，在稀释蒸汽发生器中产生DS回收热量Q_{DS}。EP1装置的Q_{DS}等于Q_{QO}减去中温热；EP2和EP3装置的Q_{DS}等于Q_{QO}。

② 中温热（Q_{MT}）回收　EP1装置是通过急冷油循环回收中温热，一部分是预热工艺水的热量Q_{PW}，另一部分是产生低压蒸汽的热量Q_{LS}；EP2装置是通过裂解柴油循环回收中温热，主要是去预热加氢尾油和工艺水，并给脱乙烷塔提供部分再沸热；EP3装置是通过盘油循环回收中温热，主要是去预热加氢尾油和工艺水，并给前脱丙烷系统的两个塔和汽油汽提塔提供再沸热。EP1装置的Q_{MT}等于Q_{PW}与Q_{LS}之和。EP2装置的Q_{MT}等于Q_{PGO}与E1104的换热量之和；EP3装置的Q_{MT}等于Q_{PO}。

③ 低温热回收　在急冷水塔系统通过急冷水循环撤除裂解气中低温热。一部分低温热量（Q_{LT}）通过急冷水循环用于分离工艺系统，难以回收的另一部分低温热量（Q_{CW}）传给冷却水。EP1和EP2装置回收的低温热量Q_{LT}等于Q_{QW}与E1102的换热量Q_{E1102}之和；EP3装置回收的低温热量Q_{LT}等于Q_{QW}、E1102的换热量Q_{E1102}及盘油调温冷却器E1103的换热量Q_{E1103}之和。

表4-13和表4-14各分别给出了汽油分馏塔塔底温度在设计值和实际值时的急冷系统关键热量平衡情况，同一装置的高、中、低温热量分布都类似。从表4-13可看出，在同一工况下，高温热量与中温热量之和依EP1、EP2、EP3装置顺序逐渐增加，相应地中温热量逐渐增多，而高温热量逐渐降低，QO循环

量相应减少；同时，在同一工况下，因急冷系统的总热量差异不大，利用的低温热量依EP1、EP2、EP3装置顺序逐渐降低，相应地通过循环冷却水浪费的低温热量也逐渐减少。在工况一下，来自裂解炉出口裂解气所带出热量的21.06%～25.45%被传递给了稀释蒸汽发生器，该高温热量数值在较合理范围内[5]；在工况二下，稀释蒸汽发生器的换热量只占裂解炉出口裂解气所带出热量的16.98%～21.95%。

表4-13　当汽油分馏塔塔底温度都为设计值时热量平衡情况

项目	EP1	EP2	EP3	EP1	EP2	EP3
	工况一			工况二		
汽油分馏塔塔底温度/℃	205.0	205.0	205.0	205.0	205.0	205.0
急冷水塔塔底温度/℃	85.0	85.0	85.0	81.0	81.0	81.0
QO循环量/t·h^{-1}	6320.0	6150.0	5590.0	4800.0	4120.0	3950.0
Q_{DS}/MW	93.903	88.629	78.142	70.323	63.923	54.700
Q_{MT}/MW	13.026	26.4687	50.009	15.933	26.0790	50.009
Q_{QW}/MW	100.9786	98.0711	90.9071	72.4247	71.4605	65.5827
Q_{CW}/MW	160.634	157.331	149.178	161.085	159.550	150.198

表4-14　当汽油分馏塔塔底温度都为实际值时热量平衡情况

项目	EP1	EP2	EP3	EP1	EP2	EP3
	工况一			工况二		
汽油分馏塔塔底温度/℃	180.0	185.0	200.0	180.0	185.0	200.0
急冷水塔塔底温度/℃	85.0	85.0	85.0	81.0	81.0	81.0
QO循环量/t·h^{-1}	12740.0	10160.0	6100.0	10400.0	7630.0	4320.0
Q_{DS}/MW	81.7149	88.2065	77.9062	66.0285	68.3779	54.5374
Q_{MT}/MW	24.7719	26.4687	50.0090	19.8873	21.4270	50.0090
Q_{QW}/MW	100.9821	98.0328	90.9059	73.0643	71.4419	65.5816
Q_{CW}/MW	160.6336	157.2795	149.1768	162.1013	159.5206	150.1945

当汽油分馏塔塔底温度降为实际值时，维持低温热量分布基本不变。从表4-14可看出，仅EP1装置在两种工况下和EP2装置在工况二下改变了高、中温热量分布，QO循环量变化非常大；EP3装置基本保持高、中温热量分布不变，QO循环量增加9.1%～9.4%。

从表4-13和表4-14可看出，EP1装置的汽油分馏塔塔底温度从205.0℃降为180.0℃后，QO循环量增加1.016～1.167倍；EP2装置的汽油分馏塔塔底温度从205.0℃降为185.0℃后，QO循环量增加65.2%～85.2%。造成QO循环量大幅增加的主要原因是回收高温热量的稀释蒸汽发生器两股冷热物流的温度都发生了较大变化。

稀释蒸汽发生器由多台逆流管壳式换热器并联而成，其换热的最大驱动力

总是对数平均温差[6]（LMTD）。LMTD 的计算公式为[7]

$$\text{LMTD} = \Delta t_{\text{lm}} = \frac{\Delta t_2 - \Delta t_1}{\ln \dfrac{\Delta t_2}{\Delta t_1}} \tag{4-2}$$

式中　Δt_{lm}——对数平均温差，K；

　　　Δt_2——管内外流体的较大温差，K；

　　　Δt_1——管内外流体的较小温差，K。

稀释蒸汽发生器的总换热量 Q_{DS} 等于[7]

$$Q_{\text{DS}} = KA\Delta t = KAF_T \Delta t_{\text{lm}} \tag{4-3}$$

式中　K——总传热系数，$\text{W·m}^{-2}\text{·K}^{-1}$；

　　　A——稀释蒸汽发生器的总有效传热面积，m^2；

　　　Δt——进行换热的两流体之间的平均温差，K；

　　　F_T——温差的修正系数，无量纲，一般取 0.8~1.0。

表 4-15 给出了稀释蒸汽发生器 E1101 的有关主要工艺参数，用式（4-2）计算出 LMTD。从表 4-15 可看出，当 EP1、EP2 和 EP3 装置的汽油分馏塔塔底温度从 205.0℃分别降为 180.0℃、185.0℃和 200.0℃后，E1101 的 LMTD 值分别减少 57.28%、47.23%和 3.51%。E1101 的两股冷热物料工艺参数发生变化后，其换热量的大小主要取决于 E1101 的总有效传热面积，最终取决于 E1101 的设计余量，即单台稀释蒸汽发生器的设计余量和稀释蒸汽发生器的备用台数。

表 4-15　稀释蒸汽发生器 E1101 的有关主要工艺参数

项目	EP1	EP2	EP3	EP1	EP2	EP3	
	工况一和工况二			不同 C101 塔底温度			
QO 入口温度/℃	205.0	205.0	205.0	180.0	185.0	190.0	200.0
QO 出口温度/℃	180.0	180.0	180.0	169.0	170.0	175.0	177.0
PW 入口温度/℃	169.0	170.5	172.9	164.4	165.5	169.8	169.8
产生 DS 的温度/℃	169.0	170.5	174.0	164.4	165.5	169.8	171.0
V101 罐顶压力/MPa	0.77	0.80	0.85	0.69	0.71	0.79	0.79
E1101 的 LMTD/K	21.086	19.385	16.216	9.007	10.230	11.054	15.647

4.3　汽油分馏塔系统

汽油分馏塔必须满足下面几个设计要求：

① 降低裂解气温度；

② 回收高温裂解气的热量；

③ 塔顶RPG组分满足干点要求;

④ 汽提出PGO产品用于轴承冲洗油以及仪表和泵的密封油;

⑤ 汽提出PFO产品。

汽油分馏塔系统的设计需要建立符合实际运行情况的模拟计算模型,除了要正确描述裂解气中重组分的特性外,还应有正确模拟该系统的能力。不仅要正确模拟塔内的传热和传质性能,还要预测急冷油组成随温度和时间的变化[8]。三套乙烯装置的汽油分馏塔设计都包括下部传热区和上部汽油精馏区。EP2和EP3装置的汽油分馏塔设计还包括中部盘油或裂解柴油区,该区域进行重裂解汽油和轻裂解燃料油的分离。没有一个精确的设计模拟程序,就难以预测这些中部馏分集中的准确位置。由于这些中部组分含有产生结垢问题的几种物质,如乙烯基苯、萘、茚,必须正确地从该系统中除去这类物质,防止它们聚集、聚合或凝固。如果不能精确地表征和模拟精馏区重裂解汽油组分的汽液平衡,还可能导致下部精馏区的干涸。这种现象将快速导致随之发生的塔拥塞和塔盘变形所形成的胶质聚合[8]。

汽油分馏塔系统的另一个关键设计[8]是表征和除去那些来自塔底急冷油循环回路的组分,这些组分有聚合可能性,并由此增加急冷油黏度。带有最大聚合可能性的组分是多环芳烃,它们难以溶解在正己烷、正庚烷轻溶剂中,一般被表征为沥青质特性。为了通过汽油分馏塔系统多回收热量,尤其是在高温区回收热量,有必要在该系统内维持沥青质组分有相对高的干点,既调节循环急冷油的沸点范围,又为了使急冷油黏度低而保持最低的沥青质含量。因此优化设计的汽油分馏塔应避免沥青质组分在循环急冷油中累积,同时在循环急冷油中多保留自PFO中汽提出的调黏组分。

为了便于理解及研究汽油分馏塔的较重组分情况,假设定义四种切割组分[5](表4-16)。

表4-16　汽油分馏塔较重组分的假设切割组分[5]

切割组分	馏程定义
粗裂解汽油(RPG)	<205℃
轻质裂解燃料油(LFO)	205~260℃
中质裂解燃料油(MFO)	260~425℃
重质裂解燃料油(HFO)	>425℃

4.3.1　高中温热回收

通过TLE后的裂解气高中温热回收都发生在汽油分馏塔系统,通过汽油分馏塔系统的急冷油、裂解柴油或盘油循环回收高中温热。三套乙烯装置都在多台并联的稀释蒸汽发生器E1101中将循环QO中的高温热传递给工艺水而产生DS，高温热Q_{DS}等于E1101的换热量Q_{E1101}，见表4-13。而三套乙烯装置的中温热回收差异较大，见表4-17。在表4-17中，EP1装置的中温热最低，EP3装置的中温热最高，高中温热之和也是这种情况。在同一工况下，EP2装置的高中温热比EP1装置多4.3%~7.6%，EP3装置的高中温热比EP1装置多19.8%~20.7%。随着裂解原料变轻，虽然中温热变化不大，但因高温热回收量显著降低，导致高中温热回收量下降约18.76%~21.97%。

表4-17　高中温热回收情况

项目	EP1	EP2	EP3	EP1	EP2	EP3
	工况一			工况二		
E1113换热量/MW	10.1190	—	—	7.3430	—	—
E1117换热量/MW	2.9066	—	—	8.5901	—	—
E1104换热量/MW	—	0.8827	—	—	0.4930	—
Q_{PGO}/MW	—	25.5860	—	—	25.5860	—
Q_{PO}/MW	—	—	50.0090	—	—	50.0090
中温热Q_{MT}/MW	13.0256	26.4687	50.0090	15.9331	26.0790	50.0090
高中温热$Q_{DS}+Q_{MT}$/MW	106.9286	115.0977	128.1510	86.2561	90.002	104.1090

（1）EP1装置

图4-9是EP1装置中温热工艺用户流程简图。稀释蒸汽分离罐1号进料加热器E1113和QO/LS发生器E1117的换热量各分别记为Q_{E1113}和Q_{E1117}。Q_{PW}等于Q_{E1113}；Q_{LS}等于Q_{E1117}。EP1装置的Q_{MT}等于Q_{E1113}和Q_{E1117}之和。

EP1装置的汽油分馏塔所回收的中温热有限，其高中温热回收几乎全倚仗稀释蒸汽发生器E1101的换热量，而E1101的换热量主要取决于E1101的总有效传热面积，因此应高度重视E1101的设计余量。建议按汽油分馏塔塔底的实际温度计算E1101的实际对数平均温差，依此确定E1101的备用台数，一般设计余量不低于50.0%。

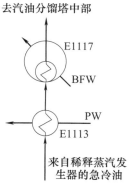

去汽油分馏塔中部

E1117

BFW

PW

E1113

来自稀释蒸汽发
生器的急冷油

图4-9　EP1装置中温热工艺用户流程简图
E1113—稀释蒸汽分离罐1号进料加热器；
E1117—QO/LS发生器

（2）EP2装置

图4-10是EP2装置中温热工艺用户流程简图。加氢尾油预热器E0103、工艺水汽提塔再沸器E1111和脱乙烷塔裂解柴

油再沸器E4100的换热量各分别记为Q_{E0103}、Q_{E1111}和Q_{E4100}。Q_{E4100}等于Q_{MT}减去Q_{E1111}、Q_{E1113}与Q_{E0103}之和，见表4-18。

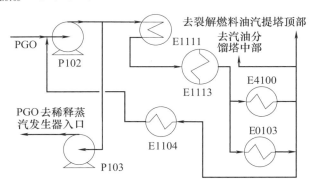

图4-10　EP2装置中温热工艺用户流程简图

E0103—加氢尾油预热器；E1104—裂解柴油调温加热器；E1111—工艺水汽提塔再沸器；
E1113—稀释蒸汽分离罐1号进料加热器；E4100—脱乙烷塔裂解柴油再沸器；
P102—裂解柴油循环泵；P103—裂解柴油增压泵

在表4-18中，随着裂解原料变轻，在工况二下E4100的换热量增加5.30%。EP2装置也应高度重视E1101的设计余量，建议设计余量不低于40.0%。

表4-18　EP2装置中温热工艺用户模拟计算结果

项目	EP2装置	
	工况一	工况二
中温热 Q_{MT}/MW	26.4687	26.0790
E1111换热量 Q_{E1111}/MW	10.4670	9.5230
E1113换热量 Q_{E1113}/MW	0.9450	0.7830
E0103换热量 Q_{E0103}/MW	1.5352	1.5352
E4100换热量 Q_{E4100}/MW	13.5215	14.2378

（3）EP3装置

图4-11是EP3装置中温热工艺用户流程简图。工艺水汽提塔2号进料加热器E1112、脱丙烷塔盘油再沸器E5102、高压前脱丙烷塔盘油再沸器E5105和汽油汽提塔盘油再沸器E6101的换热量各分别记为Q_{E1112}、Q_{E5102}、Q_{E5105}和Q_{E6101}。盘油调温冷却器E1103的换热量Q_{E1103}等于Q_{MT}减去Q_{E0103}、Q_{E1112}、Q_{E1113}、Q_{E5102}、Q_{E5105}与Q_{E6101}之和，见表4-19。

在表4-19中，随着裂解原料变轻，在工况二下工艺用户的换热量减少，E1103的换热量增加65.41%，应考虑将较多的中温热传递给循环QW。EP3装置的中温热回收最多，高温热回收最少。若EP3装置E1101的设计余量有20.0%~30.0%，其汽油分馏塔系统会有较好的操作弹性。

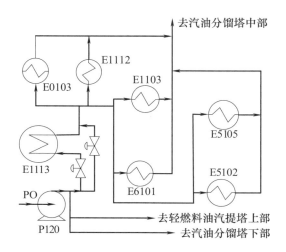

图 4-11　EP3 装置中温热工艺用户流程简图

E0103—加氢尾油预热器；E1103—盘油调温冷却器；E1112—工艺水汽提塔 2 号进料加热器；

E1113—稀释蒸汽分离罐 1 号进料加热器；E5102—脱丙烷塔盘油再沸器；

E5105—高压前脱丙烷塔盘油再沸器；E6101—汽油汽提塔盘油再沸器；P120—盘油循环泵

表 4-19　EP3 装置中温热工艺用户模拟计算结果

项目	EP3 装置	
	工况一	工况二
中温热 Q_{MT}/MW	50.0090	50.0090
E0103 换热量 Q_{E0103}/MW	1.5352	1.5352
E1112 换热量 Q_{E1112}/MW	9.4640	9.2640
E1113 换热量 Q_{E1113}/MW	8.7140	6.2760
E5102 换热量 Q_{E5102}/MW	10.9352	9.6635
E5105 换热量 Q_{E5105}/MW	7.9418	6.9446
E6101 换热量 Q_{E6101}/MW	2.6378	1.8010
E1103 换热量 Q_{E1103}/MW	8.7810	14.5247

4.3.2　结垢和阻垢

对于以液体裂解原料为主的乙烯装置来说，汽油分馏塔是裂解炉后的第一个精馏塔，它主宰着乙烯装置最重的裂解柴油和裂解燃料油采出，以及粗裂解汽油的干点。汽油分馏塔存在结垢问题，其结垢的程度和严重性是独特的，塔顶部和底部的结垢可能性分别受粗裂解汽油和急冷油这两种物流的质量和组成支配。结垢可能性还受裂解原料、裂解深度和乙烯装置能力影响。乙烯生产者总是选择一个减缓结垢的措施以防止因结垢而损失烯烃产品产量或非计划停工。

4.3.2.1 结垢机理

汽油分馏塔的结垢现象主要有挥发性组分的蒸发、聚合、缩合、沉积或沉淀、腐蚀等。该塔的结垢问题是复杂的，是由两种或两种以上结垢现象同时发生的综合结果[9]，它们几乎总是相辅相成的。急冷油的质量影响汽油分馏塔底部结垢，沥青质溶解度、沉淀、老化的原理可适用于理解急冷油循环回路的结垢。

（1）挥发性组分的蒸发

挥发性组分的蒸发是汽油分馏塔的关注点之一。在裂解炉蒸汽高备状态，蒸汽会汽提出汽油分馏塔塔底循环急冷油中的轻组分，从而提高急冷油的黏度。如果含有挥发性物质的新鲜进料不够，且汽油分馏塔塔底液体的黏度增加超出其倾点，循环急冷油系统管线会结垢，循环急冷油的流动会停止，会导致花几天时间去清理已结垢的管线[10]。

（2）聚合

汽油分馏塔内发生的聚合主要是双键连接形成长链分子。汽油分馏塔存在聚合现象引起的有机物结垢问题，如低聚物和聚合物固体沉积在设备表面。有机物结垢的原因是在工艺物流中存在的污垢前体发生了不需要的反应。主要污垢前体的化学结构见图4-12。

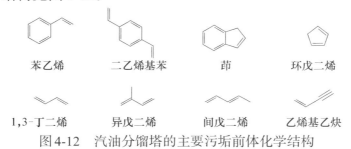

苯乙烯　　　二乙烯基苯　　　茚　　　环戊二烯

1,3-丁二烯　　　异戊二烯　　　间戊二烯　　　乙烯基乙炔

图4-12　汽油分馏塔的主要污垢前体化学结构

这几种污垢前体都是活性单体，它们的聚合在一定程度上会通过自由基和狄尔斯-阿尔德（Diels-Alder）反应机理发生。裂解气中二烯烃和乙烯基芳烃含量从万分之几到百分之几不等[11]。二烯烃和乙烯基芳烃聚合是一种汽油分馏塔结垢的典型起因，尤其是在该塔的上部，当存在合适的初始反应条件时，这些组分容易通过自由基机理聚合。热本身可以引发二烯烃聚合反应。当有其它引发剂时，如过氧化物或活性金属表面，聚合发生得更快，从而形成导致结垢的重分子。一般热聚合的化学反应速率与温度成指数关系。污垢前体的浓度、温度和停留时间等参数是汽油分馏塔结垢的主要驱动力。当乙烯装置从液体裂解原料逐渐转变为气体裂解原料时，更应认真对待该塔的结垢问题[12]。

汽油分馏塔顶部的粗裂解汽油回流含有大量的苯乙烯、茚和它们的取代衍生物，这些活性单体在汽油分馏塔塔顶温度下不需要引发剂就容易进行热自由基聚合。苯乙烯和茚含量大小是互相无关的。聚苯乙烯易溶于苯乙烯中，茚与聚苯乙烯发生交联反应形成一种不溶于液体物流的聚合物[13]。它们形成的胶质及这些单体的自由基聚合物在粗裂解汽油回流中的体积分数为0.01%~0.1%。粗裂解汽油回流中的胶质和活性单体不会导致固有的结垢问题[14]。一是茚在汽油分馏塔顶部聚集，其浓度高，相对于苯乙烯而言，由于茚基的高稳定性，它在聚合物增长反应过程中更趋向于夺氢反应，因此它们作为链转移介质反应，延缓了反应，并缩短聚合物的平均链长度，直至聚合物的分子质量达到几千道尔顿。二是生成的芳烃基聚合物溶解在芳烃汽油和急冷油中，从而防止沉积。当严重的结垢问题在汽油分馏塔顶部发生时，通常是汽油分馏塔顶部存在由于缺乏溶解介质而引起沉积的停滞区或干涸区。

二烯烃和乙烯基芳烃还通过狄尔斯-阿尔德机理聚合而形成多环化合物。狄尔斯-阿尔德聚合通常在较高的温度下开始，不需要化学引发剂。一些如环戊二烯一类的二烯烃可通过狄尔斯-阿尔德机理在环境温度下发生二聚反应。双环戊二烯（DCPD）就是通过狄尔斯-阿尔德机理形成的聚合物，它与其它低聚物和聚合物（如聚苯乙烯）还发生交联反应[13]。在汽油分馏塔系统中乙烯基芳烃之间的狄尔斯-阿尔德反应可能生成多环芳烃（PAH），这是汽油分馏塔底部结垢的主要原因[14]。

（3）缩合

缩合常发生在乙烯装置的废热锅炉（TLE）内裂解气侧[15, 16]，也在汽油分馏塔底部的急冷油中发生[17]。当两个含有杂原子的分子结合并释放出一个水分子时发生缩合反应，含有氧、氮和硫的分子会参与缩合反应[18]。高温和长停留时间使多环芳烃通过缩合反应形成更重的物质，最终生成焦炭。在汽油分馏塔内，当轻芳烃被汽提到塔顶时，塔内形成的多环芳烃沿着塔的气流开始冷凝出来，将会在某一点从液相中出现。这些多环芳烃类似于沥青质的芳香结构 [图4-13（a）]，PAH分子不仅小于天然沥青质 [图4-13（b）]，而且具有较短的脂肪族分支、较窄的分子量分布和较少的脂肪族特征[19]，且有比沥青质更小的分子体积。多环芳烃通常在急冷油中形成一个带有一定程度芳香性的稳定分散体[20, 21]，但它们很容易从分散介质（急冷油）中聚集[19]。难以在急冷油中稳定分散的多环芳烃，最终凝结到一定程度，它们会在循环急冷油中沉积或沉淀。由于它们具有很高的芳香族堆积特性，它们更难再分散。它们的这种不稳定性导致了汽油分馏塔底部及其附属设备的严重结垢。加热设备表面的聚合物及多环芳烃沉积物必然导致急冷油循环回路里和汽油分馏塔底部还生成大量的焦。

（4）沉积或沉淀

汽油分馏塔内有些组分的不稳定和多环芳烃的沉积是汽油分馏塔系统的典型结垢现象。来自汽油分馏塔的沉积物分析常指出有大量的多环芳烃形成聚合物[14]。聚合物从汽油分馏塔内的气流中冷凝出来，它们要么沉积在塔盘上，要么分散在循环液相中，再沿塔中物流向下流动。沉淀在汽油分馏塔系统设备上

乙烯装置分离
全流程模拟

的多环芳烃沉积物会对该系统传热效率产生负面影响，从而增加能量消耗。

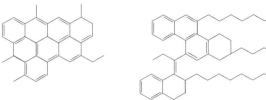

(a) 假定的多环芳烃(PAH)分子   (b) 天然沥青质

图 4-13　天然沥青质和 PAH 分子的简化模型[19]

焦的形成和沉积是汽油分馏塔系统的另一种结垢现象。通常结垢元凶是来自裂解炉的焦，以及来自汽油分馏塔底部的自由基聚合和多环芳烃。急冷油系统的部分焦是在裂解炉中生成的，随裂解气携带而来。另一部分焦是加热设备表面的聚合物及多环芳烃沉积物在急冷油循环回路里和汽油分馏塔底部通过缩合反应生成的。

沉淀是在工艺设备中低速区域的固体堆积。这些设备包括换热器、塔盘分布器、塔盘、规整填料和散装填料。沉淀产物主要是焦炭和细粉，它们沉淀在汽油分馏塔底部等低停留时间区域。一些焦粉通过急冷油循环泵过滤器被去除。

沉积污垢受多环芳烃沉积速率的影响很大，而受温度的影响较小[10]。有时所形成的沉积物受自身限制，它不强烈地黏附在设备表面上。沉积物越厚，就越有可能被流体流动移除，从而随着时间的推移形成一个渐近平均的垢层厚度。由于沉积物受设备表面烘烤，所以它很难被去除。

（5）腐蚀

腐蚀是产生无机垢物的主要原因。虽然焦不是污垢的主要来源，但作为腐蚀产物的无机物常在汽油分馏塔沉积物中被检测出来。在操作温度下，裂解气中酸性组分对汽油分馏塔系统的腐蚀并不少见[11]。

4.3.2.2　影响结垢的因素

在汽油分馏塔系统，其上部结垢会导致塔压差上升。该塔的结垢趋势因裂解原料、裂解深度及乙烯装置能力不同而不同，差异显著。影响结垢的因素主要是活性单体浓度、温度、停留时间、塔内件材质、停滞区和急转区等。结垢不是静止的，必须考虑结垢随着时间的推移而恶化的事实。

（1）活性单体浓度

结垢主要是活性单体的聚合造成的。裂解原料中的杂质，如含氧化合物，被认为可加速结垢；氧化铁就是聚合反应的催化剂。聚合反应还与活性单体的浓度密切相关，裂解气物流中活性化合物的浓度决定了结垢的严重程度。

（2）温度

温度对聚合反应速率起主导作用，一般经验是 10℃的温度升高大约增加反应速率两倍。对汽油分馏塔而言，其上部沿填料床高度约有40℃温差，预期填料床底部的结垢速度大约比其顶部快16倍[17]。

美国NOVA化学公司的研究人员[17]从Corunna乙烯装置的急冷水塔塔底取粗裂解汽油（RPG），在实验室利用工艺模拟器测定温度对RPG结垢速率的效应。在108℃、129℃、140℃和161℃四种不同的温度下进行了实验，实验结果如图4-14所示，说明温度的升高有利于反应。进一步研究表明，结垢速率与温度呈阿伦尼乌斯（Arrhenius）型关系（图4-15），在污垢临界温度以下可忽略聚合物的生成。实际装置的汽油分馏塔上部填料层底部的污垢速率比顶部约快22倍，这与试验数据相吻合，也与现场观察到填料层底部比顶部有更多的聚合物相印证。

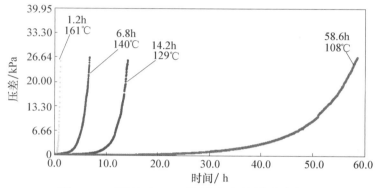

图4-14　温度对RPG结垢速率的影响[17]

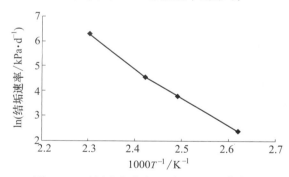

图4-15　结垢速率与温度的关系[17]

该公司的研究人员还分析了实验室和乙烯装置现场的污垢组成，发现实验室和装置现场产生的沉积物有类似的机理，都主要是苯乙烯类、茚类及其烷基化衍生物类的聚合物（表4-20）。这与中国石化燕山石化公司的研究人员所分析的结果基本一致[22]。

（3）停留时间

污垢前体的停留时间影响聚合物的生成量、反应程度和聚合物的分子量，从而影响汽油分馏塔内的污垢数量，特别是在急冷油系统中形成和积累的污垢数量。

表 4-20　汽油分馏塔上部的垢物组成 [17, 22]

垢物类型	NOVA实验室 体积分数/%	NOVA现场 体积分数/%	燕山石化现场 质量分数/%
苯乙烯	12.2	4.2	3.1~4.2
甲基苯乙烯	27.1	21.1	9.5~15.1
二甲基苯乙烯	17.7	33.0	18.5~23.1
茚	4.4	4.8	4.4~5.6
甲茚	3.2	14.5	22.2~26.7
二甲茚	0.0	7.0	12.9~16.6
甲基环戊二烯/己二烯	—	—	7.4~13.5
小计(苯乙烯类)	57.0	58.3	31.1~41.6
小计(茚类)	7.6	26.3	40.7~47.0
合计(苯乙烯/茚类)	64.6	84.6	78.1~87.0

　　污垢前体的数量与裂解原料密切相关，其数量越少，其停留时间就越长。因气体裂解原料经裂解炉产生的裂解燃料油比液体裂解原料显著少，所以它在急冷油系统中的污垢前体和污垢的寿命要长得多，在它可能离开前需要通过该系统做更多次循环，从而延长污垢前体的停留时间。石脑油原料产生的PFO约在裂解炉出口物流中占4.0%~6.0%，而气体裂解原料可能占不到0.2%。随着停留时间的增加，PFO组分开始集聚，PHAs和焦油的浓度增加，这会导致工艺设备结垢。

　　加拿大NOVA化学公司的研究人员 [19] 认为，当乙烯装置产生的PFO约占总裂解炉出口物流的2.0%以上时，PFO在急冷油系统的停留时间应少于6~7天。为了证明停留时间对PFO的影响，他们对急冷油系统进行了动态模拟研究，得到重裂解燃料油（HFO）的平均停留时间与裂解炉出口流出物中PFO质量分数的关联图（图4-16）。

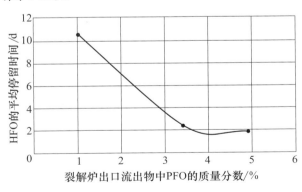

图4-16　HFO的平均停留时间与裂解炉出口流出物中PFO含量的关系 [19]

（4）塔内件材质

众所周知，许多可变因素影响化学反应结垢的引发和传播。通过碳氢化合物与溶解氧反应，已知金属有助于通过催化过氧化物和过氧化氢的形成而加快结垢。此外，已知溶解的金属会将过氧化氢分解为自由基，从而更快速地引发结垢。识别和消除溶解氧来源被认为是不可能的，但可通过改变金属材质防止溶解金属的形成，这是一个可行的解决方案。

乙烯行业的经验表明，不锈钢与碳钢相比，不锈钢可以降低结垢的严重程度。美国NOVA化学公司的研究人员[17]选取1018碳钢（1018CS）、304不锈钢（304SS）、316不锈钢（316SS）和446不锈钢（446SS），在同等条件下用这四种金属材质加工的加热管试验测定了不同金属材质的结垢压差与时间的关系（图4-17），可反映金属材质对结垢速率的效应。各种金属材质的结垢可能性表明，不锈钢与碳钢相比，它可使污垢量减少40%。

从图4-17可以看出，所有三种不锈钢的诱导时间明显长于碳钢；446SS和304SS两种不锈钢之间存在着细微的差别，与碳钢相比，显示出略小的污垢可能性；对于316SS，与其它不锈钢相比，有一个明显的差异，其诱导时间明显延长。若1018CS的结垢速率为$1.0kPa\cdot h^{-1}$，那么相对于1018CS，446SS、304SS和316SS的结垢速率各分别为$0.88kPa\cdot h^{-1}$、$0.86kPa\cdot h^{-1}$和$0.59kPa\cdot h^{-1}$。316SS产生的结垢速率最低。

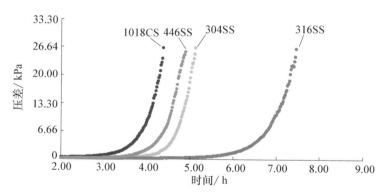

图4-17　不同金属材质的结垢压差与时间的关系[17]

从该研究中还发现，金属参与了化学反应结垢，对于烯烃和二烯含量较高的物流，不锈钢对化学反应结垢的惰性较高。金属表面通过直接参与反应，可对非均相催化结垢起作用。如果金属容易腐蚀，还可能会发生间接参与反应。在这种情况下，金属腐蚀的副产品，如溶解的铁离子，可能引发自氧化反应，并催化过氧化氢分解为自由基。

（5）停滞区[10]

停滞区是各种不同的结垢现象可以不断发生的区域。它增加了工艺物料的停留时间，导致聚合物和焦炭的沉淀与累积。同时由于停滞区的高停留时间以及停滞区内物料不流动或极少流动，还会引发不必要的化学反应。为了消除停滞区，可以给塔盘的集液器和流体促进器增加小斜坡。

（6）急转区[10]

过渡和拐角是聚合物和固体可以播种和生长的区域。在结垢较严重的情况下，必须避免急转区和拐角。填料塔内件，如进料管和槽式分布器，可能是聚合物和固体积聚的区域。通过合理的设计，可以减少或消除填料塔内件的结垢可能性。

如果气相物料里存在结垢可能性，则塔顶气体可从塔侧线抽出，这与从塔顶上方抽出相比，不仅减少过渡管线长度，还取消一个额外的拐角。

4.3.2.3　阻垢措施

乙烯装置汽油分馏塔存在上面所述的几种不同结垢现象。乙烯生产者的首要任务是给该塔选择合理的设计工艺，以应对所有的结垢现象，确保乙烯装置长周期运行。目前国外乙烯装置的平均运行周期约6年[10]，国内乙烯装置的运行周期约4~5年。

汽油分馏塔的设计要求之一是避免塔内形成的聚合物、焦炭和细粉在塔内件上沉积。塔内件的设计，特别是塔内物料的流速和停留时间的设计，都必须减少聚合物、焦炭和细粉的形成和累积[10]，从工艺及结构上解决气相聚合物和焦化物对填料和气液分布器的堵塞问题[23, 24]。

汽油分馏塔的另一个设计要求是对萘浓度的关注[10]。在汽油分馏塔中，当裂解重石脑油时，萘可能循环浓缩。因萘太重不会从汽油分馏塔塔顶馏出，它可能从燃料油汽提塔塔顶循环回汽油分馏塔塔内，甚至在汽油分馏塔塔内引起液泛。

被动性的阻垢措施是选择合适的阻聚剂和分散剂注入汽油分馏塔系统适当的部位[25~28]，可维持汽油分馏塔长周期运行。乙烯生产者应采用主动性的阻垢方案，致力于不注入化学品而不增加运行成本，依然实现汽油分馏塔长周期运行目标。

常规的汽油分馏塔，一般在上部采用浮阀塔盘，而下部采用折流板塔盘，以适应裂解气在塔下部的气液剧烈运动和黏稠含焦的急冷油流动[24, 29]。由于填料有分离效率高、压降低、处理能力大等优点，在汽油分馏塔的汽油精馏段采用填料代替浮阀塔盘有许多应用成熟的案例。塔内件方面的阻垢措施主要是填料、塔盘类型和气液分布器的选择。

（1）填料

虽然规整填料具有分离效率高的特点，但其通量、抗堵塞和抗结焦能力均不如散堆填料，且容易引起焦的累积，已实践证明它不宜在汽油分馏塔中应用[24, 29]。在汽油分馏塔的上部设计采用散堆填料，已成为新建乙烯装置的首选。应关注散堆填料的一个小缺点，它在水平区域存在液体聚集，结垢可能开始从这个区域蔓延传播[10]。

（2）塔盘类型

已知用到汽油分馏塔上部的塔盘主要有浮阀塔盘和固定阀塔盘。由于浮阀是垢物可能播种和传播的区域，因此应注意可移动和固定浮阀塔盘的阻垢能力有限。

在阻垢方面应用最好的塔盘是折流板和穿流塔盘。在汽油分馏塔中下部用到的塔盘大都是棚式、烟囱式、阶梯式等折流板塔盘或波纹、大孔等穿流筛板塔盘。

① 折流板塔盘（Baffle Trays） 折流板塔盘[30]，特别是棚式塔盘，早期国内已成功地应用于Lummus公司设计的汽油分馏塔。阶梯式和烟囱式塔盘也成功应用于Linde公司设计的汽油分馏塔，已有长周期运行4年的经验。

a. 棚式塔盘[10]（Shed Decks） 本质上，棚式塔盘是50.8~254mm大小的角铁梁被横排放置在塔里，国内也称角钢塔盘[31]。它们通常有610mm的塔盘间距。它们可以在相邻塔盘之间重叠放置，或旋转90°放置。通常塔盘的开孔率为50%。由于棚式塔盘没有停滞区，且停留时间低，它具有塔盘结垢可能性几乎为零的优点。棚式塔盘的缺点是塔盘的效率几乎与结垢可能性相匹配，特别是宽棚式塔盘，塔盘效率低。棚式塔盘的阻垢能力好，它们主要用于汽油分馏塔底部以传热为主要目标的区域[31]。

b. 烟囱式塔盘[10]（Chimney Trays） 烟囱式塔盘是稍微倾斜的塔盘，以允许液体从内圆环溅泼到外圆环。这种塔盘的结垢可能性低，与其效率一样低。

c. 阶梯式塔盘[10]（Cascade Trays） 阶梯式塔盘是让液体从一边溅泼到另一边。这种塔盘的结垢可能性低，与其效率一样低。

② 穿流塔盘[10]（Dual Flow Trays） 穿流塔盘是结垢严重场合的首选塔盘。穿流塔盘没有降液管，即没有垢物可能积累或聚合物和固体可以播种和传播的部位。穿流塔盘设计有足够的开孔率，可以消除停滞区及有助于返混的区域。穿流塔盘的一个缺点是操作弹性小。

气体和液体通过塔盘上的孔在塔上下传热、传质。由于上升气流可清洗塔盘的底部，这在应对气体结垢方面有优势。塔盘顶部液体的连续搅拌，加上塔盘底部的连续润湿/洗涤动作，使该类塔盘适合用于阻垢。

穿流塔盘在较大直径的塔中存在分布不均匀现象。塔顶部将有一个典型的约高达152.4mm的剧烈扰动流移动。这种流体运动将引起塔里的水力负荷变化。如果发生水力流动不稳定，它就会沿着塔传播。不合适的进料、回流或气体分布器也会造成分布不均的问题。

a. 波纹穿流筛板塔盘（Ripple Trays） 除非乙烯生产者特殊要求，S&W公司设计的汽油分馏塔都采用波纹穿流筛板塔盘，这种塔盘在阻垢方面有出色的表现。据报道，一家亚洲乙烯生产商使用该塔盘，有运行10年没有出现结垢现象的经验。

b. 大孔穿流筛板塔盘　大孔穿流筛板塔盘已在国内大中型汽油分馏塔中有成功应用的业绩，有连续运行4年的经验。该塔盘上气液逆流冲击搅动液层，使液层中的聚合物难以沉降堵孔，而是随液体穿孔而下[31]，阻垢能力极好。

（3）气液分布器

填料的分布器应重点关注，特别是在阻垢场合，分布器用于停留时间增加和结垢现象发生的区域。在结垢严重的场合，推荐使用V型槽或其它槽式分布器，这要比使用盘式分布器好[10]。

S&W公司[8]用计算机流体动力学（CFD）模拟研究了裂解炉出口裂解气进入汽油分馏塔的分布，设计开发了气相长笛分布器。这种气相长笛分布器除了使气相分布均匀外，还把来自急冷器的热气体混合物分离为气相、急冷油和焦粒，可有效地防止焦粒污染汽油分馏塔。

国内学者已充分认识到汽油分馏塔配置进气初始分布器的重要性，已在大型乙烯装置中成功应用三维复合导流式进气初始分布器[31]。

4.3.2.4　结垢监测

结垢的有效预防和控制需要工艺气体物流中活性化合物的化学知识。汽油分馏塔的优化操作和化学处理是一个非常复杂的问题，既需要许多参数的深层知识，又需要对参数相互作用的深入理解。

一般汽油分馏塔的回流密度为 $885\sim948kg\cdot m^{-3}$，该塔回流中铁含量一般低于 $1.0mg\cdot L^{-1}$，似乎不是大量存在。回流中可溶解聚合物含量是一项重要的分析数据。美国Nalco公司[13]有专门的试验方法，可分析回流中可溶解聚合物，并应用PrimAct工具分析某乙烯装置的结垢程度。

PrimAct是Nalco公司的一种调查、分析和监测结垢的工具，也是一种评价汽油分馏塔结垢趋势的改进工具。通过分析四股物流的不同性质：QO黏度及其聚合物含量、戊烷不溶物等；重裂解燃料油中存在的胶质、聚合物含量和戊烷不溶物；轻裂解燃料油中存在的胶质、聚合物含量、萘等；回流密度及其中可溶解聚合物、活性单体、铁等，再引入结垢系数，可说明应用PrimAct的效果。结垢系数等于侧线采出的轻裂解燃料油中含有的聚合物量与回流中含有的聚合物量之比。

4.3.3　急冷油黏度升高机理与减黏

4.3.3.1　急冷油质量及其反应性

急冷系统的模型是基于非反应系统的稳态模型。众所周知，在RPG和裂解燃料油中存在大量的活性组分，可能导致传递和热特性的变化。这些变化不能通过过程模拟来预测，必须根据经验来确定。

急冷油的质量严重影响汽油分馏塔底部的QO黏度。高温和长停留时间使多环芳烃通过缩合反应形成更重的物质。更重的多环芳烃的聚集增加了急冷油的黏度。当黏度太高，冷却效率下降，缩合反应发生得更快，将导致无法控制急冷油黏度上升趋势。国内外学者对急冷油系统都进行了较深入的研究[5, 19, 32]。

André Bernard 等[19]研究的试验结果表明，急冷油黏度升高的机理主要有两种：一是较轻组分形成多环芳烃，使混合物变得更重更稠；二是包含在混合物中的多环芳烃集聚。裂解炉流出物中本身带有重组分，它们是由高度稠合的多环芳烃组成；同时裂解炉流出物中还含有双烯烃和乙烯基芳烃，它们通过自由基聚合和/或狄尔斯-阿尔德反应（Diels-Alder）机理还可以形成多环芳烃。在160℃左右急冷油黏度增加被认为仅仅是由反应驱动的，在急冷油黏度上升初期，急冷油黏度是由于双烯烃和乙烯基芳烃反应以及多环芳烃集聚而增加的，而到黏度快速上升阶段，急冷油黏度的增加仅仅是由于多环芳烃集聚造成的[5]。

（1）停留时间

假定所有其它因素不变的情况下，停留时间影响聚合物生成的数量、反应的程度和最终聚合物的分子量。当裂解炉切换至轻质裂解原料时，急冷油循环回路中急冷油停留时间可能经历大幅度升高[57]。

André Bernard 等[5]研究了石脑油和乙烷两种裂解原料工况的HFO停留时间变化。石脑油工况基于65%石脑油、25%丙烷和10%丁烷，乙烷工况基于85%乙烷和15%丙烷。利用HFO含有已知可增加急冷油黏度的人造沥青质或多环芳烃的特点，用动态模型模拟示踪试验估算HFO的平均停留时间。研究结果表明，HFO在石脑油工况下的平均停留时间约5.1d，而在乙烷工况下HFO停留时间显著上升到68.9d，主要原因是自裂解炉产生的少量裂解燃料油量需要裂解燃料油多次循环以满足急冷油循环流量。

（2）急冷油的反应性[5]

汽油分馏塔和急冷油循环是反应系统。汽油分馏塔进料组成的差异将导致该塔中温度分布和组分曲线的不同。进料组成、温度和停留时间是驱动化学反应的三个关键参数。

理想的急冷油应具有低黏度、低挥发性和良好的传热特性。黏度是一个很难用过程模拟预测的参数。随着黏度的增加，黏度会对传热性能产生负面影响，并降低稀释蒸汽的生产能力。黏度的进一步增加甚至可能使急冷系统无法运行。André Bernard 等[5]研究了石脑油和乙烷两种裂解原料工况的急冷油反应性。在评估石脑油工况时，在乙烯装置试运行期间，通过取实际的急冷油样品来分析监测黏度；在整个试运行过程中，QO黏度保持在乙烯装置可接受的操作范围内。对于乙烷工况而言，通过所取的PFO样品在实验室通过批次试验来预测黏度。

André Bernard等[5]给出了3个评估温度的黏度数据（见图4-18和图4-19）。假设急冷油黏度随温度升高，遵循阿伦尼乌斯（Arrhenius）方程，将实验数据与过程模拟结果关联起来，建立了与试验时间相关的二次多项式黏度模型。通过实验数据的拟合和回归可得到方程（4-4）描述的表达式。

$$\ln\mu = K_1 + K_2 \frac{\ln\theta}{T} + K_3 \frac{\ln\theta}{T^2} \tag{4-4}$$

或者

$$\mu = e^{K_1}\theta^{(K_2/T + K_3/T^2)} \tag{4-5}$$

式中　　μ——黏度，mPa·s；

　　　　T——热力学温度，K；

　　　　θ——试验时间，d；

　　　　K_i——常数，i=1~3。

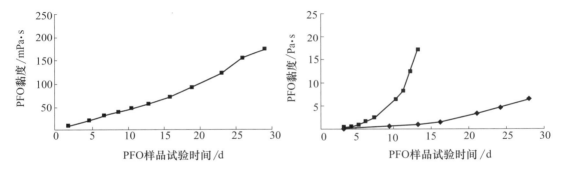

图4-18　在160℃下PFO样品黏度随试验时间的变化[5]　　图4-19　在180℃和200℃下PFO样品黏度随试验时间的变化[5]

方程（4-5）描述的黏度模型被假设用于估算停留时间和温度相对应的PFO黏度。

André Bernard等[5]还研究了3个评估温度的急冷油组成随试验时间的变化，发现PFO中LFO、MFO和HFO切割馏分都存在临界质量分数。据推测，多环芳烃的临界质量分数需要足够的集聚，多环芳烃在急冷油物流中凝聚20%~25%，这将影响PFO的黏度。一旦多环芳烃达到临界质量分数，PFO黏度的变化率随着PFO黏度的增加而增加。在3个评估温度下，LFO和MFO基本上在急冷油放置5天后都分别达到了临界质量分数，而HFO却不同。在160℃下急冷油放置5天后，HFO质量分数达到约25%，但永远不会超过40%。在

180℃和200℃下，急冷油放置5天后HFO质量分数达到约45%，而180℃试验的HFO质量分数超过了50%。出人意料的是，200℃的实验表明，即使200℃下急冷油黏度以更快的速率增加而达到更高的值，200℃试验的HFO质量分数却趋向于比180℃试验的HFO质量分数低。依据180℃的实验数据，估计HFO的临界质量分数约40%。老化PFO样品的HFO质量分数被测定为56%，仅比石脑油工况下乙烯装置试运行的急冷油样品高5%。在石脑油工况下取乙烯装置试运行期间的急冷油样品，测得其多环芳烃质量分数约30%。

4.3.3.2　工艺减黏

工艺减黏是优先考虑的急冷油减黏方法[33, 34]，乙烯技术专利商都非常重视这一点。从国内多年来的应用实践来看，设置重燃料油汽提塔（也称减黏塔）是非常成功的工艺减黏方法[35, 36]：利用乙烷炉裂解气在该塔中汽提出急冷油中调黏组分，调黏组分返回汽油分馏塔塔底后可有效降低急冷油黏度[37~39]。除气体原料占比较高的乙烯装置外[40]，推荐选用EP3装置的急冷系统工艺，汽油分馏塔塔底温度可维持较高温度，既可控制急冷油黏度，又可降低急冷油循环量。

4.3.3.3　调质油

在汽油分馏塔塔底或循环急冷油中注入调质油是急冷油减黏的辅助手段，一是应对急冷油黏度的非正常上升[41]；二是应对气体原料占比升高后，PFO产量减少，新鲜PFO在急冷油循环中停留时间延长，急冷油黏度上升[5, 12]。据国外乙烯生产者报道[5]，汽油分馏塔和急冷油系统的稳定操作可能需要干基裂解炉流出物中含有质量分数大于2.0%的PFO，相应的气体原料占比低于50%。

乙烯生产者非常重视调质油的选择[5, 42~45]，特别关注调质油的组成。乙烯生产者必须从配伍和沸点曲线的角度仔细选择调质油，考虑调质油与芳香性和沸点曲线相容性，使新鲜急冷油和外部调质油之间的芳烃匹配性、平均链长度和环融合程度干扰最小[19]，从而实现在急冷油循环系统中顺利引入调质油。不相容的调质油可能导致多环芳烃的沉淀，会因污垢和黏度增加而影响急冷系统正常运行，从而进一步造成结垢和管道堵塞。

炼油厂的含氧重柴油不适合作调质油；催化回炼油和糠醛抽出油因芳烃含量高是较好的调质油，已在国内的乙烯装置得到实际运行验证[41, 46]。

4.3.3.4　减黏剂

合适的减黏剂可降低急冷油循环系统的QO黏度，但乙烯生产者优选减黏剂和注入减黏剂应考虑经济性。国内外都有减黏剂的研制和应用报道[13, 47~51]，不同生产商的减黏剂在配方和减黏技术上差异较大，乙烯生产者应慎重选用。

4.3.4　除焦

裂解气自裂解炉区进入汽油分馏塔，虽然有减少焦生成的设计措施，但难免会带入焦粒。自废热锅炉来的高温裂解气，在急冷器中直接喷入急冷油来快速冷却裂解气，应避免在急冷器系统产生焦。S&W公司报道[8]，其专有急冷器通过使用恒定的冲洗油，可在这种急冷器的热内表面上达到油干涸，从而可确保急冷器系统不产生焦。另外，应正确地选择塔内件，有必要考虑急冷油系统的特点，减少结垢，从而除去足够的焦粒。

既然焦是客观存在的，汽油分馏塔系统必然设计就有除焦设施。一是汽油分馏塔塔底有收集这些焦粒并除去它们的设施；二是泵入口被焦收集器保护，在泵出口通过一个特制的离心分离器和过滤器联合除焦。乙烯生产者要充分认识到循环急冷油和中部盘油含有焦粒的特性，在这些循环回路上的换热器及管道系统要考虑避免焦粒沉积或阻碍换热器表面换热的措施[8]。

4.3.5　典型案例分析

4.3.5.1　中国石化天津分公司200kt·a⁻¹乙烯装置汽油分馏塔情况

中国石化天津分公司200kt·a⁻¹乙烯装置采用Lummus顺序分离工艺，其原始设计急冷系统工艺与EP1装置相同[52]。该装置原始设计乙烯生产能力140kt·a⁻¹，2001年挖潜改造至200kt·a⁻¹。

（1）存在的问题

循环乙烷/丙烷在气体裂解炉所产生的裂解气难以并入裂解燃料油汽提塔；粗裂解汽油的干点超过210℃，汽油回流量比设计值高50%；高温热回收少，DS发生量比设计值少60%。

（2）解决措施

2001年增设重燃料油汽提塔（减黏塔），原裂解燃料油汽提塔作为PFO采出中间罐；2001年和2005年两次大修期间，改造汽油分馏塔塔内件。汽油分馏塔的改造内容主要有：

① 塔体加高3m，精馏段采用60号增强金属矩鞍环填料，并应用高效防壁流圈；

② 精馏段上部采用管式分布器和槽盘式液体分布器组合，下部采用3层大孔穿流筛板塔盘；

③ 裂解气进料采用三维复合导流式进气初始分布器，急冷油循环段下部采用3层角钢塔盘；

④ 增加1台稀释蒸汽发生器。

（3）效果

改造后，循环乙烷/丙烷在气体裂解炉所产生的裂解气并入重燃料油汽提塔，并通过注入PGO控制重燃料油塔塔底PFO黏度。2006年3月标定了急冷系统，粗裂解汽油干点下降至190℃，汽油回流量从改造前的132t·h⁻¹降低至89.8t·h⁻¹，DS发生量从改造前的12t·h⁻¹增加至26t·h⁻¹。

4.3.5.2 美国Equistar公司早期乙烯装置的汽油分馏塔情况

Equistar公司1980年投产的一套乙烯装置位于美国得克萨斯州[53]。

（1）存在的问题

首次运行9个月，汽油分馏塔上部汽油精馏区的中部就存在结垢现象，尤其是在采出轻裂解燃料油上方第五块塔盘处结垢最严重。在不注阻聚剂的情况下汽油分馏塔的运行周期不足1年，在注阻聚剂后其运行周期不足3年。

（2）解决措施

采用可确保汽油分馏塔运行周期达到5年的改造方案。

① 针对聚合物中含铁较多的现象，用S&W公司的不锈钢Ripple®塔盘替换所有常规碳钢浮阀塔盘。

② 改进QO循环流程，改造汽油分馏塔的下部传热区，提高QO的换热量。原汽油分馏塔塔底QO分成三股：一股QO去稀释蒸汽发生器换热后，全部进入急冷器冷却高温裂解气；一股QO去低压蒸汽发生器换热后返回汽油分馏塔；一股QO进入重燃料油汽提塔被中压蒸汽汽提后作为PFO产品采出。改进后汽油分馏塔塔底QO全部先去稀释蒸汽发生器换热，然后分为两股：一股QO进入急冷器冷却高温裂解气；另一股QO先去低压蒸汽发生器换热，然后经新增的急冷水加热器换热，再返回汽油分馏塔中下部。

③ 用新的重燃料油汽提塔替换原有的重燃料油汽提塔。将急冷器后的一股高温混合裂解气引入新的重燃料油汽提塔，相当于用高温裂解气汽提QO。

（3）效果

1995年大修期间完成改造工作。投用新的重燃料油汽提塔后，QO的品质变优，其沥青质质量分数从高于30.0%下降为低于10.0%；QO的黏度相应降低，允许汽油分馏塔在较高的塔底温度下操作，不仅提高了稀释蒸汽发生器的换热驱动力，还减少了它的清理频率。新增的两台（一开一备）急冷水加热器提高了中温热回收量。在不注阻聚剂的情况下运行38个月后，汽油分馏塔的压差稳定，没有出现1995年前因结垢所导致的压差上升现象。

4.3.5.3 中国石油大庆石化公司600kt·a⁻¹乙烯装置汽油分馏塔情况

中国石油大庆石化公司600kt·a⁻¹乙烯装置分老区330kt·a⁻¹和新区270kt·a⁻¹

两套乙烯装置[41, 51, 54, 55]，其急冷系统经历两个阶段的改造：第一阶段为新区急冷系统改造阶段，第二阶段为新老区急冷系统联合改造阶段。在第一阶段，新区乙烯生产能力从原始180kt·a⁻¹扩能改造至270kt·a⁻¹；老区急冷系统采用S&W公司的早期工艺，无油急冷器，无盘油循环段，急冷油循环系统类似EP1装置；新区急冷系统采用KBR公司的急冷工艺[33, 51]，带盘油循环段，重燃料油汽提塔用加氢尾油裂解炉产生的裂解气汽提。

（1）存在的问题

老区汽油分馏塔塔底温度180℃左右，PFO中芳烃含量较高，PFO黏度较低，虽然其急冷系统运行正常[54]，但QO循环量大，DS发生量低。新区急冷系统存在的问题较多，第一阶段主要是如下几个问题：

① 重燃料油汽提塔的汽提裂解气管线堵塞，该塔汽提气改为MS。

② 汽油分馏塔精馏段聚合结垢较严重，聚合物堵塞填料层，精馏段压差上升较快。

③ 稀释蒸汽发生器管束表面沥青质黏稠物较多，既影响DS发生量，又因清理频繁增加生产成本。

④ QO黏度高，严重影响急冷系统正常运行。

（2）解决措施

第一阶段主要的解决措施是[41, 51, 54]：

① 扩能改造前，一是引调质油注入急冷油循环系统，调质油主要是糠醛抽出油等；二是注入减黏剂和分散剂。

② 2004年新区扩能改造，一是更换汽油分馏塔，增加塔径和塔高；二是急冷油循环段采用3层角钢塔盘、2800mm高格栅填料、环槽式预分布器、槽盘式液体分布器；三是控制汽油分馏塔塔底温度在190~195℃范围内；四是使用约2.0t·h⁻¹碳九组分代替部分调质油，同时引老区PFO替换部分调质油，减少调质油用量；五是增加盘油返回急冷油循环系统流量。

第二阶段主要的解决措施是[55]：

① 在老区增设重燃料油汽提塔（减黏塔），将新区的QO送至老区乙烷炉油急冷器，被急冷后的乙烷炉裂解气进入重燃料油汽提塔上部。

② 老区的QO补入新区急冷油循环系统，维持QO平衡。

（3）效果

第一阶段的解决措施基本消除了汽油分馏塔精馏段和稀释蒸汽发生器聚合结垢较严重问题，能确保新区急冷系统正常运行。但仍需要持续补入调质油。

第二阶段的解决措施不仅改善新区急冷油循环系统的运行，使新区无需调质油，还提高老区汽油分馏塔塔底温度至190~196℃，使汽油回流量下降，MS补入量大幅度降低25.1%。

4.4　急冷水塔系统

急冷水塔系统通常主要由急冷水塔和油水分离器组成[39]，油水分离部分可设置在塔内底部或单独设置在塔外部。急冷水塔塔顶温度越低越好，取决于建设地点的循环水、新水或海水温度；其塔底温度受制于QW乳化倾向，一般取值80~87℃[39]。该系统的设计关键是油水分离和低温热回收，一是确保QW中含油量低于100mg·kg^{-1}，尽可能获取较多的碳八以上粗裂解汽油组分，优先满足汽油分馏塔的汽油回流量；二是多回收低温热。

4.4.1　低温热回收

通过汽油分馏塔系统回收裂解气高中温热后的裂解气低温热回收都发生在急冷水塔系统，通过急冷水塔系统的急冷水循环回收低温热。因三套乙烯装置的分离工艺不同，其分离工艺系统的低温热用户也不同。

三套乙烯装置都将输出裂解燃料油的余热通过E1102传递给QW，EP3装置还将少部分中温热通过E1103传递给QW，见表4-21。

表4-21　回收的低温热情况

项目	EP1	EP2	EP3	EP1	EP2	EP3
	工况一			工况二		
E1102换热量Q_{E1102}/MW	1.0510	0.7455	2.8860	0.6176	0.4215	1.5888
E1103换热量Q_{E1103}/MW	—	—	8.7810	—	—	14.5247
Q_{QW}/MW	100.9786	98.0711	90.9070	72.4247	71.4610	65.5830
回收的低温热Q_{LT}/MW	102.0296	98.8166	102.5740	73.0423	71.8825	81.6965

在表4-21中，在同一工况下，EP2装置回收的低温热较少，EP3装置回收的低温热较多，这种情况在工况二下更明显。随着裂解原料变轻，各乙烯装置回收的低温热显著降低，下降约20.35%~28.41%。

（1）EP1装置

图4-20是EP1装置急冷水工艺用户流程简图。石脑油进料预热器E0101、乙烷过热器E0104、弱碱循环加热器E2106、烃凝液加热器E2111、脱乙烷塔急冷水再沸器E4101、1/2号丙烯精馏塔再沸器E5116/5117和1/2号丙烯精馏塔侧线再沸器E5118/5119的换热量各分别记为Q_{E0101}、Q_{E0104}、Q_{E2106}、Q_{E2111}、Q_{E4101}、Q_{E5167}和Q_{E5189}。

EP1装置回收的低温热有限，难以同时满足脱乙烷塔和丙烯精馏塔的所有再沸热量。规定1/2号丙烯精馏塔的侧线再沸热量全部由QW供给，该塔模拟计算出的再沸热量等于Q_{E5189}，其塔底再沸热量记为Q_{C567B}；脱乙烷塔塔底再沸热量记为Q_{C401B}。可通过式（4-6）计算出低温热与一些工艺用户所需热量的差值$Q_{\triangle L}$。该值在两种工况下都是负值。

$$Q_{\triangle L} = Q_{LT} - Q_{E0101} - Q_{E0104} - Q_{E2106} - Q_{E2111} - Q_{C401B} - Q_{C567B} - Q_{E5189} \qquad (4\text{-}6)$$

在工况一下，规定1/2号丙烯精馏塔的塔底再沸热量全部由QW供给，其Q_{E5167}等于Q_{C567B}。QW给脱乙烷塔塔底提供部分再沸热量，其Q_{E4101}可通过式（4-7）计算。

$$Q_{E4101} = Q_{C401B} + Q_{\triangle L} \qquad (4\text{-}7)$$

在工况二下，先规定一个QW给脱乙烷塔塔底提供的再沸热量与工况一计算出的Q_{E4101}相近值。因QW只能给1/2号丙烯精馏塔的塔底提供部分再沸热量，其Q_{E5167}可通过式（4-8）计算。

$$Q_{E5167} = Q_{C567B} + Q_{C401B} - Q_{E4101} + Q_{\triangle L} \qquad (4\text{-}8)$$

EP1装置各急冷水工艺用户的模拟计算结果见表4-22。在表4-22中，随着裂解原料变轻，在工况二下除E0104的换热量因循环乙烷量大量增加而增加48.95%外，不考虑规定的Q_{E4101}量，其它QW工艺用户的换热量都下降。

（2）EP2装置

图4-21是EP2装置急冷水工艺用户流程简图。裂解炉空气预热器E0106和脱乙烷塔进料加热器E4124的换热量各分别记为Q_{E0106}和Q_{E4124}。EP2装置在工况一下回收的低温热基本够分离系统工艺用户利用，少量多余的低温热可供裂解

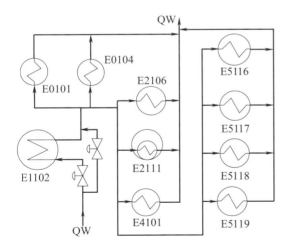

图4-20　EP1装置急冷水工艺用户流程简图
E1102—裂解燃料油冷却器；E0101—石脑油进料预热器；E0104—乙烷过热器；E2106—弱碱循环加热器；E2111—烃凝液加热器；E4101—脱乙烷塔急冷水再沸器；E5116/E5117—1/2号丙烯精馏塔再沸器；E5118/E5119—1/2号丙烯精馏塔侧线再沸器

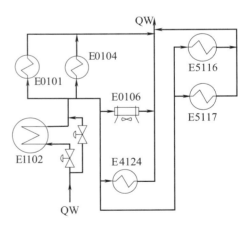

图4-21　EP2装置急冷水工艺用户流程简图
E1102—裂解燃料油冷却器；E0101—石脑油进料预热器；E0104—乙烷过热器；E0106—裂解炉空气预热器；E4124—脱乙烷塔进料加热器；E5116—1号丙烯精馏塔再沸器；E5117—2号丙烯精馏塔再沸器

炉空气预热器利用。但在工况二下，低温热难以满足丙烯精馏塔的所有塔底再沸热量。可通过式（4-9）计算出低温热与一些工艺用户所需热量的差值 $Q_{\Delta L}$。

$$Q_{\Delta L} = Q_{LT} - Q_{E0101} - Q_{E0104} - Q_{E4124} - Q_{C567B} \tag{4-9}$$

在工况一下，$Q_{\Delta L}$ 是正值，规定1/2号丙烯精馏塔的塔底再沸热量全部由 QW 供给，其 Q_{E5167} 等于 Q_{C567B}。E0106 的换热量 Q_{E0106} 等于 $Q_{\Delta L}$。

在工况二下，因低温热有限，$Q_{\Delta L}$ 是负值，规定 E0106 的换热量 Q_{E0106} 等于0；同时 QW 只能给1/2号丙烯精馏塔的塔底提供部分再沸热量，其 Q_{E5167} 可通过式（4-10）计算。

$$Q_{E5167} = Q_{C567B} + Q_{\Delta L} \tag{4-10}$$

EP2 装置各急冷水工艺用户的模拟计算结果见表4-23。在表4-23中，随着裂解原料变轻，在工况二下也是除 E0104 的换热量因循环乙烷量大量增加而增加48.95%外，其它 QW 工艺用户的换热量都下降。

表4-22　EP1装置低温热工艺用户模拟计算结果

项目	EP1装置	
	工况一	工况二
低温热 Q_{LT}/MW	102.0296	73.0423
Q_{C567B}/MW	56.7115	61.2079
Q_{C401B}/MW	19.3259	20.7395
E0101 换热量 Q_{E0101}/MW	6.7466	2.2841
E0104 换热量 Q_{E0104}/MW	0.2756	0.4105
E2106 换热量 Q_{E2106}/MW	1.8690	1.8190
E2111 换热量 Q_{E2111}/MW	3.1170	2.5890
E5118和E5119 换热量 Q_{E5189}/MW	23.2951	21.5183
E4101 换热量 Q_{E4101}/MW	10.0148	10.0150
E5116和E5117 换热量 Q_{E5167}/MW	56.7115	34.4064

表4-23　EP2装置低温热工艺用户模拟计算结果

项目	EP2装置	
	工况一	工况二
低温热 Q_{LT}/MW	98.8166	71.8825
Q_{C567B}/MW	87.5974	87.1589
E0101 换热量 Q_{E0101}/MW	6.7466	2.2841
E0104 换热量 Q_{E0104}/MW	0.2756	0.4105
E0106 换热量 Q_{E0106}/MW	1.2813	0.0000
E5116和E5117 换热量 Q_{E5167}/MW	87.5974	66.9580

（3）EP3装置

图4-22是EP3装置急冷水工艺用户流程简图。碱洗塔进料加热器E2107的

换热量记为Q_{E2107}。

EP3装置回收的低温热也有限，难以满足丙烯精馏塔塔底的所有再沸热量。规定脱乙烷塔塔底再沸热量全部由QW供给，其Q_{E4101}等于该塔模拟计算出的再沸热量Q_{C401B}。可通过式（4-11）计算出低温热与一些工艺用户所需热量的差值$Q_{\Delta L}$。该值在两种工况下都是负值。

$$Q_{\Delta L} = Q_{LT} - Q_{E0101} - Q_{E0104} - Q_{E2107} - \\ Q_{E4101} - Q_{C567B} \quad (4\text{-}11)$$

在两种工况下，因QW只能给1/2号丙烯精馏塔的塔底提供部分再沸热量，其Q_{E5167}可通过式（4-12）计算。

$$Q_{E5167} = Q_{C567B} + Q_{\Delta L} \quad (4\text{-}12)$$

EP3装置各急冷水工艺用户的模拟

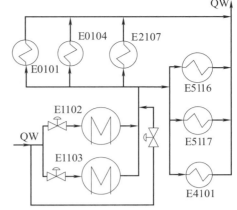

图4-22　EP3装置急冷水工艺用户流程简图
E1102—裂解燃料油冷却器；E1103—盘油调温冷却器；E0101—石脑油进料预热器；E0104—乙烷过热器；E2107—碱洗塔进料加热器；E4101—脱乙烷塔急冷水再沸器；E5116—1号丙烯精馏塔再沸器；E5117—2号丙烯精馏塔再沸器

计算结果见表4-24。在表4-24中，随着裂解原料变轻，在工况二下也是除E0104的换热量因循环乙烷量大量增加而增加48.95%外，其它QW工艺用户的换热量都下降。

表4-24　EP3装置低温热工艺用户模拟计算结果

项目	EP3装置	
	工况一	工况二
低温热Q_{LT}/MW	102.5740	81.6965
Q_{C567B}/MW	81.7740	81.8528
E0101换热量Q_{E0101}/MW	6.7466	2.2841
E0104换热量Q_{E0104}/MW	0.2756	0.4105
E2107换热量Q_{E2107}/MW	2.3851	2.3591
E4101换热量Q_{E4101}/MW	18.5951	18.4653
E5116和E5117换热量Q_{E5167}/MW	74.5716	58.1775

4.4.2　粗裂解汽油不足

随着裂解原料变轻，自急冷水塔塔底采出的RPG量变少。当气体原料占比上升到一定程度后，来自急冷水塔的RPG量不够汽油分馏塔回流用量。三套乙烯装置的工况二都出现了这种情况，需要选择一种芳烃含量较高的汽油组分补入RPG中，既满足汽油分馏塔的回流量，又避免茚和苯乙烯等污垢前体在汽油分馏塔上部和RPG中累积。本书选择芳烃装置的混合二甲苯作为补充粗裂解汽油的芳烃汽油，其典型性质见表4-25。

表 4-25　用于补充粗裂解汽油的芳烃汽油性质

参数	数值
密度(20℃)/kg·m⁻³	862.00
GB/T 6536(ASTM D—86)蒸馏曲线	
初馏点/℃	130.0
终馏点/℃	140.0
典型组成	
总芳烃质量分数/%	94.85
甲苯质量分数/%	31.17
乙苯质量分数/%	15.70
二甲苯质量分数/%	47.94

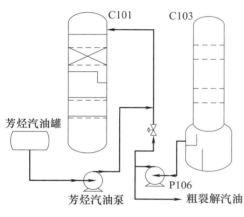

图 4-23　芳烃汽油补入流程示意图
C101—汽油分馏塔；C103—急冷水塔；
P106—汽油分馏塔回流泵

芳烃汽油补入流程示意图见图 4-23。在设计补入流程时，要确保从急冷水塔塔底采出一定量的新鲜 RPG，减少急冷系统中茚和苯乙烯的停留时间，防止汽油分馏塔塔上部结垢。

André Bernard 等[5]研究了石脑油和乙烷两种裂解原料工况的污垢前体分布。这两种裂解原料工况的苯乙烯和茚物料分布见表 4-26。乙烷工况的 RPG 量是石脑油工况的 42%，乙烷工况所需的 RPG 回流量是石脑油工况的 62%。对于石脑油工况而言，进料中 99.60%的茚通过急冷水塔塔底的 RPG 产品物流离开工艺系统，大约 43.90%的苯乙烯通过相同位置离开工艺系统，55.80%的苯乙烯通过汽油汽提塔塔底物流离开工艺系统，0.30%的苯乙烯随裂解气向前流至乙烯装置冷区，然后在脱丁烷塔塔底随轻质 RPG 一起回收。而乙烷工况在物流分布上有一个明显的变化，茚的回收点从急冷水塔塔底移至汽油汽提塔塔底，0.35%的茚在脱丁烷塔塔底回收，汽油汽提塔底部苯乙烯回收率提高到 85.50%，而 14.50%的苯乙烯随裂解气向前流至裂解气压缩机三段出口，然后在脱丁烷塔塔底回收。随着乙烯装置从石脑油工况向乙烷工况过渡，由于需要向汽油分馏塔提供足够的 RPG 回流，使得来自急冷水塔塔底 RPG 产品逐渐缺乏，直至急冷水塔塔底的 RPG 流量等于零。RPG 回流的进一步不足可能需要将部分汽油汽提塔塔底的 RPG 循环回急冷水塔，这使茚等组分在急冷系统累积。

André Bernard 等[5]还研究了石脑油和乙烷两种裂解原料工况的污垢前体停留时间（见表 4-27）。在乙烷工况中 RPG 的污垢前体比石脑油工况约少 3 倍，在汽油分馏塔液相中并有较高的茚组分。在汽油分馏塔中，除该塔顶部外，石脑油工况液相中苯乙烯比乙烷工况约多3倍；而在该塔顶部，石脑油工况液相中苯乙烯比乙烷原料工况约多8倍。在汽油分馏塔中，苯乙烯、茚组成分布和停留时间差异与其沸点和苯乙烯较少参与急冷油循环的能力差异有关，苯乙烯离开汽油分馏塔系统更快。从表4-27可看出，在两种裂解原料工况下，苯乙烯的停留时间是相似的，而茚的平均停留时间显著不同。

表4-26 苯乙烯和茚物料分布 [5]

项目	石脑油工况		乙烷工况	
	苯乙烯(占进料)/%	茚(占进料)/%	苯乙烯(占进料)/%	茚(占进料)/%
PFO产品	0.00	0.00	0.00	0.04
PGO产品	0.00	0.00	0.00	0.01
急冷水塔塔底RPG	43.90	99.60	0.00	0.00
汽油汽提塔塔底RPG	55.80	0.40	85.50	99.60
裂解气压缩机三段出口RPG	0.30	0.00	14.50	0.35
合计	100.00	100.00	100.00	100.00

表4-27 汽油分馏塔中苯乙烯和茚的平均停留时间 [5]

污垢前体	石脑油工况	乙烷工况
苯乙烯/h	1.0	1.0
茚/h	3.8	27.7

4.4.3 乳化与破乳

烃水之间的混合可在急冷水塔形成稳定的乳化液，烃水之间的分离在油水分离器中进行，影响乳化稳定性的因素主要是停留时间、pH值和杂质；烃水停留时间通常不少于10min，pH值应低于8.0~8.5 [56, 57]。油水分离器通过停留时间从急冷水中分离烃，粗裂解汽油相在上部聚集，通过排放被泵送出，而下部工艺水被引入工艺水汽提塔。当pH=5时，在相对短时间内，在汽油-水界面显示有清晰的烃水分离；当提高pH值时，需要间隔较长的时间才达到汽油-水平衡，发现汽油-水界面出现一碎布层，从而导致较差的汽油-水分离，可能趋向于水中存在烃，从而导致稀释蒸汽系统结垢 [57]。同时当烃水分离不完全时，水相中存在的污垢物质被夹带到急冷水塔下游的工艺水汽提单元中，还会通过稀释蒸汽引起裂解炉结垢 [58]。

荷兰SABIC公司的研发人员从急冷水塔油水分离器所形成的乳化液中提取出溶于水和有机溶剂的物质，研究了乳化液的稳定性 [58]。他们发现油水界面存在聚集体，其活性物质主要由可溶于极性和非极性有机溶剂的组分以及依赖pH

值的具有破乳特性的水溶性组分组成；可溶于有机溶剂的稳定组分是多种化合物的复杂混合物，可溶于有机溶剂的界面活性组分各分别在稳定油相和水相乳化液中带着最大和最小分子，它们在稳定油相和水相乳化液中发挥不同作用。当乳化液的 pH 值为 5.5 和 8.8 时，乳化液最稳定的组分是可溶于有机溶剂的组分，稳定界面以铁和硫为主，不稳定界面以碳为主；当水溶性组分进入稳定乳化液时，它起到破乳作用，特别是在低 pH 值的乳化液中这种破乳效果最明显；静电可能仅在乳化液有水溶性组分的情况下影响其稳定性，而当乳化液中缺乏水溶性组分时，乳化液的稳定性基本上与 pH 值和乳滴的表面电荷密度无关。

通过向急冷水中注入碱来控制 pH 值[59, 60]，从而预防急冷水乳化，防止急冷水乳化或破乳可使用破乳剂或中和剂[60, 61]。当取样分析发现急冷水样品中含有大量的乳化油（含油量大于 50mg·kg⁻¹）时，则应使用破乳剂来清除水中的乳化物。在油水分离器入口注入破乳剂，并有运行良好的聚结器，可以使聚结器出口的烃和油含量达到可接受的水平。合适的水溶性破乳剂将有助于解决油水系统中的反向乳化，使油从水相中分离得更快，可提高水的透明度[58]。

4.5　稀释蒸汽发生系统

稀释蒸汽发生系统主要涉及工艺水汽提塔、与稀释蒸汽罐紧密相连的稀释蒸汽发生器和中压蒸汽加热及其凝液系统。利用工艺水汽提塔去除工艺水中溶解的烃类，其烃类主要组分是苯乙烯。苯乙烯在 80℃时，它在水中的溶解度（质量分数）大约为 0.06%[14]。当烃和水分离效果差，且工艺水 pH 值较高时，会使去往工艺水汽提塔的工艺水加重烃的聚集。

随着温度升高，苯乙烯会自身引发热聚合，即不需要自由基引发剂，其反应速率与苯乙烯浓度的 3 次方成正比，在工艺水汽提塔和稀释蒸汽发生器中发现的聚苯乙烯垢物可说明工艺水中发生了这种热聚合。通过在水微乳液中研究苯乙烯自由基聚合，可发现苯乙烯自发聚合的初始反应速率是 110~125℃下体积反应速率的 3~15 倍[14]。一般工艺水汽提塔操作温度高于 110℃，工艺水中烯烃物质会趋向聚合，在非正常情况下会引起塔盘和相关换热器堵塞。

该系统除了聚合堵塞影响稀释蒸汽发生器外，还存在稀释蒸汽发生器腐蚀泄漏问题，应优化碱液注入，控制好工艺水 pH 值[62]。

通过稀释蒸汽发生器多产 DS，尽可能多回收高温热是急冷系统的优化方向之一。降低稀释蒸汽罐压力，同时降低稀释蒸汽罐温度，即降低进入稀释蒸汽发生器的工艺水温度[63]，可提高稀释蒸汽发生器的换热驱动力。稀释蒸汽罐压力下降后，输出 DS 的比容变化较大（见表 4-28），工艺水的汽化潜热上升，应重新核算 DS 流量。

乙烯装置分离
全流程模拟

表4-28　稀释蒸汽的基本状态参数

项目	EP1两个状态		EP2两个状态		EP3两个状态	
V101罐顶压力/MPa	0.69	0.77	0.71	0.80	0.79	0.85
PW汽化潜热/kJ·kg⁻¹	2067.5	2052.6	2063.7	2047.3	2049.1	2038.6
输出DS温度/℃	210.0	200.0	189.0	185.0	201.0	185.0
DS比容/m³·kg⁻¹	0.3121	0.2715	0.2874	0.2507	0.2650	0.2350
DS两个状态的比容比	1.15		1.15		1.13	

　　稀释蒸汽的状态参数和流量与裂解炉区密切相关，不能片面评价补入MS量的大小。若稀释蒸汽发生系统仅降低稀释蒸汽罐压力，其它如稀释蒸汽发生器的换热量等都不变，经模拟计算发现：在输出相同DS量下，主要因工艺水的汽化潜热变化，应相应增加补入的MS量。因此应从整体能量平衡出发，做好裂解炉区和急冷区的综合优化[39]。

参 考 文 献

[1] Karl Kolmetz, Timothy M Zygula, Chee Mun Tham, et al. Guidelines for ethylene quench towers [C]//Ethylene producers' conference, AIChE Spring national meeting, Houston, Texas, USA, April 22-27, 2007.

[2] 吴兴松，杨春生. 乙烯装置急冷系统流程模拟计算方法的探讨 [J]. 乙烯工业，2003，15（2）：9-15.

[3] 高光英，全先亮，姜斌，等. 真组分法模拟乙烯装置急冷系统 [J]. 化学工程，2008，36（8）：66-69.

[4] Gondolfe J M, Mueller C L. The Definitive Solution: Gasoline Fractionator Retrofit Techniques [C]//Ethylene Producers' Conference, AIChE Spring National Meeting, New Orleans, Louisiana, USA, March 10-14, 2002.

[5] André Bernard, Feridoun Fahiminia, Grace Kim. Challenges of primary fractionators on NGL feed [C]//Ethylene producers' conference, AIChE Spring national meeting, San Antonio, Texas, USA, April 28-May 2, 2013.

[6] Kuppan Thulukkanam. Heat Exchanger Design Handbook [M]. 2nd ed. Boca Raton: CRC Press, 2003: 45-47.

[7] 中国石化集团上海工程有限公司. 化工工艺设计手册：上册 [M]. 3版. 北京：化学工业出版社，2003：278（第2篇）.

[8] Colin Bowen, Joseph Gondolfe. Quench oil tower key features [J]. Hydrocarbon Engineering, 2007, 12（8）：69-70, 72-74.

[9] Karl Kolmetz, Wai Kiong Ng, Peter W. Faessler, et al. Case studies demonstrate guidelines for reducing fouling in distillation columns [J]. Oil & Gas Journal, 2004, 102（32）：46-51.

[10] Karl Kolmetz, Andrew W Sloley, Timothy M. Zygula, et al. Guidelines for distillation columns in fouling service [C]//Ethylene producers' conference, AIChE Spring national meeting, New Orleans, Louisiana, USA, April 26-30, 2004.

[11] Zhenning Gu, Roger Metzler. Fouling/viscosity control mitigation strategy overcomes problems in quench oil system [C]//Ethylene producers' conference, AIChE Spring national meeting, Chicago, Illinois, USA, March 13-17, 2011.

[12] Thomas Emmert, Sam Antonas, Gunther Kracker. Cracker feedstock flexibility from naphtha to ethane, design criteria and concepts for quench water and quench oil system [C] //Ethylene pro-

ducers' conference, AIChE Spring national meeting, Houston, Texas, USA, April 10-14, 2016.

[13] Bob Presenti, Dan Frye, Sandra Linares-Samaniego. Control of primary fractionator fouling [J]. Petroleum Technology Quarterly, 2009, 14（1）：111-112, 114-115.

[14] Jessica M Hancock, A. W. Van Zijl, Ian Robson, et al. A chemist's perspective on organic fouling in ethylene operations [J]. Hydrocarbon Processing, 2014, 93（6）：61-66.

[15] Kopinke F-D, Bach G, Zimmermann G. New results about the mechanism of TLE fouling in steam crackers [J]. Journal of Analytical and Applied Pyrolysis, 1993, 27：45-55.

[16] Manafzadeh H, Sadrameli S M, Towfighi J. Coke deposition by physical condensation of polycyclic hydrocarbons in the transfer line exchanger（TLE）of olefin plant [J]. Applied Thermal Engineering, 2003, 23：1347-1358.

[17] Michael Sprague, Andre Bernard, Patricio Herrera, et al. Performance evaluation and fouling mitigation in a gasoline fractionator [C]//Ethylene producers' conference, AIChE Spring national meeting, Orlando, Florida, USA, April 23-27, 2006：136-150.

[18] Susan H. Brunner, Patrick Lucas, Daniel Tey. Processing Problems Associated with Pyrolysis Gasoline [C]//Ethylene Producers' Conference, AIChE Spring National Meeting, New Orleans, Louisiana, USA, March 31-April 4, 2003：222-245.

[19] André Bernard, Thomas M. Pickett, M. Beata Manek, et al. Flux oil stream import to quench system risk and impacts [C]//Ethylene Producers' Conference, AIChE Spring National Meeting, Chicago, Illinois, USA, March 13-17, 2011.

[20] 董忠杰, 宋立臣. 乙烯装置急冷油增粘和急冷塔结垢的化学机理探讨 [J]. 乙烯工业, 2006, 18（增刊）：236-240.

[21] 宋立臣. 乙烯装置急冷油增粘和急冷塔结垢的探讨 [D]. 天津：天津大学, 2006.

[22] 项敏, 黄铃. 烯烃生产装置油洗塔结焦物的分析 [J]. 石油化工, 1992, 21（5）：327-332.

[23] 赵汝文, 张敏卿, 王吉红, 等. 乙烯装置汽油分馏塔的优化设计 [J]. 石油化工设计, 2001, 18（1）：5-12.

[24] 钱建兵, 朱慎林. 乙烯装置汽油分馏塔的设计优化 [J]. 乙烯工业, 2004, 16（3）：36-39.

[25] 黄仁耿, 廖昌勇, 尹兆林, 等. 抗垢剂HK-17B在乙烯装置急冷油塔的应用 [C]/第12次全国乙烯年会, 盘锦, 辽宁, 2002：409-411.

[26] 李瑞锋. 乙烯装置汽油分馏塔结垢原因分析和对策 [J]. 乙烯工业, 2006, 18（增刊）：241-245.

[27] 范士平, 徐田根, 姚国云. 阻聚剂HK-17CQ在乙烯装置汽油分馏塔上的应用 [C]/第15次全国乙烯年会, 北京, 2008：403-407.

[28] 刘建明. 汽油分馏塔聚合结垢的形成与防止 [J]. 乙烯工业, 2010, 22（1）：17-22.

[29] 堵祖荫. 汽油分馏塔系统的优化 [J]. 乙烯工业, 2003, 15（2）：16-21.

[30] Fair J R. 如何设计折流板板式塔 [J]. 涂强, 译. 天然气与石油, 1994, 12（3）：57-62.

[31] 赵汝文, 于健, 高占. 集成技术在天津1000kt/a乙烯汽油分馏塔中的应用 [J]. 化学工程, 2010, 38（10）：42-46, 51.

[32] 张文慧, 陈兴銮, 齐选良, 等. 裂解急冷油的热稳定性研究 [J]. 石油大学学报（自然科学版）, 1995, 19（2）：80-84.

[33] The M. W. Kellogg Company. Quench oil viscosity control in pyrolysis fractionator：United States of America, 5877380 [P]. 1999-03-02.

[34] 蒋勇, 洪晓江. 乙烯装置急冷油粘度控制及减粘塔运行分析 [J]. 石油化工, 2004, 33（3）：258-262.

[35] 杨春生. 对急冷油减黏改造出现问题的思考 [J]. 中外能源, 2013, 18（1）：62-66.

[36] 郝昭, 段巍卓, 邓守涛, 等. 乙烯装置急冷系统优化措施 [J]. 化工设计, 2019, 29（2）：9-12.

[37] 廖昌勇, 张春利. 乙烯装置急冷油减黏系统运行分析 [J]. 乙烯工业, 2002, 14（4）：43-46.

[38]　钟志技 . 乙烯装置急冷油系统流程比较及原理 [J]. 广石化科技，2005，（3）：7-11.

[39]　李广华，王明耀 . 乙烯装置分离概述及急冷区工艺技术 [J]. 乙烯工业，2008，20（3）：56-64.

[40]　杨春生 . 乙烯装置急冷油系统的设计和节能改造 [J]. 中外能源，2011，16（1）：106-111.

[41]　黄殿利 . 裂解装置急冷油系统优化技术探讨 [J]. 乙烯工业，2007，19（1）：43-48.

[42]　张清祥，李春兰 . 乙烯裂解急冷调质油的研究 [J]. 化学工程师，1999，（3）：59-60.

[43]　刘燕，李红，张霞玲 . 糠醛抽出油的综合利用 [J]. 润滑油，2008，23（2）：17-20.

[44]　骆新平，谭思，欧晔，等 . 糠醛抽出油的综合利用 [J]. 润滑油，2014，29（5）：50-57.

[45]　谭海 . 以催化回炼油为原料调制乙烯调质油 [J]. 乙烯工业，2015，27（3）：20-23.

[46]　熊江喜，郝昭，李智新，等 . 四川石化800kt/a乙烯装置开车总结 [J]. 乙烯工业，2015，27（3）：5-9.

[47]　董忠杰，盖月庭，谢红霞，等 . 乙烯装置急冷油系统减粘技术的研究 [J]. 乙烯工业，2004，16（2）：66-70.

[48]　刘陆军，李东风 . 乙烯装置急冷油系统减粘剂的研究 [J]. 石油与天然气化工，2006，35（3）：195-197，216.

[49]　夏远亮 . 乙烯装置急冷油粘度增长抑制剂的研制 [J]. 黑龙江八一农垦大学学报，2008，20（2）：88-91.

[50]　齐泮仑，包静严，西晓丽，等 . 乙烯装置急冷油减粘剂的研制 [J]. 精细石油化工进展，2009，10（7）：52-54.

[51]　黄殿利 . 大庆乙烯装置新区急冷油系统减粘技术的应用 [J]. 乙烯工业，2003，15（3）：51-54.

[52]　齐东升，张世忠 . 天津乙烯急冷油系统改造及运行 [J]. 乙烯工业，2006，18（3）：15-18.

[53]　Jay R Milbrath. Quench oil improvements at an olefins unit [C]//Ethylene producers' conference, AIChE Spring national meeting, Houston, Texas, 1999：236-251.

[54]　李吉辉 . 乙烯装置急冷油系统存在的问题及解决措施 [J]. 化学工程与装备，2010，（4）：57-61.

[55]　陈安营 . 乙烯急冷系统急冷油黏度控制新技术及实践 [J]. 现代化工，2014，3463：108-113.

[56]　Michel Didden, Richard Krichten, Patrick Lucas. Comprehensive quench water and steam generator management for optimized unit performance [C]//Ethylene producers' conference, AIChE Spring national meeting, Houston, Texas, USA, April 1-5, 2012.

[57]　Jérôme Vachon, Jessica M Hancock, Ian Robson. A chemist's perspective on organic fouling in ethylene operations：update [J]. Hydrocarbon Processing, 2015, 94（10）：49-53.

[58]　Erica Pensini, Leo Vleugels, Martijin Frissen, et al. A novel perspective on emulsion stabilization in steam crackers [J]. Colloids and Surfaces A: Physicochemical and Engineering Aspects, 2017, 516：48-62.

[59]　高云忠，袁琳 . 急冷水乳化原因分析与预防措施 [J]. 乙烯工业，2004，16（1）：54-56.

[60]　白玮，谢晖，许普，等 . 乙烯装置急冷水pH值自动化控制应用 [J]. 乙烯工业，2006，18（增刊）：139-142.

[61]　李云龙，苏跃武，沈立军 . 急冷水乳化的原因分析及应对措施 [J]. 乙烯工业，2006，18（增刊）：226-228.

[62]　刘同宇 . 乙烯装置稀释蒸汽发生器腐蚀 [D]. 兰州：兰州大学，2016.

[63]　何燕锋，杜学军，毛恽春 . 降低稀释蒸汽压力对乙烯装置的影响 [J]. 乙烯工业，2012，24（1）：42-44.

第 5 章

裂解气的压缩

裂解气压缩系统由裂解气压缩机及其中间冷却、液体分离工艺系统和驱动透平、压缩机辅助设备等构成。本章不涉及驱动透平和压缩机辅助设备，仅模拟计算分析裂解气压缩的工艺系统，并分析研究该系统运行中存在的一些问题，给出一些经验型解决方案。

5.1 热力学参数

裂解气压缩机的常用热力学参数是温度、压力、绝热指数和压缩因子，见表5-1。其它热力学参数，如摩尔比容、多变指数等，可通过状态方程或过程方程计算得到。

表5-1 国内某五段裂解气压缩机的典型热力学参数[1]

项目	一段	二段	三段	四段	五段
入口温度 T_s/℃	40.0	38.0	38.0	40.0	37.0
入口压力 p_s/MPa	0.132	0.257	0.535	1.012	1.917
平均绝热指数 k	1.184	1.192	1.201	1.212	1.227
平均压缩因子 Z	0.992	0.986	0.975	0.954	0.906
出口温度 T_d/℃	92.8	92.8	92.8	90.6	91.2
出口压力 p_d/MPa	0.283	0.572	1.120	1.966	3.720

某段入出口的摩尔比容 V_{ms} 和 V_{md} 可通过状态方程得到：

$$V_{ms} = \frac{Z_s R T_s}{p_s}, \quad V_{md} = \frac{Z_d R T_d}{p_d} \tag{5-1}$$

式中，Z_s 为入口压缩因子；Z_d 为出口压缩因子。

裂解气压缩是一个多变过程，定义多变指数 m（平均多变体积指数）满足方程[2~4]：

$$p V_m^m = 常数 \tag{5-2}$$

某段的过程方程有：

$$p_s V_{ms}^m = p_d V_{md}^m \tag{5-3}$$

根据式（5-1）和式（5-3）可得到：

$$\frac{m}{m-1} = \frac{\lg \dfrac{p_d}{p_s}}{\lg \dfrac{T_d}{T_s} + \lg \dfrac{Z_d}{Z_s}} \tag{5-4}$$

当某段的入出口压缩因子用平均值时，$Z \approx 0.5(Z_d + Z_s)$，式（5-4）被简写为：

$$\frac{m}{m-1} = \frac{\lg (p_d/p_s)}{\lg (T_d/T_s)} \tag{5-5}$$

5.2 主要性能参数

裂解气压缩机的主要性能参数有流量、出口压力或压缩比、功率、效率、转速、能量头等[2]。国内某300kt·a^{-1}乙烯装置的五段裂解气压缩机典型性能参数见表5-2。

表5-2 国内某五段裂解气压缩机的典型性能参数[1]

项目	一段	二段	三段	四段	五段
吸气量 Q/m³·h^{-1}	95509	47323	22003	12037	6664
吸气量 G/kg·h^{-1}	137414	129997	125127	131560	147917
摩尔质量 M/kg·kmol^{-1}	28.11	27.64	27.17	27.16	27.37
压缩比 ε	2.119	2.236	2.102	1.936	1.955
多变能量头 H_p/kJ·kg^{-1}	74.874	80.728	75.050	65.724	62.155
所需的功率 P/kW	3827	3742	3459	3173	3405
转速/(r/min)	5105				

5.2.1 流量

流量通常以体积流量 Q(m³·h^{-1}) 和质量流量 G(kg·h^{-1}) 两种方式表示。当已知 Q 时，则 G 可用式（5-6）计算。

$$G = Q\rho \tag{5-6}$$

式中，ρ 为裂解气密度，$\rho = \dfrac{M}{1000V_m}$，kg·m^{-3}。

5.2.2 压缩比

压缩比是压缩机的排出压力与吸入压力之比。压缩比越大，离心式压缩机所需级数就越多，其功耗也越大。裂解气压缩机某段的压缩比 ε 为：

$$\varepsilon = \frac{p_d}{p_s} \tag{5-7}$$

5.2.3 能量头

裂解气压缩机的有效能量头 H_R 是叶片对单位质量裂解气所做的有效功。多变能量头 H_p 是单位质量裂解气以势能形式所增加的能量[4]，通常是提高裂解气静压能的能量头[2]，见式（5-8）。

$$H_p = \frac{m}{m-1} Z_s R T_s \left[\left(\frac{p_d}{p_s} \right)^{(m-1)/m} - 1 \right] \qquad (5-8)$$

5.2.4　多变效率

多变效率η_p为多变能量头H_p和有效能量头H_R的比值，与多变指数m和绝热指数k（平均绝热体积指数）有如下关系[2, 4]：

$$\eta_p = \frac{k-1}{k} \times \frac{m}{m-1} \qquad (5-9)$$

裂解气压缩机的压缩比一般不太高，裂解气物性在压缩过程中的变化，在一般情况下对于状态参数等的影响并不严重，可用每段的入出口压缩因子的平均值计算多变效率[4, 5]。从式（5-5）和式（5-9）可看出，裂解气压缩机某段的多变效率为：

$$\eta_p = \frac{k-1}{k} \times \frac{\lg(p_d/p_s)}{\lg(T_d/T_s)} \qquad (5-10)$$

式（5-10）一般用于监测裂解气压缩机每段多变效率随运行时间的变化[6]。已知裂解气压缩机某段的级数n，可利用式（5-11）迭代计算出该段的级效率η_s[7]。

$$\eta_p = \frac{\varepsilon^{n\left(\frac{k-1}{k}\right)} - 1}{\left\{ 1 + \frac{1}{\eta_s} \left[\varepsilon^{\left(\frac{k-1}{k}\right)} - 1 \right] \right\}^n - 1} \qquad (5-11)$$

5.3　压缩过程的模拟

一套乙烯装置的裂解气压缩系统只有一个模型，本书共建立三个模型来模拟计算研究裂解气压缩系统，这三个模型都包含在每套乙烯装置的全流程分离系统模型中。

5.3.1　工艺描述

三套乙烯装置的裂解气压缩系统工艺流程简图见图5-1~图5-3。本书规定三套乙烯装置的裂解气压缩由五段离心式压缩机K2011~K2015执行。除EP3装置裂解气压缩机第五段外，每段压缩机都由一个吸入罐、压缩机和出口冷却器组成。

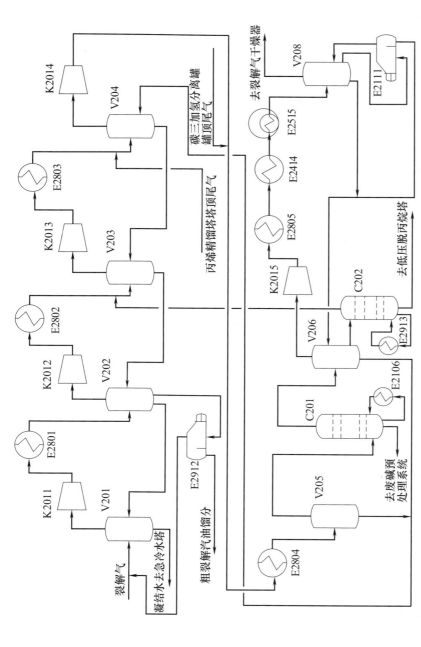

图 5-1 EP1 装置裂解气压缩系统工艺流程简图

C201—碱洗塔；C202—凝液汽提塔；E2801—裂解气压缩机一段出口冷却器；E2802—裂解气压缩机二段出口冷却器；
E2803—裂解气压缩机三段出口冷却器；E2804—裂解气压缩机四段出口冷却器；E2805—裂解气压缩机五段出口冷却器；E2106—弱碱循环加热器；
E2111—烃凝液加热器；E2913—凝液汽提塔再沸器；E2414—裂解气干燥器进料预冷器；E2515—裂解气干燥器进料丙烯预冷器；
K2011—裂解气压缩机一段；K2012—裂解气压缩机二段；K2013—裂解气压缩机三段；K2014—裂解气压缩机四段；K2015—裂解气压缩机五段；
V201—裂解气压缩机一段吸入罐；V202—裂解气压缩机二段吸入罐；V203—裂解气压缩机三段吸入罐；V204—裂解气压缩机四段分离罐；
V205—碱洗塔入口分离罐；V206—碱洗塔出口分离罐；V208—裂解气干燥器进料分离罐

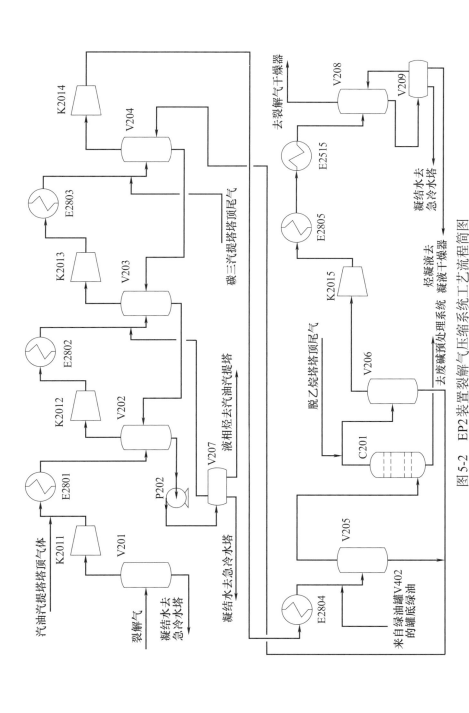

图 5-2 EP2 装置裂解气压缩系统工艺流程简图

C201—碱洗塔；E2801—裂解气压缩机一段出口冷却器；E2802—裂解气压缩机二段出口冷却器；E2803—裂解气压缩机三段出口冷却器；
E2804—裂解气压缩机四段出口冷却器；E2805—裂解气压缩机五段出口冷却器；E2515—裂解气干燥器进料丙烯预冷器；K2011—裂解气压缩机一段；
K2012—裂解气压缩机二段；K2013—裂解气压缩机三段；K2014—裂解气压缩机四段；K2015—裂解气压缩机五段；P202—裂解气压缩机二段凝液
泵；V201—裂解气压缩机一段吸入罐；V202—裂解气压缩机二段吸入罐；V203—裂解气压缩机三段吸入罐；V204—裂解气压缩机四段吸入罐；
V205—碱洗塔入口分离罐；V206—碱洗塔出口分离罐；V207—汽油与水分离罐；V208—裂解气干燥器进料分离罐；V209—预冷沉降罐

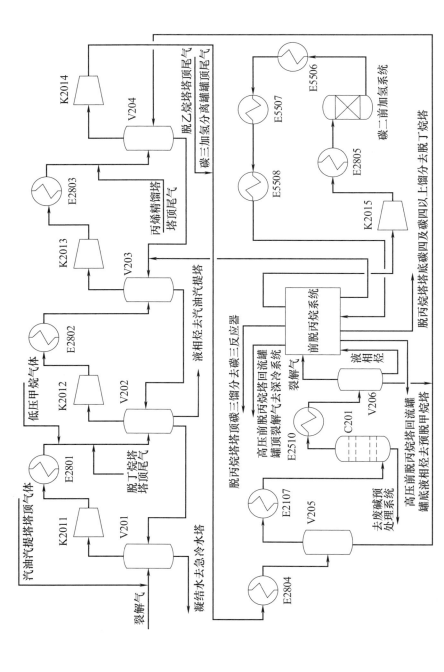

图 5-3　EP3 装置裂解气压缩系统工艺流程简图

C201—碱洗塔；E2801—裂解气压缩机一段出口冷却器；E2802—裂解气压缩机二段出口冷却器；E2803—裂解气压缩机三段出口冷却器；
E2804—裂解气压缩机四段出口冷却器；E2805—裂解气压缩机五段出口冷却器；E2107—碱洗塔进料加热器；E2510—碱洗塔顶过冷器；
E5506/E5507—高压前脱丙烷塔冷凝器；E5508—高压前脱丙烷塔 1/2 号回流冷却器；K2011—裂解气压缩机一段；K2012—裂解气压缩机二段；K2013—裂解
气压缩机三段；K2014—裂解气压缩机四段；K2015—裂解气压缩机五段；V201—裂解气压缩机一段吸入罐；V202—裂解气压缩机二段吸入罐；
V203—裂解气压缩机三段吸入罐；V204—裂解气压缩机四段吸入罐；V205—碱洗塔入口分离罐；V206—碱洗塔出口分离罐

来自急冷水塔C103塔顶的裂解气先进入一段吸入罐V201，其罐顶裂解气经每段压缩后，都由每段出口冷却器E2801~E2805冷却。在裂解气压缩机前四段，每段出口裂解气冷却后都进行凝液分离。

来自碱洗塔入口/出口分离罐V205/206的凝液返回至四段吸入罐V204，来自四段吸入罐V204的凝液返回三段吸入罐V203，来自三段吸入罐V203的凝液返回至二段吸入罐V202。除EP2装置外，EP1和EP3装置的二段吸入罐V202分离出冷凝的工艺水和烃凝液，来自二段吸入罐V202的工艺水都返回至一段吸入罐V201，然后被泵送至急冷水塔C103底部，而EP1装置的烃凝液先在冷凝液加热器E2912中被LS加热至85℃以汽提出碳四及其以下轻组分，气体返回一段吸入罐V201，液体被泵送至汽油冷却器E6802前，与脱丁烷塔塔底物料和来自急冷水塔的粗裂解汽油汇合；EP3装置的烃凝液被泵送至汽油汽提塔C601，与来自急冷水塔的粗裂解汽油一起在汽油汽提塔C601中被汽提出碳四及其以下轻组分。EP2装置的二段吸入罐V202不分离水和烃凝液，而是直接将烃凝液与水一起泵送至汽油与水分离罐V207，分离出的凝结水去急冷水塔，烃凝液去汽油汽提塔C601。

碱洗塔都设置在裂解气压缩机第四段与第五段之间，用于脱除裂解气中的酸性气体。在碱洗塔入口和出口各分别设置有碱洗塔入口分离罐V205和碱洗塔出口分离罐V206。V205罐也是四段出口排出罐，V206罐也是五段吸入罐（EP3装置除外）。

EP1装置设置了凝液汽提塔C202。裂解气压缩机五段出口的裂解气经五段出口冷却器E2805被循环水冷却后，先通过裂解气干燥器进料预冷器E2414被脱甲烷塔塔底液体预冷，再通过裂解气干燥器出口丙烯预冷器E2515预冷，冷凝的烃类和水在裂解气干燥器进料分离罐V208中分离。裂解气干燥器进料分离罐V208的液态烃经烃凝液加热器E2111被QW加热至37℃，蒸发的少量碳二等气体组分返回裂解气干燥器进料分离罐V208，而液态烃与裂解气干燥器进料分离罐V208罐底的水一起返回碱洗塔出口分离罐V206。碱洗塔出口分离罐V206分离出的液态烃被送至凝液汽提塔C202，经凝液汽提塔C202汽提出的碳二及其轻组分返回裂解气压缩机三段吸入罐V203，基本上不含碳二组分的塔底液体被送至低压脱丙烷塔。

EP2装置的裂解气压缩机五段出口的裂解气经五段出口冷却器E2805被循环水冷却后，通过裂解气干燥器出口丙烯预冷器E2515预冷，冷凝的烃类和水直接进入预冷沉降罐V209中分离。预冷沉降罐V209的凝结水被送至急冷水塔C103，而液态烃被送至凝液干燥器干燥。

EP3装置采用了前脱丙烷分离工艺技术，在裂解气压缩机第四段与第五段之间设置了前脱丙烷系统。碱洗塔C201塔顶裂解气先经碱洗塔塔顶过冷器E2510冷凝，再进入碱洗塔出口分离罐V206分离，V206罐顶的裂解气经裂解气干燥器A201干燥后去前脱丙烷系统，V206罐底的液态烃被凝液干燥器进料泵P208送至凝液干燥器A202干燥后进入高压前脱丙烷塔C504（见图9-3）。高压前脱丙烷塔C504塔顶的裂解气被高压前脱丙烷塔进料与塔顶物料换热器回收冷量后进入裂解气压缩机五段入口，五段出口的裂解气经五段出口冷却器E2805被循环水冷却，直接进入碳二前加氢系统。通过碳二前加氢系统脱除乙炔后的裂解气依次经高压前脱丙烷塔1号回流冷却器E5506、2号回流冷却器E5507及冷凝器E5508降温后进入高压前脱丙烷塔回流罐V504中。脱丙烷塔回流罐V501罐顶的气体返回裂解气压缩机三段吸入罐V203。

5.3.2　工艺流程特点

　　EP1和EP2装置自碱洗塔入口分离罐V205罐顶进入碱洗塔下部的裂解气没有被加热，自碱洗塔C201塔顶进入碱洗塔出口分离罐V206的裂解气也没有被冷却，而EP3装置的进出碱洗塔C201的裂解气各分别被急冷水加热和被丙烯冷却。

　　三套乙烯装置的裂解气压缩机段间冷凝的水和烃凝液都是通过后段吸入罐自压排至前段吸入罐，粗裂解汽油组分在二段吸入罐采出。但采出水和粗裂解汽油的工艺稍有不同：

　　① EP1和EP3装置的裂解气压缩机段间冷凝的水最终在一段吸入罐罐底采出，被泵送至急冷水塔C103，而在二段吸入罐中分离出冷凝的水和烃凝液，水自压排至一段吸入罐。EP1装置的烃凝液被送至冷凝液加热器E2912蒸发轻组分，液体作为粗裂解汽油组分被泵送去与脱丁烷塔C602塔底粗裂解汽油馏分混合；EP3装置的烃凝液直接去汽油汽提塔C601蒸发轻组分。

　　② EP2装置的裂解气压缩机段间冷凝的水和烃凝液混合物在二段吸入罐罐底被泵送至汽油和水分离罐V207分离，水去急冷水塔C103，液相烃去汽油汽提塔C601。

　　裂解气压缩机第四段或第五段的烃凝液处理工艺也不同：

　　① EP1装置的裂解气压缩机五段出口烃凝液返回五段吸入罐V206，在五段吸入罐V206中分离出液相烃自压流入凝液汽提塔C202中；

　　② EP2装置的裂解气压缩机五段出口烃凝液不返回前段吸入罐，而是通过预冷沉降罐V209分离出烃凝液去干燥后自压流入脱乙烷塔C401中；

　　③ EP3装置的分离工艺是前脱丙烷，裂解气压缩机四段出口的碱洗塔出口分离罐V206分离出的液相烃被泵送去干燥后进入高压前脱丙烷塔C504中。

　　EP1和EP3装置的丙烯精馏塔塔顶尾气及EP2装置的碳三汽提塔塔顶尾气都是返回裂解气压缩机四段吸入罐V204。其它循环物料的返回位置稍有不同：

　　① EP2装置的汽油汽提塔塔顶气体与裂解气压缩机一段出口裂解气混合，

而EP3装置的汽油汽提塔塔顶气体返回裂解气压缩机一段吸入罐V201；

② EP3装置的低压甲烷气体和脱丁烷塔塔顶尾气返回裂解气压缩机二段吸入罐V202；

③ EP2装置的绿油罐V402罐底的绿油返回碱洗塔入口分离罐V205；

④ EP3装置的脱丙烷塔塔顶尾气返回裂解气压缩机三段吸入罐V203；

⑤ EP2装置的脱乙烷塔塔顶尾气返回碱洗塔出口分离罐V206，而EP3装置的脱乙烷塔塔顶尾气与裂解气压缩机四段出口裂解气混合；

⑥ EP1和EP3装置的碳三加氢分离罐V505罐顶尾气与裂解气压缩机四段出口裂解气混合。

5.3.3 模拟说明

图5-1~图5-3是裂解气压缩系统模拟的基础。每套乙烯装置两个工况的裂解气压缩系统模拟都不考虑裂解气压缩机段间注水或注洗油，也不考虑其同段多变效率的差异。裂解气压缩机每段的多变过程模拟模型采用离心式压缩机的ASME方法，每段的多变效率和出口压力见表5-3。

表5-3　裂解气压缩机每段的多变效率和出口压力

裂解气压缩机	多变效率/%	EP1和EP2装置出口压力/MPa	EP3装置出口压力/MPa
一段K2011	86.0	0.260	0.256
二段K2012	86.0	0.490	0.482
三段K2013	84.0	0.960	0.930
四段K2014	83.0	1.940	1.860
五段K2015	81.0	3.830	3.970

裂解气压缩系统的模拟选用PR-BM基础物性方法，而对于含游离水较多的水-烃体系部分单元，单独选用SRK-KD方法。

在模拟计算时，为便于模型收敛，将个别循环物流断开处理，通过多次迭代计算，直至循环物流的流量与组成变化很小。EP1装置只断开丙烯精馏塔塔顶尾气循环物流，而碳三加氢分离罐V505罐顶尾气正常无流量；EP2装置断开汽油汽提塔塔顶气体和碳三汽提塔塔顶尾气两个循环物流，而绿油罐V402罐底绿油正常无流量；EP3装置断开汽油汽提塔塔顶气体、丙烯精馏塔塔顶尾气和低压甲烷气体三个循环物流，而脱乙烷塔塔顶尾气、脱丙烷塔塔顶尾气、碳三加氢分离罐V505罐顶尾气、脱丁烷塔塔顶尾气都是正常无流量。

5.3.4 模拟结果分析

简要分析裂解气压缩机五段、凝液汽提塔和段间凝液的模拟计算结果。

5.3.4.1 裂解气的压缩

（1）裂解气压缩机一段

裂解气压缩机一段系统主要参数模拟计算结果见表5-4。在表5-4中，三套乙烯装置在同一工况下，裂解气压缩机一段进出口的热力学参数相近，但一些性能参数稍有差异。在工况一下，EP2装置的一段裂解气摩尔质量、一段吸气体积、一段吸气质量和一段功率分别比EP1装置少0.980%、0.596%、1.898%和0.570%，但其一段多变能量头相应多1.354%；EP3装置的一段裂解气摩尔质量、一段吸气体积、一段吸气质量、一段多变能量头和一段功率分别比EP1装置少0.847%、0.593%、1.378%、1.471%和2.829%。在工况二下，随着裂解原料变轻，EP2和EP3装置与EP1装置相比，除一段多变能量头外这种减少趋势减弱；EP2装置的一段多变能量头比EP1装置多0.809%，EP3装置的一段多变能量头比EP1装置少2.128%。

表5-4　裂解气压缩机一段系统主要参数模拟计算结果

项目	EP1	EP2	EP3	EP1	EP2	EP3
	工况一			工况二		
一段入口温度 T_{s1}/℃	35.74	36.70	35.53	34.57	35.30	34.37
一段入口压力 p_{s1}/MPa	0.126	0.126	0.126	0.126	0.126	0.126
一段入口绝热指数 k_{s1}	1.2147	1.2153	1.2158	1.2244	1.2246	1.2247
一段入口压缩因子 Z_{s1}	0.9922	0.9924	0.9923	0.9932	0.9933	0.9932
一段出口温度 T_{d1}/℃	82.10	83.35	81.06	82.69	83.58	81.46
一段出口压力 p_{d1}/MPa	0.260	0.260	0.256	0.260	0.260	0.256
一段出口压缩因子 Z_{d1}	0.9895	0.9898	0.9897	0.9910	0.9912	0.9911
一段平均多变体积指数 m_{v1}	1.2333	1.2345	1.2351	1.2461	1.2466	1.2468
一段吸气量 Q_1/m³·h⁻¹	357949	355814	355825	360563	359381	359746
一段吸气量 G_1/kg·h⁻¹	491183	481858	484413	460705	455560	458941
一段摩尔质量 M_1/kg·kmol⁻¹	27.752	27.480	27.517	25.768	25.628	25.712
一段压缩比 ε_1	2.063	2.063	2.032	2.063	2.063	2.032
一段多变能量头 H_{P1}/kJ·kg⁻¹	71.3495	72.3159	70.2998	76.8618	77.4834	75.2262
一段所需的功率 P_1/kW	11550.7	11484.9	11223.9	11670.9	11634.0	11378.9
E2801换热量/MW	16.356	14.0093	12.4569	14.383	12.5627	11.4179

随着裂解原料变轻，同一乙烯装置工况二的绝热指数、压缩因子、平均多变体积指数等热力学参数比工况一略有增加，但一些性能参数变化不同。工况二因一段裂解气摩尔质量减少6.56%~7.15%，虽然一段吸气质量下降5.26%~6.21%，但一段吸气体积增加0.73%~1.10%，导致一段多变能量头上升7.01%~7.73%，一段功率上升1.04%~1.38%。在工况二下，裂解气压缩机一段出口冷却器E2801的换热量下降8.34%~12.06%。

（2）裂解气压缩机二段

裂解气压缩机二段系统主要参数模拟计算结果见表5-5。在表5-5中，三套乙烯装置在同一工况下，裂解气压缩机二段进出口的热力学参数相近，但一些性能参数稍有差异。在工况一下，EP2装置的二段裂解气摩尔质量、二段吸气体积、二段吸气质量、二段多变能量头和二段功率分别比EP1装置多0.428%、1.312%、0.942%、0.322%和1.267%；EP3装置的二段裂解气摩尔质量比EP1装置下降0.681%，其二段吸气体积、二段吸气质量、二段多变能量头和二段功率分别比EP1装置多7.480%、3.415%、2.473%和5.969%。在工况二下，随着裂解原料变轻，EP2和EP3装置与EP1装置相比，EP2装置的这种增加趋势减弱；而EP3装置除吸气质量增加的趋势减弱外，摩尔质量降低的趋势增强，其它参数上升的趋势也增强。

表5-5　裂解气压缩机二段系统主要参数模拟计算结果

项目	EP1	EP2	EP3	EP1	EP2	EP3
	工况一			工况二		
二段入口温度 T_{s2}/℃	34.15	30.00	37.20	33.74	36.20	37.42
二段入口压力 p_{s2}/MPa	0.240	0.240	0.235	0.240	0.240	0.235
二段入口绝热指数 k_{s2}	1.2196	1.2178	1.2187	1.2265	1.2251	1.2261
二段入口压缩因子 Z_{s2}	0.9853	0.9854	0.9861	0.9867	0.9870	0.9877
二段出口温度 T_{d2}/℃	79.73	82.18	83.45	80.65	83.26	85.24
二段出口压力 p_{d2}/MPa	0.490	0.490	0.482	0.490	0.490	0.482
二段出口压缩因子 Z_{d2}	0.9803	0.9804	0.9814	0.9826	0.9828	0.9839
二段平均多变体积指数 m_{v2}	1.2294	1.2276	1.2295	1.2396	1.2384	1.2406
二段吸气量 Q_2/m³·h⁻¹	183099	185501	196796	186822	188696	201383
二段吸气量 G_2/kg·h⁻¹	489339	493948	506049	472291	472981	484235
二段摩尔质量 M_2/kg·kmol⁻¹	28.034	28.154	27.843	26.521	26.513	26.097
二段压缩比 ε_2	2.042	2.042	2.051	2.042	2.042	2.051
二段多变能量头 H_{p2}/kJ·kg⁻¹	68.6211	68.8424	70.3181	72.7214	73.3210	75.3959
二段所需的功率 P_2/kW	11067.3	11207.5	11727.9	11320.0	11430.0	12033.1
E2802换热量/MW	18.725	15.9645	15.9502	17.141	14.6821	14.9255
E2912换热量/MW	2.877	—	—	1.699	—	—

随着裂解原料变轻，同一乙烯装置工况二的绝热指数、压缩因子、平均多变体积指数等热力学参数比工况一略有增加，但一些性能参数变化不同。工况二因二段裂解气摩尔质量减少5.40%~6.27%，虽然二段吸气质量下降3.48%~4.31%，但二段吸气体积增加1.72%~2.33%，导致二段多变能量头上升5.97%~7.22%，二段功率上升1.99%~2.60%。在工况二下，裂解气压缩机二段出口冷却器E2802的换热量下降6.42%~8.46%；EP1装置的冷凝液加热器E2912的换热量减少40.95%。

（3）裂解气压缩机三段

裂解气压缩机三段系统主要参数模拟计算结果见表5-6。在表5-6中，三套乙烯装置在同一工况下，裂解气压缩机三段进出口的热力学参数基本相近，但一些性能参数稍有差异。在工况一下，EP2装置的三段裂解气摩尔质量、三段吸气体积、三段吸气质量、三段多变能量头和三段功率分别比EP1装置多1.667%、2.230%、1.622%、1.667%和2.140%；EP3装置的三段裂解气摩尔质量、三段吸气体积、三段吸气质量、三段多变能量头和三段功率分别比EP1装置多0.850%、9.293%、4.636%、0.850%和5.212%。在工况二下，随着裂解原料变轻，EP2和EP3装置与EP1装置相比，EP2装置的摩尔质量和吸气质量上升趋势虽然稍有减弱，但因吸气体积上升趋势减弱不明显，使得三段多变能量头和功率上升趋势并未减弱；而EP3装置的摩尔质量和吸气质量上升趋势虽然稍有减弱，但因吸气体积上升趋势明显增强，使得三段多变能量头和功率上升趋势随之增强。

表5-6 裂解气压缩机三段系统主要参数模拟计算结果

项目	EP1	EP2	EP3	EP1	EP2	EP3
	工况一			工况二		
三段入口温度 T_{s3}/℃	30.95	37.85	39.70	31.71	38.06	40.10
三段入口压力 p_{s3}/MPa	0.470	0.470	0.460	0.470	0.470	0.460
三段入口绝热指数 k_{s3}	1.2369	1.2305	1.2293	1.2412	1.2357	1.2354
三段入口压缩因子 Z_{s3}	0.9730	0.9737	0.9751	0.9753	0.9761	0.9775
三段出口温度 T_{d3}/℃	78.84	85.74	87.20	80.72	87.16	88.88
三段出口压力 p_{d3}/MPa	0.960	0.960	0.930	0.960	0.960	0.930
三段出口压缩因子 Z_{d3}	0.9650	0.9657	0.9677	0.9685	0.9693	0.9714
三段平均多变体积指数 m_{v3}	1.2395	1.2330	1.2346	1.2483	1.2428	1.2448
三段吸气量 Q_3/m³·h⁻¹	89765.0	91829.0	98106.9	92339.1	94461.5	101357
三段吸气量 G_3/kg·h⁻¹	461886	469379	483299	453053	459433	472875
三段摩尔质量 M_3/kg·kmol⁻¹	26.933	27.382	27.162	25.808	26.136	25.822
三段压缩比 ε_3	2.043	2.043	2.022	2.043	2.043	2.022
三段多变能量头 H_{p3}/kJ·kg⁻¹	70.0143	70.3714	70.3868	73.5783	74.1271	74.5036
三段所需的功率 P_3/kW	10912.3	11145.8	11481.1	11248.4	11491.9	11888.2
E2803换热量/MW	13.8017	16.8465	17.3524	14.027	16.4859	16.8959

随着裂解原料变轻，同一乙烯装置工况二的绝热指数、压缩因子、平均多变体积指数等热力学参数比工况一略有增加，但一些性能参数变化不同。工况二因三段裂解气摩尔质量减少4.18%~4.93%，虽然三段吸气质量下降1.91%~2.16%，但三段吸气体积增加2.87%~3.31%，导致三段多变能量头上升5.09%~5.85%，三段功率上升3.08%~3.55%。在工况二下，EP1装置的裂解气压缩机三段出口冷却器E2803的换热量上升1.632%；EP2和EP3装置E2803的换热量下

降2.14%~2.63%。

（4）裂解气压缩机四段

裂解气压缩机四段系统主要参数模拟计算结果见表5-7。在表5-7中，EP1和EP2装置在同一工况下，裂解气压缩机四段进出口的热力学参数相近，但EP3装置的相应热力学参数却因其四段进出口压力等参数与其它两套乙烯装置不同而稍有差异；三套乙烯装置的裂解气压缩机四段进出口的一些性能参数差异较大。在工况一下，EP2装置的四段裂解气摩尔质量、吸气体积、吸气质量和功率分别比EP1装置少0.126%、0.335%、1.853%和0.364%，但其四段多变能量头相应多1.518%；EP3装置的四段裂解气摩尔质量虽然比EP1装置少0.747%，但其四段吸气体积、吸气质量、多变能量头和功率分别比EP1装置多9.106%、1.722%、2.665%和4.416%。在工况二下，随着裂解原料变轻，EP2和EP3装置与EP1装置相比，EP2装置的变化趋势与EP3装置不同；EP2装置的四段裂解气摩尔质量和吸气质量的减少趋势变弱，其四段吸气体积、多变能量头和功率的上升趋势变弱；EP3装置的四段裂解气摩尔质量的减少趋势没有明显变弱，四段吸气体积、吸气质量和功率的增加趋势明显变强，而四段多变能量头的增加趋势有轻微变弱。

表5-7　裂解气压缩机四段系统主要参数模拟计算结果

项目	EP1	EP2	EP3	EP1	EP2	EP3
	工况一			工况二		
四段入口温度 T_{s4}/℃	33.68	37.42	39.57	34.44	38.03	40.19
四段入口压力 p_{s4}/MPa	0.935	0.935	0.900	0.935	0.935	0.900
四段入口绝热指数 k_{s4}	1.2614	1.2582	1.2549	1.2641	1.2610	1.2580
四段入口压缩因子 Z_{s4}	0.9502	0.9521	0.9554	0.9546	0.9562	0.9593
四段出口温度 T_{d4}/℃	84.99	88.99	91.05	86.82	90.65	92.75
四段出口压力 p_{d4}/MPa	1.940	1.940	1.860	1.940	1.940	1.860
四段出口压缩因子 Z_{d4}	0.9375	0.9399	0.9442	0.9441	0.9460	0.9499
四段平均多变体积指数 m_{v4}	1.2400	1.2390	1.2403	1.2503	1.2490	1.2502
四段吸气量 Q_4/m³·h⁻¹	43870.9	43724.0	47866	45242.5	45353.3	49858.8
四段吸气量 G_4/kg·h⁻¹	444008	435782	451654	435984	431230	448428
四段摩尔质量 M_4/kg·kmol⁻¹	26.238	26.205	26.042	25.162	25.157	24.975
四段压缩比 ε_4	2.075	2.075	2.067	2.075	2.075	2.067
四段多变能量头 H_{p4}/kJ·kg⁻¹	72.4895	73.5900	74.4212	76.3158	77.3228	78.2463
四段所需的功率 P_4/kW	10991.7	10951.7	11477.1	11362.6	11387.0	11982.6
E2804换热量/MW	15.732	16.2934	16.9774	15.684	16.2796	17.0177
E2106换热量/MW	1.869	—	—	1.819	—	—
E2107换热量/MW	—	—	2.3851	—	—	2.3591

随着裂解原料变轻，同一乙烯装置工况二的绝热指数、压缩因子、平均多

变体积指数等热力学参数比工况一略有增加，但一些性能参数变化不同。工况二因四段裂解气摩尔质量减少4.00%~4.10%，虽然四段吸气质量下降0.71%~1.81%，但四段吸气体积增加3.13%~4.16%，导致四段多变能量头上升5.07%~5.28%，四段功率上升3.37%~4.40%。在工况二下，EP3装置的裂解气压缩机四段出口冷却器E2804的换热量上升0.24%；EP1和EP2装置E2804的换热量下降0.08%~0.31%；EP1装置的弱碱循环加热器E2106的换热量减少2.68%；EP3装置的碱洗塔进料加热器E2107的换热量减少1.09%。

（5）裂解气压缩机五段

裂解气压缩机五段系统主要参数模拟计算结果见表5-8。由于三套乙烯装置的裂解气压缩机五段工艺系统差异较大，不便于比较它们的裂解气压缩机五段的热力学参数和性能参数差异，只分析同一乙烯装置不同工况下的裂解气压缩机五段的热力学参数和性能参数变化情况。

在表5-8中，三套乙烯装置的裂解气压缩机五段多变能量头在两种工况下总是随EP1、EP2和EP3装置顺序增加；EP3装置的裂解气压缩机五段功率最大，比EP2装置高25.55%~26.49%，比EP1装置高41.06%~46.34%。

表5-8 裂解气压缩机五段系统主要参数模拟计算结果

项目	EP1	EP2	EP3	EP1	EP2	EP3
	工况一			工况二		
五段入口温度 T_{s5}/℃	24.97	38.27	8.18	25.39	38.58	5.48
五段入口压力 p_{s5}/MPa	1.850	1.850	1.590	1.850	1.850	1.590
五段入口绝热指数 k_{s5}	1.3355	1.3113	1.3507	1.3312	1.3104	1.3529
五段入口压缩因子 Z_{s5}	0.8898	0.9148	0.9168	0.8979	0.9212	0.9171
五段出口温度 T_{d5}/℃	78.46	93.91	79.76	79.38	94.99	76.88
五段出口压力 p_{d5}/MPa	3.830	3.830	3.970	3.830	3.830	3.970
五段出口压缩因子 Z_{d5}	0.8703	0.9019	0.9061	0.8811	0.9106	0.9068
五段平均多变体积指数 m_{v5}	1.2442	1.2591	1.3070	1.2539	1.2691	1.3106
五段吸气量 Q_5/m³·h⁻¹	21549.3	20986.3	23779.8	22182.4	21937.6	24705.5
五段吸气量 G_5/kg·h⁻¹	475020	408288	401813	468539	408904	414411
五段摩尔质量 M_5/kg·kmol⁻¹	26.281	24.973	22.790	25.445	24.118	22.414
五段压缩比 ε_5	2.070	2.070	2.497	2.070	2.070	2.497
五段多变能量头 H_{p5}/kJ·kg⁻¹	65.664	74.7635	96.0957	68.6866	78.2171	96.8934
五段所需的功率 P_5/kW	10915.0	10681.8	13511.8	11261.7	11192.0	14051.1
E2805换热量/MW	16.821	17.6150	10.0051	16.104	17.4055	9.6515

随着裂解原料变轻，EP1和EP2装置工况二的绝热指数比工况一略有下降，其压缩因子和平均多变体积指数比工况一略有增加；EP3装置工况二的绝热指数、压缩因子和平均多变体积指数等热力学参数比工况一略有增加。同一装置不同工况下的裂解气压缩机五段的性能参数变化较大，EP1装置的变化趋势与

其它两套装置稍有不同；EP1装置工况二五段吸气质量比工况一减少1.36%，五段裂解气摩尔质量减少1.65%，但五段吸气体积增加2.94%，导致五段多变能量头上升4.60%，五段功率上升3.18%；EP2和EP3装置工况二五段吸气质量比工况一增加0.15%~3.14%，五段裂解气摩尔质量减少1.65%~3.42%，但五段吸气体积增加3.89%~4.53%，导致五段多变能量头上升0.83%~4.62%，五段功率上升4.00%%~4.78%。在工况二下，裂解气压缩机五段出口冷却器E2805的换热量下降1.19%~4.26%。

5.3.4.2 凝液汽提塔

只有EP1装置设置了凝液汽提塔C202，C202塔的作用是将碱洗塔出口分离罐所收集烃凝液中的碳二及碳二以下轻组分汽提出来，其模拟计算结果见表5-9。在表5-9中，C202塔底温度低于80.0℃，其塔底液体中乙烯体积分数低于$1.0×10^{-6}$。

表5-9 EP1装置凝液汽提塔模拟计算结果

项目	工况一	工况二
C202塔顶温度/℃	25.40	26.24
C202塔顶压力/MPa	1.042	1.042
C202塔底温度/℃	74.07	78.75
C202塔顶气体量/t·h^{-1}	11.373	7.069
C202塔底液体量/t·h^{-1}	49.206	37.753
塔底液体中乙烯体积分数/×10^{-6}	0.064	0.047
塔底液体中水体积分数/×10^{-6}	3.7	11.8
塔底液体中丁二烯体积分数/%	24.50	18.81
E2913换热量/MW	2.559	1.861

随着裂解原料变轻，C202塔顶和塔底的物料量都减少。在工况二下，C202塔顶气体量比工况一少37.84%，其塔底液体量比工况一少23.28%，相应其塔底再沸器E2913的换热量下降27.28%。

另外，在EP1装置的两种工况下，C202塔底液体中丁二烯含量较高（见表5-9）。虽然C202塔底温度一般低于80℃，但还是存在丁二烯聚合问题。通常在C202塔底设置有阻聚剂注入系统，可延长其塔底再沸器运行周期，并防止C202塔下部塔盘结垢堵塞。

5.3.4.3 段间凝液及其它

裂解气压缩系统其它主要参数模拟计算结果见表5-10。在表5-10中，裂解气压缩机总功率随EP1、EP2和EP3装置顺序逐渐增加，EP2装置的裂解气压缩机总功率比EP1装置高0.06%~0.48%，EP3装置的裂解气压缩机总功率比EP1装置高7.19%~7.86%。

表5-10　裂解气压缩系统其它主要参数模拟计算结果

项目	EP1	EP2	EP3	EP1	EP2	EP3
	工况一			工况二		
裂解气压缩机总功率/kW	55437.0	55471.7	59421.8	56863.6	57134.9	61333.9
裂解汽油量/t·h⁻¹	67.286	68.977	63.890	40.119	40.197	38.091
凝结水量/t·h⁻¹	15.456	13.346	15.155	15.712	13.290	14.516
E2414换热量/MW	6.089	—	—	5.641	—	—
E2515换热量/MW	6.316	10.2227	—	6.036	9.6522	—
E2111换热量/MW	3.117	—	—	2.589	—	—
裂解汽油中碳四体积分数/%	1.41	2.75	2.68	1.02	2.39	2.20
P201功率/kW	1.70	0.00	3.44	1.75	0.00	3.29
P202功率/kW	25.54	21.94	17.76	16.01	13.90	10.65

随着裂解原料变轻，同一乙烯装置裂解气压缩系统采出的裂解汽油量逐渐变少。在两种工况下，虽然工况二有补充的芳烃汽油影响裂解汽油量，但三套乙烯装置间的裂解汽油量变化趋势未变，EP2装置的裂解汽油量最多，EP3装置的裂解汽油量最少，比EP1装置少7.19%~7.86%。在裂解气压缩系统，EP1装置因有烃凝液加热器，其输出的裂解汽油中碳四体积分数低于2.0%；而EP2和EP3装置输出的裂解汽油中碳四体积分数高于2.0%，这部分裂解汽油被送入汽油汽提塔汽提出部分碳四组分。

自急冷水塔塔顶带入裂解气压缩系统的水分在裂解气压缩系统的段间凝结，一般有95.0%以上的水分成为凝结水被送回急冷水塔。同一乙烯装置不同工况下的凝结水量变化较小，一般不超过±5.0%。

随着裂解原料变轻，EP1和EP2装置裂解气压缩机五段出口的冷却器换热量减少。在工况二下，EP1装置的E2414、E2515和E2111换热量各分别比工况一降低7.36%、4.43%和16.94%；EP2装置的E2515换热量比工况一降低5.58%。

5.4　结垢及腐蚀机理

在裂解气压缩机中，结垢和腐蚀是两个长期存在的问题，它们严重影响乙烯装置的运行成本。裂解气压缩机是易受结垢影响的关键设备，它的结垢可能对乙烯装置的经济性产生不利影响。通常结垢不会造成灾难性故障，但它会通过堵塞流道逐渐降低裂解气压缩机的效率。如果裂解气压缩机的蒸汽透平有足够的能力用于提速，可防止乙烯产量下降，裂解气压缩机效率的损失不会明显地使乙烯装置运行成本上升。然而，一旦裂解气压缩机的蒸汽透平提速受限，裂解气压缩机效率的损失必然导致乙烯产量下降，使乙烯装置总运行成本急剧增加。结垢的裂解气压缩机除了增加能量消耗和生产损失外，还可能由于振动高或元件损坏而导致裂解气压缩机直接停机。在裂解气压缩机停车前，结垢的裂解气压缩机为了维持所需要的出口压力，它通常运行在比期望值高的入口压力下。这会影响乙烯装置的经济状况，随着裂解气压缩机入口压力的提高，裂解炉出口压力上升，使裂解炉的乙烯选择性下降[6]。

　　腐蚀是由裂解气中腐蚀性气体造成的，如氯和硫化氢等。腐蚀通过损害裂解气压缩机内件的完整性而影响其可靠性，会导致一些零件过早退役，甚至引发灾难性故障[8]。

5.4.1　结垢及腐蚀位置

　　在裂解气压缩机较高压力级中，结垢是普遍存在的问题。当压力增加时，温度还升高。当裂解气达到它的聚合温度时，结垢开始发生，一般该温度范围似乎是90~104℃。结垢是固体的积聚，这种固体物质通常是在裂解气中被发现的聚合物，在与裂解气接触的裂解气压缩机内部气动表面上。图5-4是裂解气压缩机内件示意图[6]，结垢可能发生在进气口导向叶片、叶轮、扩压器和平衡线。

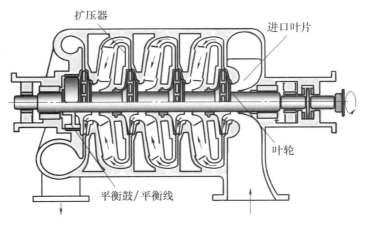

图5-4　裂解气压缩机结垢位置——级和平衡线[6]

　　带有垢物的裂解气压缩机还可能磨损叶轮眼、级间轴，由于垢物的侵蚀效应而平衡活塞迷宫密封。图5-5是裂解气压缩机迷宫密封示意图[6]，揭示叶轮间迷宫密封的结垢和磨损如何降低级段效率。迷宫密封防止气体从高压叶轮向低压叶轮泄漏。齿状密封产生湍流和阻力，结果放慢了泄漏气体。当密封齿状处结垢或磨损时，阻力下降，泄漏气体量增加。通过监测会发现级效率下降。

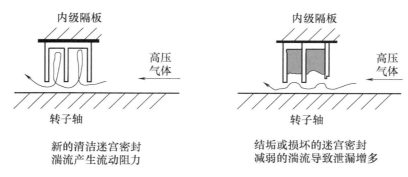

图 5-5　裂解气压缩机结垢位置——迷宫密封[6]

　　垢物还影响裂解气压缩机上下游的其它设备，如裂解气压缩机段间出口管线。典型设计是裂解气走段间冷却器的壳程，聚合物可能聚集在入口到换热器的管束上。一旦聚合物开始在入口累积，换热器就开始扮演一台过滤器。聚合沉积物产生压降，使压缩机的整体性能下降。可监测段间换热器的压差，会发现压降升高。

　　二段、三段和四段的段间冷却器管束是结垢和腐蚀较严重的部位[9~12]，通常裂解原料中硫含量严重影响段间冷却器换热管外壁腐蚀。在裂解气压缩机运行末期，有些换热器管束发生破损穿孔，造成换热器严重泄漏，乙烯装置被迫非计划停工。

5.4.2　化学机理

　　裂解气压缩机里结垢的化学机理主要有自由基聚合、狄尔斯-阿尔德缩合和热分解成焦炭三种机理。在裂解气压缩机中，来自气相的活性单体溶解或扩散进裂解气压缩机段间冷凝的液相烃里。一旦活性单体在液相里，它可能进行自由基聚合。进行自由基聚合的单体主要是苯乙烯、1,3-丁二烯、异戊二烯和乙烯基乙炔[6]（见图5-6）。

图 5-6　进行自由基聚合的单体

　　自由基聚合从引发步骤开始，在引发过程中，通过过氧化氢分解或热形成自由基（见图5-7）。一旦不稳定的自由基形成，它将迅速与一个单体反应，产生新的自由基。新自由基继续与单体反应，即链增长。当聚合物链增长时，聚合物的分子量增加至聚合物不可溶。然后聚合物留在管道和工艺设备里（压缩机叶轮、出口管道等）。

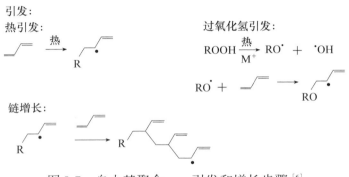

引发:

热引发:

过氧化氢引发:

$$ROOH \xrightarrow[M^+]{热} RO^\cdot + {}^\cdot OH$$

链增长:

图 5-7　自由基聚合——引发和增长步骤 [6]

　　裂解气压缩机的垢物主要是自然形成的聚合物，其聚合反应速率是温度和压力的函数 [13]。在相同温度和压力下，聚合反应速率快速达到峰值，然后随时间延长而逐渐下降。而聚合反应速率的峰值随着温度和压力的升高而增大。为了控制聚合反应速率峰值，裂解气压缩机每段出口的操作温度应尽可能低，且压缩比要低。图 5-8 给出了过氧化物引发自由基聚合的相对速率常数与温度的变化关系，注意到相对速率常数随温度呈指数升高。在较高出口温度下，裂解气压缩机结垢有更大的潜力。从图 5-8 可看出，大约 90℃ 以

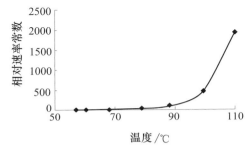

图 5-8　过氧化物分解的相对速率常数与温度的关系 [6]

上，聚合反应速率显著增加，说明裂解气压缩机每段出口的较佳操作温度应低于 90℃。

　　聚合物既通过自由基机理形成，还通过狄尔斯-阿尔德机理形成（见图 5-9）。随着时间的推移，沉淀的烃脱氢形成焦状物质。环状单体继续与其它环状、双烯或炔类单体反应而形成多环芳烃（PNA），多环芳烃将随时间推移脱氢而形成焦状物质（见图 5-10）。通常在打开裂解气压缩机检查时，能发现这些焦状物质，它们类似于焦油，在高温下又硬又黏 [14]。聚合物的聚集增加转子振动，收

图 5-9　环戊二烯与丁二烯的狄尔斯-阿尔德缩合 [6]

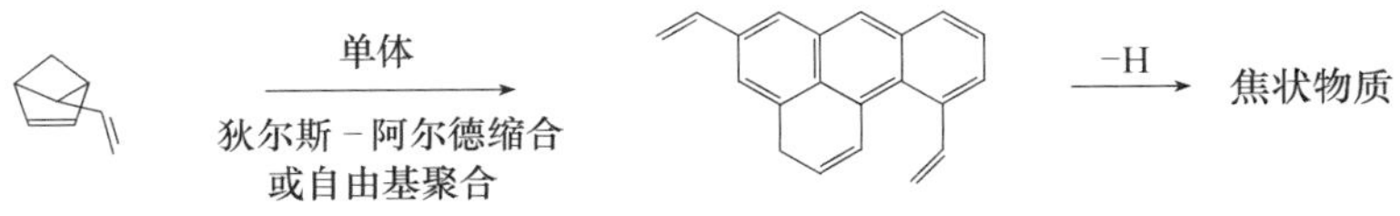

图 5-10　热分解并脱氢为焦状物质 [6]

窄气流通道，最终降低乙烯装置产量或缩短其运行周期。

亚甲基环戊二烯常常是碱洗塔下游裂解气压缩机系统结垢的有机物质[15]。形成亚甲基环戊二烯的前提是存在双环戊二烯、羰基化合物和碱。在碱洗塔下游，双烯烃或双烯亲和物快速发生狄尔斯-阿尔德反应，并通过自由基聚合反应生成亚甲基环戊二烯。亚甲基环戊二烯具有高度极化的外环二键结构，具有非常活泼的非寻常特征，会快速形成树脂，从而有助于强化结垢。

5.4.3　腐蚀

腐蚀是通过化学反应逐渐磨损的过程，它是由裂解气中杂质或腐蚀性气体本身造成的[16]。腐蚀性气体有氯、硫化氢以及与硫化氢结合的二氧化碳。裂解气中存在的水还可能导致腐蚀。大多数原料裂解所产生的裂解气含有一定量的杂质，这些杂质可能溶解在水中，成为腐蚀性物质，例如硫化氢是裂解气中常见的成分。通常这些杂质在干态下不具有腐蚀性，但当有水分时，它们将溶解于水中，形成一种有害的酸性蒸汽或液滴。基于这种认识，当注水可能减轻结垢时，水的存在会带来腐蚀问题。裂解气压缩机部件的完整性可能被腐蚀连累，会导致提前更换部件，以至造成灾难性失效。当腐蚀与侵蚀联合攻击时，叶轮材料可能遭受更大的速率攻击。一般来说，在裂解气压缩机内件表面应用保护层，可将腐蚀以及腐蚀与侵蚀冲击降至最低。

虽然裂解气中有几种酸性组分，但乙酸是造成裂解气压缩机大多数腐蚀的根源[6]。裂解炉流出物中涉及水的次要反应途径会生成乙酸，这使得气体和液体原料裂解的裂解炉流出物中都有乙酸。由于液体原料裂解的稀释蒸汽与烃原料的比值比气体原料大，所以液体原料裂解更趋于产生更多的乙酸。依照勒夏特列（Le Chatelier）原理，反应物（水）越多，生成的产物（乙酸）就越多。液体原料（石脑油、加氢尾油等）可能还含有环烷酸，它在裂解炉中裂解会产生弱酸（主要是乙酸）。由于液体原料中环烷酸含量不一样，所以裂解炉流出物中乙酸的数量会有所不同。

当乙酸80℃时，它的气液比是0.39。它可溶于水相和烃相中，并与烃类、碳五及碳五以上烃形成共沸物。它这种独特的物理性质给裂解气压缩系统带来麻烦，腐蚀部位主要在烃类和少量水凝结的位置。

腐蚀所产生的金属损耗主要发生在段间冷却器，也可能发生在裂解气压缩机段间和分离罐各管道[12]。

5.4.4　物理夹带

裂解气压缩机的结垢除了聚合反应外，还可能有垢物的物理来源[6]。很多乙烯生产商使用洗油来减轻裂解气压缩机的结垢，但品质差的洗油可能带来沉积在裂解气压缩机里的杂质。如果碱洗塔有发泡或夹带，碱可能被夹带进压缩系统的下一级，导致盐沉积。腐蚀还可能影响裂解气压缩机结垢。腐蚀的副产物，如氧化铁、硫化铁，可能沉积在裂解气压缩机、相关管线和设备里。

5.4.5　溶解力

芳烃组分，即苯、甲苯和二甲苯（BTX），是胶质和低聚物的溶剂。在富含这些芳烃组分的物流中形成的不需要的聚合物几乎不会沉积，或者说有溶解聚合物的溶剂分子存在就可减少沉积[15]。比如在裂解气压缩机系统，一般第三段会冷凝出BTX组分；后面的段由于物流中没有大量的BTX组分而缺乏它固有的溶剂使得结垢更明显。

5.5　结垢控制与防腐

多种方法可延缓结垢，包括注洗油、注水、注阻聚剂和分散剂、涂层等。设计给裂解气压缩机镀膜可减少聚合物在其内件表面黏结，这已得到应用验证。

5.5.1　注洗油

注洗油的主要目的是通过润湿裂解气压缩机流道表面来防止固体垢物的积聚，也是控制裂解气压缩机段间冷却器结垢的关键措施。裂解气压缩机内件表面上存在的液体可防止固体沉积而避免它们在叶轮和隔板上成形，否则将造成裂解气压缩机效率下降。注洗油有连续注入和间断大容量冲洗两种方法。连续注入洗油可保持裂解气压缩机内件表面湿润，将溶解自由基机理和狄尔斯-阿尔德机理形成的低分子量低聚物，从而连续去除聚合物。当聚合物的分子量增加，聚合物发生交联和脱氢反应，它在洗油中的溶解度下降。带硫的热和反应会加速沉积聚合物的脱氢[17]。间断大容量冲洗比连续注入所耗费的洗油少，但聚合物会在冲洗之间慢慢地累积，存在非均匀去除聚合物产生振动的风险，较易在下游系统中出现短时液塞效应。

不管是外购洗油，还是内部供应，都应该确保采用高质量的洗油。对洗油的要求主要有以下四点[6, 17]：

① 芳烃含量要高，并有高度的聚合物溶解力。工业上最好洗油的芳烃含量大于80%。

② 不饱和烃含量低，所产生的低聚物或聚合物少。最好是精馏过的洗油，其活性单体含量低，无聚合物。

③ 无固体，可防止雾化喷嘴堵塞。应单独设置过滤器（过滤精度200μm），或装可伸缩的喷嘴。如果洗油不连续注入，由于毛细凝聚促进聚合物生成，喷嘴可能会堵塞。

④ 初馏点和终馏点要适合于洗油。典型洗油的初馏点为60~230℃，终馏点为160~350℃。当洗油的初始沸点高于200℃时，将确保洗油维持液态，允许它溶解和冲刷来自金属表面的聚合物，使夹带固体的沉积最小。

裂解气压缩机制造商应推荐洗油注射系统，给出洗油注射喷嘴的安装位置，并确保该系统不危害设备的可靠性[16]。洗油注在入口管道里或在返回通道弯头处的级间里。因进气蜗壳将洗油和裂解气混合得极好，所以更多的洗油（50%以上的洗油）被允许注射在入口中。其余的洗油在裂解气压缩机剩余级中分配。因隔板返回通道交叉口的静止叶片妨碍洗油分布在各级的周围，所以注入返回通道的喷嘴将只给级周围的一部分提供阻垢防护。在大多数情况下，每级设置三个喷嘴用于注射洗油。

由于洗油有粘贴进气管道壁而形成较大液滴的可能性，所以进气管道里用的喷嘴一般应安置在靠近压缩机入口法兰处。当裂解气进入裂解气压缩机时，进气蜗壳将洗油与裂解气混合，因此通常在进气管道的每部分放一个喷嘴就足够了。至于返回通道周围的全分布，通常推荐在裂解气压缩机每级放两个或三个喷嘴。应选择在级间喷嘴的喷嘴尖端喷雾角，当把来自其它喷嘴的喷雾角重叠降至最小时，在返回通道周围有最大的径向喷雾覆盖率。

注洗油必须遵循详细的设计指南。必须用雾化喷嘴，以便使洗油以细流注入。通过喷嘴的较大物流将产生较大的液滴，反过来有更大的动量，可能潜在地导致裂解气压缩机内件的机械损伤。液滴的体积应受限于裂解气压缩机制造商的推荐值。可要求喷头厂商提供平均液滴直径与注入压力之间的关系表。

通常乙烯生产者给定裂解气的质量分数后，裂解气压缩机制造商规定洗油允许的最大注入量。乙烯生产者按洗油注入量和注入周期确定一套注洗油程序。通常连续注入采用低流量注洗油，可增加批量或冲击注入，按规定的时间间隔机械地清除任何污垢。

因洗油相对密度常低于水，所以规定注入洗油的量必须考虑注入流体的密度。喷头提供商一般用相对密度1的水按体积流量给出数据表，因此必须用校正系数来确定最终的洗油体积流量。另外，大多数的洗油注在入口，其余洗油平均分布在各级中。应按规定的注入压力所需要产生的体积流量来选择喷头。由于洗油被注入进口管道里或裂解气压缩机级里的有压环境中，其注入压力按洗油供应压力减去每个注入点的现场工艺气体压力来计算。裂解气压缩机制造商应给出最小的注入压力。

5.5.2　注水

注水可使裂解气压缩机有更高的效率、更低的出口温度及更长的运行周期。在选择注水系统前，应先通过热力学计算确定裂解气压缩机每段出口温度、注水量。热力学计算和操作经验表明，注水可降低排气温度和气体体积。水在裂解气压缩机段间蒸发，可吸收一些压缩热，从而降低出口温度。裂解气温度下降引起其体积减小，体积与温度直接成正比。温度是控制结垢的关键参数，温度下降可降低结垢速率。虽然裂解气压缩段里的液态水可溶解无机沉积物，但存在腐蚀和冲蚀的风险。

如注洗油一样，注水点可在进气管道里，或者在压缩机入口喷嘴里，或者在隔板返回通道弯头的级间里。喷嘴的位置要视现场每级的温度决定，以取得好的冷却效果。由于水快速通过出气蜗壳流出去，所以喷嘴通常不安装在末级返回弯头后。在末级返回弯头处注水会给出一个较低功率需求的错觉。如果乙烯生产者需要在末级叶轮后注水，那么裂解气压缩机的设计功率和效率必须是不考虑注水的计算结果[14]。

与洗油一样，在每个裂解气压缩机入口，尽可能靠近入口法兰处安放一个喷嘴是足够的。进气蜗壳将注入水与裂解气混合，使蒸发效率最大化。在每个级间注入部位，应使用多个喷嘴，确保水的均匀分布，并使裂解气在喷嘴安装位置不出现局部过饱和状态。裂解气压缩机制造商应提供每个注入位置所需要的喷嘴数量。通常在每个注入位置应用两个或三个喷嘴，确保裂解气没有局部过饱和。应间隔一定距离安放喷嘴，使得雾化状态没有重叠，应依此要求来选择喷头的喷射角度[14]。

（1）注水要求[14]

注水过程本身分为三步：注入、雾化、蒸发。喷头将压力转化为速度，通过把水注入裂解气中，水雾化并立即蒸发。在叶轮间连续注水通过蒸发来影响裂解气的冷却。水在0.8MPa下的汽化潜热是2047kJ·kg⁻¹，比热容明显高。为了水滴在短时间内蒸发，需要好的传热条件，最优的冷却方案是水雾的总表面积大，即水滴要小。水滴的表面积是重要参数，更小的表面可获得更好的传热效果。

通过调节注水压力可控制液滴大小。为了得到好的雾化效果，注水压力至少比裂解气压力高约0.7~0.8MPa。同时裂解气的出口温度应尽可能低，且压缩级出口的水完全蒸发。要严格控制注入裂解气物流的雾化水的液滴大小，避免液滴可能造成的侵蚀，以排除对裂解气压缩机的机械损害。

由于氧是聚合反应的催化剂，带有双烯烃或烃自由基的氧会加剧自由基聚合，所以水中的氧含量应足够低。注入的水至少要满足锅炉给水的品质，最好是除氧水。为了防止喷嘴堵塞，应在喷嘴孔板的上游应用细孔滤网，把水过滤至约200μm，水温控制在40~50℃之间。

（2）注水量

注水量由热力学计算决定，计算基础是裂解气压缩机工艺数据和操作条件，确保裂解气压缩机每级后的裂解气是100%饱和的。按裂解气的理论饱和点来计算每个部位的注水量，一般注水量是裂解气质量流量的2%~3%[17]。

为了防止液态水出现在裂解气物流中，注入水量应低于裂解气压缩机任何点全饱和裂解气所需要的水量。由于注入的一些水不蒸发，将不会对冷却裂解气物流有贡献，因此还必须假设蒸发效率[14]。

5.5.3 注化学助剂

随着乙烯装置的运行时间延长，乙烯生产者可通过提高裂解深度和延长裂解气压缩机运行周期来取得所期望的乙烯产量和乙烯装置运行周期，使结垢和裂解气压缩机的效率损失最小。所采取的直接措施是在裂解气压缩机中增加化学助剂注入量。

阻垢剂以多种方式减轻结垢效应，阻聚剂减少自由基聚合速率，分散剂降低聚合物沉积，缓蚀剂使腐蚀机理最小化[6]。至于金属钝化剂，应选择适当的型号，可防止过氧化氢分解的催化作用。

假定A表示一种稳定自由基助剂，R表示烷基自由基，稳定自由基助剂与烷基自由基反应如式（5-12）[17]：

$$R + A \longrightarrow RA \qquad (5-12)$$

稳定自由基助剂不与过氧（ROO）或烷氧（RO）自由基反应，但与由带有过氧或烷氧自由基的有机基质（RH）的反应所产生的碳中心自由基反应。如式（5-13）和式（5-14）[17]。

$$ROO + RH \longrightarrow ROOH + R \qquad (5-13)$$

$$RO + RH \longrightarrow ROH + R \qquad (5-14)$$

在一些情况下，通过取代稳定自由基助剂消除过氧自由基，稳定自由基助剂在一个稳定的循环中被连续再生。如式（5-15）[17]。

$$RA + ROO \longrightarrow ROOR + A \qquad (5-15)$$

通过狄尔斯-阿尔德（Diels-Alder）机理产生的垢不能被阻聚[17]。防止聚集的最有效方法是使用分散剂。设计分散剂分子与聚合的垢物分子有较好的互动，作为溶剂介质形成一种胶体溶液防止垢物沉积。当分散剂被应用到清洁的系统或初始结垢少的系统时，应考虑分散剂性质，力求利用分散剂把正在积极消除的现有沉积物和堵住裂解气压缩机内件间隙的风险降至最小。

裂解气压缩机段间腐蚀控制通常由增加中和胺到需处理的每段入口组成。进入每段的裂解气用水饱和，一些水蒸气在每个后冷却器中被冷凝，在吸入管线中分离出来排至每段的前面。建议从每个吸入分离罐里取水样，分析pH值和总可溶铁[6]。当铁含量在2.0mg·L⁻¹以上时可能要采取中和措施。

5.5.4　涂层

　　涂层技术已成功应用于裂解气压缩机的旋转和静止部件[8, 16, 18]，如叶轮、轴套或整个转子组件和隔板。涂层可有助于延迟结垢过程，延长裂解气压缩机的运转时间，强化转子的可靠性，使裂解气压缩机与结垢有关的振动最小，改善裂解气压缩机效率，并防止一些与腐蚀相关和可能导致灾难性失效的损害。

　　通常涂层采用雾化喷涂烘烤工艺，正常旋转件的表面涂覆约有2mm的涂层，涂层过厚会因离心力而剥落。用于阻垢的涂装工艺最常见类型是三层有机/无机复合层[8, 16]（见图5-11）。外层由提供不粘功能的含氟聚合物有机面漆组成。面漆下面是提供抗腐蚀功能的一层或多层底漆。这三层涂覆过程始于含铬酸盐、磷酸盐和铝的无机涂层。第二层是一种离子反应有机底漆，以阻止填充无机涂层铝的腐蚀，并强化底漆的黏附力。在这一层被处理期间，被涂覆组件必须维持在温度升高过程中。第三层是浸渍聚四氟乙烯的有机面漆，以提供腐

蚀介质的防渗屏障，降低阻垢的摩擦系数。第三层被处理完后，组件被热固化干燥有机面漆。涂层的每一层约25μm。这两层涂层通过消除无机底涂层来简化涂覆工艺。这种涂层具有极好的阻垢性能，其抗冲蚀性能得到提高，而耐腐蚀性能没降低。尽管这种涂层有许多优点，但其组合涂层对进一步的冲洗和清洁过程是脆弱的，特

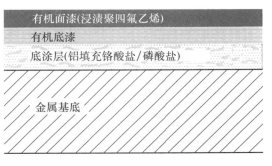

图5-11　多层组合涂层的三部分结构示意图[8]

别是在使用强洗涤剂和溶剂的情况下，这种涂层可能因化学侵蚀损伤和冲蚀破坏而遭受严重的劣化[8]。

　　还有一种耐腐蚀涂层技术，即高磷化学镀镍，是一种更有吸引力的涂层技术。历史上，化学镀镍层用于抗腐蚀和抗侵蚀，它是一种用于高腐蚀性气体的重型金属防护涂层，极适合于裂解气压缩机的阻垢[8]。这种涂层系统是坚固耐用的，它通常在有机涂层的耐久性不够时使用[16]。这种化学镀镍电镀工艺只用一层涂层，涂层是由从电镀溶液中还原并沉积在基底金属上的离子镍和磷组成的。磷含量提供不粘属性，非晶态微结构提供优越的抗腐蚀性能，这使得基底金属对应力腐蚀开裂不敏感。典型的化学镀镍层厚度在50.8~76.2μm范围内。

化学镀镍涂层不仅有极好的阻垢性能和耐腐蚀性，还可抗液体冲蚀和耐化学品/溶剂侵蚀，对常注洗油或水的裂解气压缩机来说是非常有吸引力的。

5.5.5 其它方法

应对裂解气压缩机渐进结垢的工业经验是通过安装在每个吸入口法兰处的喷嘴断断续续地在线冲洗压缩机内件，这有助于延长裂解气压缩机运行周期，但仍然不可能完全消除裂解气压缩机结垢。随着裂解气压缩机运行时间的延长，其性能必然会发生变化，有必要定量地监测裂解气压缩机的性能。目前文献中提到的监测方法有两种，一种是过程监测[6]，另一种是事后评估[7]。

（1）过程监测

通常监测的裂解气压缩机性能包含每段多变效率的趋势、振动以及校正段间冷却器压降后的流量随时间的变化。监测裂解气压缩机性能的最好方式是计算每段的多变效率［见式（5-10）］，然后相应与基于体积流量和转速的设计段效率比较。监测裂解气压缩机性能所需要的工艺参数主要有转速、裂解气组成、裂解气质量流量或体积流量、每段的进出口温度和压力以及每段的设计性能曲线。

裂解气组成可通过取样分析或裂解炉反应过程模拟软件模拟计算得到。裂解气压缩机每段的设计性能曲线应是基于现有的裂解气压缩机内件，由裂解气压缩机制造商提供。段间冷却器工艺侧结垢会造成换热器压差上升。换热器压差通常用前段出口压力与后段入口压力之间的压差来估算。为了更好地监测段间冷却器的性能，还应用流量来校正段间冷却器压差，以补偿由于流量波动引起的压差变化。

大多数乙烯生产者密切关注裂解气压缩机每段的振动。由于振动升高可能由使叶轮不平衡的垢物沉积引起，而高的振动还可能由与垢物无关的机械问题引起，因此除了检测振动外，还应重点监测多变效率的趋势。

当注水到裂解气压缩机时，段出口温度的降低将人为地增加所计算的多变效率。如果已知注水量，将使用一种估计的、不降低的出口温度来校正所计算的多变效率。

（2）事后评估

Sabic公司的Inam U. Haq等[7]基于测量裂解气压缩机空气动力部件的几何尺寸分析技术，建立了计算模型，预测了裂解气压缩机在清洁和结垢条件下的性能，模拟结果与现场测量数据和机械设计数据一致。

假设每段的压缩比和绝热指数是常数。有关计算数据主要是转速、流量、压力、温度和一段入口的裂解气组成。已知每段的压缩比 PR_{sec}，根据每段的级数 n，可用式（5-16）[7] 计算出每级的压缩比 PR_{stg}。

$$PR_{stg} = \sqrt[n]{PR_{sec}} \qquad (5\text{-}16)$$

在裂解气压缩机大修期间，先目视检查结垢部位：叶轮、隔膜、返回通道、抽吸蜗壳、级间迷宫密封，然后测量如下内件尺寸[7]：

① 每个叶轮的轮毂和护罩的入口直径；

② 每个叶轮的叶片数、叶尖直径、在尖端和孔眼处的厚度；

③ 叶轮孔眼和叶尖处两个叶片之间的流道圆周长度；

④ 每个叶轮尖端和孔眼处的流道轴向宽度；

⑤ 每个叶轮出口处的扩压器宽度和扩压器顶端直径。

通过分析研究每个法兰入出口的压力和温度、每级的叶轮入出口和扩压器出口条件，发现扩压器壁的渐进结垢对扩压器的静压回收有不利影响，从而影响扩压器效率。与保持相对清洁的叶轮相比，这种扩压器的劣化性能对级效率[见式（5-11）]的下降有更大的影响；还发现裂解气压缩机内件的结垢，特别是扩压器的结垢，会导致裂解气压缩机前几段的后部级效率比前部级效率下降得更多。建议在前三段的扩压器附近安装更多的喷嘴，以便将洗油直接喷射到扩压器壁表面，可进行有效的冲洗，从而减缓垢物累积。

5.6　有关工艺参数

裂解气压缩机的最初目的是压缩来自急冷水塔塔顶的裂解气至合适的出口压力，以便分离氢气、甲烷、乙烯等。影响裂解气压缩机设计及操作的工艺问题主要是裂解原料、裂解深度、裂解气压缩机入口/出口压力和乙烯装置配置。影响裂解气压缩机系统设计的主要参数有裂解气压缩机每段入口预期的最大体积流量、一段入口压力和末段出口压力、段间的压力降、每段允许的最大出口温度等[19]。一段入口压力、末段出口压力、每段吸入温度、每段允许的最大出口温度和段间的压力降决定了裂解气压缩机必须采用的段数。

5.6.1　裂解气摩尔质量

裂解原料的裂解深度改变裂解炉出口的裂解气组成，从而影响裂解气的摩尔质量。同一裂解原料在高裂解深度下所产生的轻组分数量比在低裂解深度下多。除乙烷原料的乙烯装置外，乙烯装置裂解原料的裂解深度越高，相同裂解原料量所产生的乙烯量就越多，乙烯装置产出相同乙烯量所需要的裂解原料量变少。虽然高裂解深度会引起裂解气压缩机一段入口的裂解气摩尔质量变低，使得相同质量流量的裂解气体积变大，但它不一定影响裂解气压缩机的能力。

表 5-11 给出了几种典型裂解原料的裂解气压缩机一段入口裂解气摩尔质量[19]。在表 5-11 中，摩尔质量很好地表示了裂解气压缩机一段入口的裂解气组成，裂解原料越重，裂解气压缩机一段入口裂解气摩尔质量越大。

表 5-11　几种典型裂解原料的裂解气压缩机一段入口裂解气摩尔质量

裂解原料	裂解气压缩机一段入口裂解气摩尔质量/kg·kmol⁻¹
乙烷	18.5
丙烷	22.5
正丁烷	24
轻石脑油	26
全馏程石脑油	27
柴油	30
加氢尾油	32

假如以轻石脑油为基准，在产生相同乙烯量的情况下，表 5-12 列出了几种典型裂解原料的进料量与裂解气压缩机一段入口裂解气体积流量的变化情况[19]。在表 5-12 中，比轻石脑油轻的裂解原料，裂解原料越轻，裂解原料量和裂解气压缩机一段入口裂解气体积流量越少，但裂解气压缩机一段入口体积流量的减少幅度比裂解原料量小；比轻石脑油重的裂解原料，裂解原料越重，裂解原料量和裂解气压缩机一段入口裂解气体积流量越多，但裂解气压缩机一段入口体积流量的增加幅度比裂解原料量小。这有助于减轻不同裂解原料对裂解气压缩机一段入口裂解气体积流量的影响。

表 5-12　不同裂解原料的进料量与裂解气压缩机一段入口裂解气体积流量的变化

裂解原料	裂解原料量占轻石脑油质量分数/%	裂解气压缩机一段入口裂解气体积流量占轻石脑油相应体积流量的百分比/%
乙烷	48	67
丙烷	80	92
正丁烷	86	93
轻石脑油	100	100
全馏程石脑油	108	104
柴油	144	125
加氢尾油	152	124

5.6.2　一段入口的体积流量

裂解气压缩机一段入口的裂解气体积流量用于确定由裂解气压缩机制造商提供的最大裂解气处理能力，它是确定裂解气压缩机大小的关键参数之一。

表 5-13 给出了美国 Shaw 集团公司于 1995—2010 年设计的乙烯装置情况[19]。同一裂解气压缩机，乙烯装置能力可随裂解原料不同而不同，1000kt·

a^{-1}液体裂解原料乙烯装置约相当于1500kt·a^{-1}气体裂解原料乙烯装置，在裂解气压缩机一段入口的裂解气体积流量上有近50%的差异。

表5-13 美国Shaw集团公司设计的乙烯装置情况

裂解原料	一段入口的裂解气体积流量/m³·h^{-1}	乙烯装置能力/kt·a^{-1}	丙烯产量/kt·a^{-1}
乙烷	200000~225000	1500	—
乙烷/丙烷或丙烷	400000	1300	450
石脑油	240000~280000	800	—

假如以轻石脑油为基准，当乙烯装置能力相同、裂解炉进料含有循环乙烷和丙烷时，表5-14列出了考虑循环乙烷和丙烷后几种典型裂解原料的进料量与裂解气压缩机一段入口裂解气体积流量的变化情况[19]。在表5-14中，比轻石脑油轻的裂解原料，随着裂解原料变轻，裂解气压缩机一段入口裂解气体积流量的减少幅度较小；比轻石脑油重的裂解原料，随着裂解原料变重，除加氢尾油外，裂解气压缩机一段入口裂解气体积流量的增加幅度较小。这说明乙烯装置的裂解原料变化时，裂解气压缩机系统不会严重影响乙烯装置的乙烯产量。

表5-14 考虑循环物料后不同裂解原料的进料量与裂解气压缩机一段
入口裂解气体积流量的变化

裂解原料	新鲜进料占轻石脑油质量分数/%	裂解炉进料量占轻石脑油质量分数/%	裂解气压缩机一段入口体积流量占轻石脑油相应体积流量的百分比/%
乙烷	48	68	97
丙烷	80	79	98
正丁烷	86	82	99
轻石脑油	100	100	100
全馏程石脑油	108	107	101
柴油	144	139	98
加氢尾油	152	146	107

5.6.3 一段入口压力

烃分压是裂解原料在裂解炉中裂解的关键参数。烃分压影响化学平衡和反应速率，进而影响裂解产物分布。烯烃的平衡浓度与烃分压呈反比，若烃分压下降，反应趋于生成较少的饱和烃产品和更多的烯烃。在低烃分压下，趋于生成饱和烃产品的速率下降，烃分压越低，裂解产生烯烃而不产生饱和烃产品的潜力更大。

烃分压直接与裂解炉炉管内的裂解气压力有关。低烃分压可通过降低炉管内裂解气压力或增加稀释蒸汽量实现。当烃分压升高时，每减少1%乙烯导致甲烷增加约0.33%、乙烷增加0.5%、苯增加0.17%[19]。在更低的裂解气压力下，乙烯的选择性更好[20]。

不同的裂解原料有不同的一段吸入压力。通常气体原料可有较高的一段吸入压力，而液体原料有较低的一段吸入压力[19]。如果裂解气压缩机出口压力固定，其一段入口压力降低，裂解气压缩机功率会增加，并变得更大。裂解气压缩机设计人员应兼顾如下两种极端情况[19]：

① 设计裂解气压缩机一段入口压力尽可能低（大多不低于0.115MPa）的乙烯装置。这将获得极高的乙烯产率，并减少乙烯装置消耗的新鲜裂解原料。若给定乙烯产量，更高的乙烯产率将减少乙烯装置运行成本。同时由于裂解气压力变低，使得裂解炉到裂解气压缩机之间的设备体积增大，从而增加从裂解炉到裂解气压缩机的设备成本。还会增加裂解气压缩机功率，导致更高的操作费用。

② 设计裂解气压缩机一段入口压力尽可能高（大多不高于0.22MPa）的乙烯装置。这将降低乙烯产率，并增加乙烯装置消耗的新鲜裂解原料。若给定乙烯产量，更低的乙烯产率将增加乙烯装置运行成本。同时由于裂解气压力变高，使得裂解炉到裂解气压缩机之间的设备体积减小，从而降低从裂解炉到裂解气压缩机的设备成本。还会降低裂解气压缩机功率，导致较低的操作费用。

在乙烯行业里，通常乙烷裂解炉被设计在较高裂解气压缩机入口压力（约0.2MPa）下操作，而液体裂解炉被设计在较低的裂解气压缩机一段入口压力下操作。去裂解炉的新鲜裂解原料越重，裂解气压缩机一段入口压力越低。如一套1000kt·a^{-1}石脑油裂解乙烯装置（裂解气压缩机一段入口压力0.135MPa）与一套1500kt·a^{-1}乙烷裂解乙烯装置（裂解气压缩机一段入口压力0.2MPa）有相同的裂解气压缩机一段入口体积流量，其原因有以下两点[19]：

① 对于乙烷或乙烷/丙烷而言，裂解气压缩机一段入口压力的变化对乙烯产率的影响不明显。乙烷或乙烷/丙烷的经济优化结果是裂解气压缩机一段入口压力约0.2MPa。

② 对于液体原料，特别是如柴油或加氢尾油等重质原料，裂解气压缩机一段入口压力的变化对乙烯产率的影响最大。裂解这些原料的乙烯装置，保持尽可能低的裂解气压缩机一段入口压力是必要的。若裂解气压缩机一段入口压力较高，乙烯的选择性会大幅度下降。因此，石脑油的裂解气压缩机一段入口压力约0.135MPa，而对重质原料，裂解气压缩机一段入口压力约0.115MPa。

5.6.4 末段出口压力

影响裂解气压缩机设计的一个主要参数是裂解气压缩机的最终出口压力。这个参数值决定裂解气压缩机系统的段数、缸数和裂解气压缩机功率，乙烯生产者和裂解气压缩机设计人员应考虑以下几点[19]：

① 离开裂解气压缩机的裂解气组成；

乙烯装置分离
全流程模拟

② 乙烯生产者选择的分离工艺，如前脱乙烷或前脱丙烷工艺等；

③ 需要的最低燃料气系统压力；

④ 脱甲烷塔冷凝器压力；

⑤ 乙烯装置所需的氢气回收率以及氢气输出压力；

⑥ 裂解气压缩机出口至脱甲烷塔冷凝器或氢气分离罐之间的压力降；

⑦ 裂解气压缩机出口压力越低，其所需要的功率就越低。

5.6.5　每段允许的最大出口温度

一般乙烯生产者要求裂解气压缩机每段出口的设计温度不要超过90℃。如果该温度超过90℃，那么由苯乙烯和二烯烃化合物的聚合结垢会呈指数加速。降低该出口温度的措施主要有以下几点：

① 洗水可保持出口温度低于90℃。

② 选择较适当的冷却介质，降低每段入口的裂解气温度。绝大部分采用冷却水或海水，极个别还采用丙烯冷剂。

③ 增加压缩段数，使裂解气压缩机制造成本上升。

5.6.6　段间的压力降

通过段间冷却降低了每段入口的裂解气温度，这虽然降低了每段出口裂解气温度，但增加了段间的压力降。冷却介质的选择和换热器的设计决定了段间压力降的大小。

① 采用低压降的换热器；

② 选择更低温度的公用工程介质；

③ 与冷却水换热器串联使用丙烯冷剂冷却裂解气压缩机入口气体。这会导致段间压降更高，乙烯装置的裂解气压缩机功率更大。

5.6.7　其它参数

（1）每段入口的酸性气体浓度

每段入口的酸性气体浓度与裂解气压缩机的叶轮合金选择有关。依据每段入口的酸性气体浓度，设定叶轮叶尖速度，从而确定叶轮的合金[19]。

（2）设置液体干燥器

EP1装置采用凝液汽提塔，EP2和EP3装置使用液体干燥器。EP1装置用凝液汽提塔来收集裂解气压缩机吸入罐分离出的液体，通过凝液汽提塔汽提出碳二及碳二以下轻组分循环回裂解气压缩机系统，然后把碳三及碳三以上液体送至脱丙烷塔处理。EP2 和 EP3 装置是分别把来自第五段和第四段的烃凝液，通过一台液体干燥器，把烃凝液向下游输送。这将减少碳二及碳二以下组分的循环，从而降低裂解气压缩机的功率。

对于 EP2 装置，作者局部研究过凝液汽提塔的使用[21, 22]，认为凝液汽提塔应被设置在裂解气压缩机第五段出口。建议采用前脱乙烷工艺的乙烯生产者全流程模拟研究凝液汽提塔的使用，这可大幅度降低脱乙烷塔塔底温度。

参 考 文 献

[1] 北京石油化工总厂. 轻柴油裂解年产三十万吨乙烯技术资料：第一册综合技术 [M]. 北京：化学工业出版社，1979.

[2] 王书敏，何可禹. 离心式压缩机技术问答 [M]. 2版. 北京：中国石化出版社，2006.

[3] 邢海澎. 化工离心式压缩机混合气体热力特性与相似性研究 [D]. 天津：天津大学化工学院，2013.

[4] Paul C. Hanlon. 压缩机手册 [M]. 郝点，等译. 北京：中国石化出版社，2003.

[5] 朱复中. 化工用透平压缩机按理想气体多变指数进行热力计算的偏差分析 [J]. 西安交通大学学报，1979 (2)：35-49.

[6] Sheri Snider. Ethylene plant cracked gas compressor fouling [C]//Ethylene producers' conference, AIChE Spring national meeting, Houston, Texas, April 23-26, 2006: 634-651.

[7] Inam U. Haq, Ahmed I. Bu-Hazza. Modeling and computation of fouling of a 36MW multistage centrifugal compressor train operating in a cracked gas environment [C]//Proceedings of ASME Turbo Expo, New Orleans, Louisiana, June 4-7, 2001: 1-12.

[8] WenchaoWang, Phillip Dowson, Amir Baha. Development of antifouling and corrosion resistant coatings for petrochemical compressors [C]//Proceedings of the Thirty Second Turbomachinery Symposium, Turbomachinery Laboratory, Texas A&M University, College Station, Texas, 2003: 91-97.

[9] 邹亮，刘翔，林建东，等. 乙烯裂解气压缩机二段后冷器管束腐蚀原因分析 [J]. 石油化工腐蚀与防护，2017，34 (5)：42-46.

[10] 林建东，熊卫国，邹亮，等. 乙烯裂解气压缩机四段后冷器管束腐蚀原因分析 [J]. 石油化工腐蚀与防护，2018，35 (5)：58-64.

[11] 崔凤阁，郑磊，杨培君，等. 裂解气压缩机结垢原因分析 [J]. 当代化工，2017，46 (11)：2363-2365.

[12] 刘振斌，刘智存，蒋鹏飞. 裂解气压缩机段间换热器腐蚀原因分析及对策 [J]. 乙烯工业，2015，27 (3)：43-46.

[13] Choi K Y, Ray W H. Polymerization of olefins through heterogeneous catalysis. Ⅱ. Kinetics of gas phase propylene polymerization with Ziegler-Natta catalysts [J]. Journal of Applied Polymer Science, 1985, 30 (3): 1065-1081.

[14] Loscha T, Magdalinski H, Grafe M. Water injection system to maintain the performance of cracked gas compressors in ethylene plants [C]//8th European congress on fluid machinery for the oil, gas, and petrochemical industry, The Hague, The Netherlands, October 31-November 1, 2002: 221-230.

[15] Jérôme Vachon, Jessica M Hancock, Ian Robson. A chemist's perspective on organic fouling in ethylene operations: update [J]. Hydrocarbon Processing, 2015, 94 (10): 49-53.

[16] Doug Fisher, Matt Konek. Fluid injection systems and coatings to combat fouling and corrosion

乙烯装置分离
全流程模拟

in cracked gas compressors [C]//2015 AIChE spring meeting & 11th global congress on process safety, Austin, Texas, USA, April 26-30, 2015: 78-89.

[17]　Jessica M Hancock, A. W. Van Zijl, Ian Robson, et al. A chemist's perspective on organic fouling in ethylene operations [J]. Hydrocarbon Processing, 2014, 93 (6): 61-66.

[18]　Phillip Dowson. Consider new developments in antifouling coatings for rotating equipment [J]. Hydrocarbon Processing, 2011, 90 (5): 41-42.

[19]　Krishna M. Merchant. Process considerations for cracked gas compressor selection [C]//AIChE Spring National Meeting & 6th Global Congress on Process Safety. San Antonio, Texas, March 21-25, 2010.

[20]　蒋明敬. 裂解气压缩机入口压力对乙烯装置效益的影响 [J]. 乙烯工业, 2015, 27 (3): 43-46.

[21]　卢光明, 龚树鹏, 李进良. 凝液汽提塔在乙烯装置前脱乙烷流程中的应用探讨 [J]. 乙烯工业, 2012, 24 (1): 24-28.

[22]　卢光明, 陈俊豪, 李进良, 等. 前脱乙烷流程乙烯装置的凝液汽提工艺研究 [J]. 现代化工, 2012, 32 (3): 78-81.

第6章

裂解气的净化

裂解气中含有CO_2、H_2S、H_2O、C_2H_2、CO、$H_3C—C\equiv CH$（MA）和$H_2C=C=CH_2$（PD），应全部除去前五种组分，可只除去绝大部分后两种组分，使裂解气既满足分离过程要求，又满足各种产品的分离纯度要求。

6.1 酸性气体的脱除

裂解气中的酸性气体绝大部分都是H_2S和CO_2。三套乙烯装置都采用碱洗工艺脱除CO_2和H_2S各分别至其体积分数低于1×10^{-6}。

6.1.1 碱洗系统的模拟

6.1.1.1 工艺描述

三套乙烯装置的碱洗系统工艺流程简图见图6-1~图6-3，它们的碱洗塔C201都有四段，自上而下各分别为水洗段、强碱段、中碱段和弱碱段。含有酸性气的裂解气进入塔底部，各分别依次与循环弱碱、循环中碱、循环强碱和洗水逆向接触。净化后的裂解气自塔顶采出，废碱液自塔釜排出。塔釜弱碱通过弱碱循环泵P205打循环，循环弱碱与洗涤汽油在泵入口混合进入碱洗塔弱碱段。EP1装置在弱碱循环泵出口设有弱碱循环加热器，可提高裂解气温度。

裂解气经弱碱段后向上进入中碱段。中碱通过中碱循环泵P206打循环。

裂解气经中碱段后向上进入强碱段。强碱通过强碱循环泵P207打循环。新鲜碱液都被注入强碱循环泵P207的入口。

裂解气经强碱段后向上进入水洗段。EP1和EP2装置的洗涤水采用锅炉给水，利用洗水冷却器E2808控制进入碱洗塔C201塔顶的洗水温度。EP3装置的洗水通过洗水循环泵P209打循环，在泵出口补入锅炉给水，并通过洗水冷却器E2808调节进入碱洗塔C201塔顶的洗水温度。

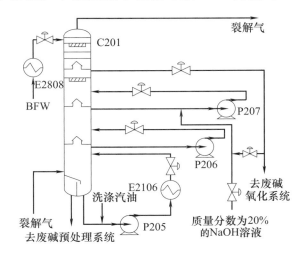

图6-1　EP1装置碱洗系统工艺流程简图
C201—碱洗塔；E2808—洗水冷却器；
E2106—弱碱循环加热器；P205—弱碱循环泵；
P206—中碱循环泵；P207—强碱循环泵

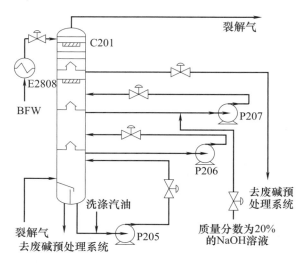

图 6-2　EP2 装置碱洗系统工艺流程简图

C201—碱洗塔；E2808—洗水冷却器；P205—弱碱循环泵；P206—中碱循环泵；P207—强碱循环泵

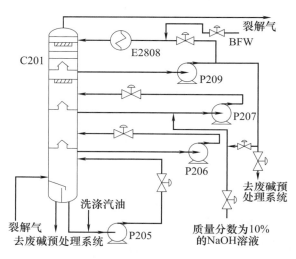

图 6-3　EP3 装置碱洗系统工艺流程简图

C201—碱洗塔；E2808—洗水冷却器；P205—弱碱循环泵；P206—中碱循环泵；
P207—强碱循环泵；P209—洗水循环泵

6.1.1.2　工艺流程特点

三套乙烯装置的碱洗塔冲洗水都使用锅炉给水，也可考虑使用裂解炉的汽包排污水。在碱洗塔塔底，都使用加氢汽油洗涤黄油。

三套乙烯装置的碱洗塔裂解气温度控制方式不同。EP1 装置通过弱碱循环加热器 E2106 用 QW 加热弱碱，然后弱碱加热裂解气，同时还可通过洗水冷却器 E2808 控制洗水的温度不超过塔顶采出的裂解气温度；EP2 装置只能依靠塔顶洗水加热裂解气，需通过洗水冷却器 E2808 控制洗水的温度大于塔顶采出的裂解气温度；EP3装置通过碱洗塔进料加热器E2107用QW加热裂解气，然后通过洗水冷却器E2808调节洗水的温度控制塔顶采出的裂解气温度。

稀释碱液的方式稍有不同。EP1和EP2装置补充的碱液都是质量分数为20%的NaOH溶液，都采用冲洗水稀释碱液；EP3装置补充的碱液是质量分数为10%的NaOH溶液，已预先用裂解气压缩机透平凝液将质量分数为20%的NaOH溶液稀释至10%，再用冲洗水继续稀释碱液。冲洗水都从水洗段的底部抽出，EP1装置的剩余冲洗水被排至废碱氧化系统，EP2和EP3装置的剩余冲洗水被排至废碱预处理系统。

三套乙烯装置的专利商提供的碱洗塔典型操作参数见表6-1。

表6-1　乙烯装置专利商提供的碱洗塔典型操作参数

项目	EP1/Lummus	EP2/Linde	EP3/S&W
乙烯装置规模/kt·a^{-1}	300	1000	800
塔顶温度/℃	40.0	37.3	46.0
塔顶压力/MPa	1.87	1.84	1.76
裂解气进塔温度/℃	32.8	36.0	50.0
洗水进塔温度/℃	40.0	50.0	43.0
洗水与裂解气质量比	0.0257	0.0293	0.3164
NaOH与酸性气体摩尔比	2.5198	2.1042	2.1747
碱液循环与乙烯产品质量比	0.0142	0.0074	0.0130
强碱中NaOH质量分数/%	9.53	2.60	9.74
中碱中NaOH质量分数/%	7.50	2.58	7.20
弱碱中NaOH质量分数/%	1.93	2.34	0.96
废碱液典型组成质量分数/%			
NaOH	1.926	0.340	0.961
Na_2CO_3	7.090	0.630	4.441
Na_2S	2.254	5.840	5.184

6.1.1.3　模拟说明

图6-1~图6-3是碱洗系统模拟的基础。一套乙烯装置的碱洗系统建立一个模型，本书共建立三个模型来模拟计算研究碱洗系统，这三个模型都不包含在每套乙烯装置的全流程分离系统模型中。在每套乙烯装置的全流程分离系统模型中，为简化计算，用SEP模块（组分分离器）代替碱洗系统模型。这三套乙烯装置的SEP模块工艺参数见表6-2。

表6-2　三套乙烯装置的SEP模块工艺参数

项目	EP1装置		EP2装置		EP3装置	
	工况一	工况二	工况一	工况二	工况一	工况二
温度/℃	40	40	38.5	38.8	46.0	46.0

项目	EP1 装置		EP2 装置		EP3 装置	
	工况一	工况二	工况一	工况二	工况一	工况二
压力/MPa	1.87	1.87	1.87	1.87	17.6	1.76
裂解气量/kg·h^{-1}	414118	411292	403566	404305	418233	420500
净化的裂解气量/kg·h^{-1}	414147	411386	402621	403419	418506	420868
酸性气量/kg·h^{-1}	950.7	890.3	945.1	886.3	946.8	886.6
补水量/kg·h^{-1}	980	985	0	0	1220	1255

碱洗系统的模拟采用电解质 NRTL 活度系数计算模型[1]（ELECNRTL 基础物性方法），它除有全流程分离系统模型的 48 个组分外，还增加了 NaOH 组分及 H_3O^+、OH^-、HCO_3^-、HS^-、CO_3^{2-}、S^{2-} 六个离子组分，共选择 47 个亨利组分。亨利组分的相互作用参数除采用 Aspen 提供的数据库（见图 6-4）外，还取自文献数据推导[2,3]（见表 6-3）。ELECNRTL 模型考虑了化学吸收，其特定化学反应方程见图 6-5，反应方程的平衡常数见表 6-4。

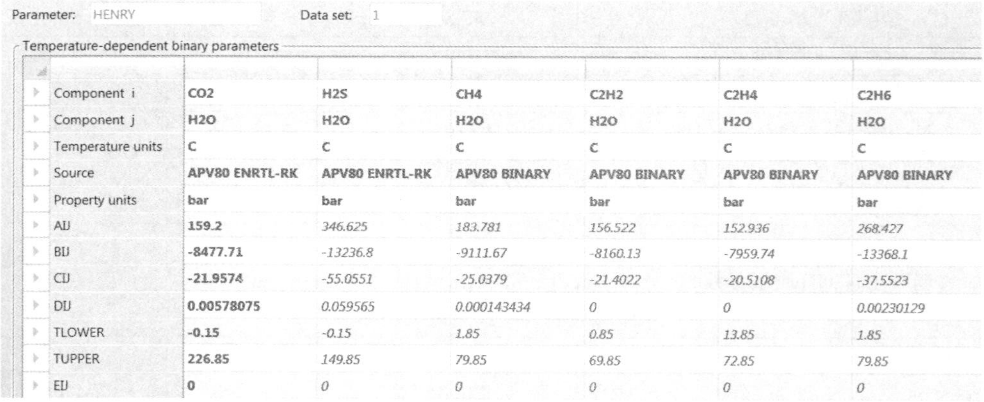

Parameter:	HENRY		Data set:	1		
Temperature-dependent binary parameters						
Component i	CO2	H2S	CH4	C2H2	C2H4	C2H6
Component j	H2O	H2O	H2O	H2O	H2O	H2O
Temperature units	C	C	C	C	C	C
Source	APV80 ENRTL-RK	APV80 ENRTL-RK	APV80 BINARY	APV80 BINARY	APV80 BINARY	APV80 BINARY
Property units	bar	bar	bar	bar	bar	bar
AIJ	159.2	346.625	183.781	156.522	152.936	268.427
BIJ	-8477.71	-13236.8	-9111.67	-8160.13	-7959.74	-13368.1
CIJ	-21.9574	-55.0551	-25.0379	-21.4022	-20.5108	-37.5523
DIJ	0.00578075	0.059565	0.000143434	0	0	0.00230129
TLOWER	-0.15	-0.15	1.85	0.85	13.85	1.85
TUPPER	226.85	149.85	79.85	69.85	72.85	79.85
EIJ	0	0	0	0	0	0

图 6-4　Aspen 提供的 Henry 数据库示意图

表 6-3　从文献数据推导出的几种典型烃的亨利参数

烃	A_{ij}	B_{ij}	C_{ij}	D_{ij}	T_{lower}/℃	T_{upper}/℃	E_{ij}
己烷	316.850	−13495.560	−45.370	0.000	25.0	50.0	0.000
庚烷	276.876	−10958.520	−39.570	0.000	25.0	75.0	0.000
甲苯	162.230	−6223.170	−23.200	0.000	25.0	90.0	0.000
乙苯	689.125	−29698.330	−101.620	0.000	0.0	50.0	0.000
间二甲苯	900.294	−38792.980	−133.330	0.000	0.0	50.0	0.000
辛烷	346.026	−14109.230	−49.620	0.000	25.0	75.0	0.000
壬烷	38.890	−142.590	−3.660	0.000	25.0	50.0	0.000
萘	−341.330	19393.670	50.650	0.000	25.0	50.0	0.000

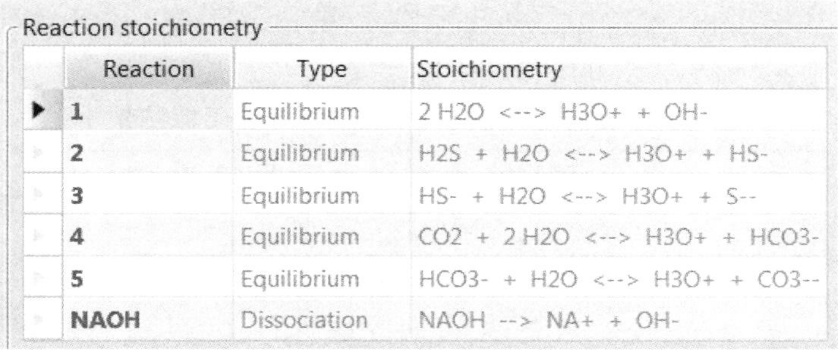
Reaction stoichiometry

Reaction	Type	Stoichiometry
1	Equilibrium	2 H2O <--> H3O+ + OH-
2	Equilibrium	H2S + H2O <--> H3O+ + HS-
3	Equilibrium	HS- + H2O <--> H3O+ + S--
4	Equilibrium	CO2 + 2 H2O <--> H3O+ + HCO3-
5	Equilibrium	HCO3- + H2O <--> H3O+ + CO3--
NAOH	Dissociation	NAOH --> NA+ + OH-

图6-5　Aspen ELECNRTL模型中输入的特定化学反应方程

表6-4　ELECNRTL模型中5个特定反应方程的平衡常数 [1]

反应方程序号	平衡常数 K_{eq}		
	$\ln K_{eq}=A+B/T+C\times\ln T$		
	A	B	C
1	132.89900	−13445.9000	−22.4773
2	214.58200	−12995.4000	−33.5471
3	−9.74196	−8585.4700	0.0000
4	231.46500	−12092.1000	−36.7816
5	216.05000	−12431.7000	−35.4819

碱洗塔的模拟模块通过Aspen Plus的Columns选择，选Columns/RadFrac/ABSBR-1，其Specifications/Setup/Convergence选“Standard”，其Convergence/Convergence/Advanced选“Absorber=Yes”。

因汽油组分对碱洗塔模拟的裂解气组成影响较大，在模拟时作者假设三套乙烯装置的洗涤汽油量为0，这样碱洗塔的模拟工艺参数较接近实际情况。又因模拟碱洗塔的亨利组分较多，在真实模拟过程中难以找到收敛点，为此在不影响模拟计算结果的前提下，为使模型便于收敛，对一些有机物的亨利参数做了经验处理。

6.1.2　模拟结果分析

EP1、EP2和EP3装置的碱洗塔碱液循环量各分别被给定为70.0t·h^{-1}、65.0t·h^{-1}和100.0t·h^{-1}，质量分数为20.0%的新鲜碱液消耗量在9.0~10.0t·h^{-1}之间，弱碱中NaOH质量分数在1.0%~2.0%之间，可确保碱洗塔塔顶裂解气中酸性气体的体积分数小于1.0×10^{-6}。表6-5给出了三套乙烯装置的碱洗塔主要模拟结果。

三套乙烯装置的碱洗塔废碱液量相差不大，在19.0~21.0t·h^{-1}之间，见表6-6。表中废碱液的模拟组成中含$NaHCO_3$和NaHS，且$NaHCO_3$与Na_2CO_3相比很少，而NaHS与Na_2S相比较多，这一点在三套乙烯装置的专利商提供的工艺数据表中都未给出，与兰其盈等[1]的研究结果一致。

表6-5　三套乙烯装置的碱洗塔主要模拟结果

项目	EP1装置		EP2装置		EP3装置	
	工况一	工况二	工况一	工况二	工况一	工况二
塔顶压力/MPa	1.87	1.87	1.87	1.87	1.76	1.76
塔顶温度/℃	40.0	40.0	39.5	39.6	46.6	46.5
进塔裂解气温度/℃	35.04	35.29	37.50	37.77	50.00	50.00
进塔裂解气量/kg·h⁻¹	414008	411214	403565	404305	418144	420510
净化的裂解气量/kg·h⁻¹	413163	410592	402719	403515	417969	420399
塔底加热量/MW	0.9653	0.9304	0.0000	0.0000	0.0000	0.0000
E2808换热量/MW	0.9524	0.9442	0.8307	0.8307	0.5117	0.5466
洗水补入量/t·h⁻¹	11.7	11.6	11.9	11.9	1.0	1.0
洗水采出量/t·h⁻¹	2.0	2.0	1.9	2.0	0.0	0.0
纯NaOH量/kg·h⁻¹	1920	1800	1910	1800	1980	1800
碱液循环量/t·h⁻¹	70.0	70.0	65.0	65.0	100.0	100.0
洗涤汽油量/kg·h⁻¹	0.0	0.0	0.0	0.0	0.0	0.0
强碱中NaOH质量分数/%	9.9370	9.6686	9.7703	9.5264	9.4611	9.4133
中碱中NaOH质量分数/%	9.9488	9.6864	9.7167	9.4747	9.4229	9.3752
弱碱中NaOH质量分数/%	1.4989	1.4577	1.4658	1.4455	1.6685	1.4367

表6-6　三套乙烯装置模拟的废碱液情况

项目	EP1装置		EP2装置		EP3装置	
	工况一	工况二	工况一	工况二	工况一	工况二
废碱液量/t·h⁻¹	20.15	19.22	20.40	19.69	20.98	19.11
废碱液组成/质量分数%						
NaOH	1.4988	1.4576	1.4657	1.4453	1.6683	1.4367
$NaHCO_3$	0.0017	0.0018	0.0021	0.0021	0.0028	0.0035
Na_2CO_3	8.6248	8.6087	8.5074	8.3987	8.2765	8.6550
NaHS	1.6081	1.5005	1.5485	1.4298	1.4018	1.4033
Na_2S	0.3650	0.3301	0.3631	0.3286	0.5105	0.4361

6.1.3　黄油生成和抑制

酸性气体和羰基化合物等含氧化合物都是在裂解炉中生成的。在裂解炉流出物中含有的酮类和醛类含量可能在$5.0×10^{-5}$~$5.0×10^{-4}$之间变化，这取决于裂解深度及所裂解的原料类型[4]。

碱洗塔进料裂解气中烃溶于碱溶液中的量与其在碱溶液中的溶解度成正比，也与这些烃在裂解气中的浓度成正比。炔烃和二烯烃等高度不饱和化合物明显溶于循环碱液中，且大部分的羰基都被循环碱液吸收。循环碱液所吸收的醛量与碱洗塔操作压力、温度、碱液循环段数、碱液循环流量和塔内件的形式等有关。在含氧化合物中，其关键组分是乙醛，可通过碱洗塔任意去除裂解气中50%~95%的乙醛。

碱洗塔操作温度一般在39~50℃之间，该温度相对较低，该系统自由基聚合相对不重要，其自由基聚合机理[4, 5]可参阅5.4.2节内容。然而，在新的碱环境条件中，发生了一种不需要的反应，它就是羟醛缩合反应[6]。

（1）黄油生成机理

当有碱液存在时，被碱液吸收的羰基化合物在一定温度和压力条件下会发生缩合反应，而形成重组分，这被称为羟醛缩合反应。羟醛缩合反应产品有从橙色变为红色的特征，这种颜色变化取决于在聚合反应链增长中所能形成的碳碳双键数量[4]。由于这种反应具有链增长的条件，当一种具有油性且黏稠的烃液相产生时，可通过颜色观察其形成和发展。如果任其发展下去，它会形成醛树脂物质。这种污垢物就是在碱洗塔系统中常被发现的沉积物。

经典的羟醛缩合反应是氢氧化钠作为碱基攻击中间前体与另一个醛分子所形成的中性醛。该反应的平衡促使前驱体进一步放弃水分子，而生成更稳定的聚合物。

碱洗塔具有较大的碱液循环量，并排出一定量的废碱液维持物料平衡。在碱液流动中，相关组分有较长的停留时间促使聚合反应发生。碱持续对其它醛类分子和羰基聚合物发起阴离子攻击，通过多次羟醛缩合反应而形成更黏稠的树脂。

黏稠物质的颜色会随着羟醛缩合反应的进程而发生一系列的变化。较低分子量的羰基聚合物形成淡淡的稻黄色。随着聚合反应的继续和分子量的增加，其颜色从黄色变成橙色，然后变成红色[4]。当低聚物达到5~6个分子单位时，烃液相变为红色[7]。通常，在废碱液中总是有深红色的烃液相生成[8~10]，这种烃液相颜色以红色为主略带黄色，国内外一些学者俗称它为红油[9, 10]。著者按国内乙烯行业习惯称它为黄油[11]。

（2）黄油抑制

黄油抑制剂可阻止羰基聚合物受到额外的碱阴离子攻击，让其继续与其它羰基分子反应，从而进一步阻止链增长[4, 12~14]。分散剂可用于预防由于羟醛缩合和狄尔斯-阿尔德两种机理形成的聚合沉积物的聚集[6]。

当存在有机相时，低聚物由于它的疏水性而易溶进有机相中[6]。当注入一种含有低不饱和烃浓度的高芳烃溶剂（如加氢汽油等，被称为洗涤汽油）到碱洗塔中时，这种溶剂将在烃相中溶解由羟醛缩合和狄尔斯-阿尔德两种机理形成的低聚物，因而从水物流（碱液）中去除低聚物，防止聚合物沉淀[6]。

洗涤汽油能够防止不溶物在碱洗塔塔底填料层结垢，将形成的黄油溶解在碱液中。洗涤汽油的性质严重影响黄油的结构和浓度。急冷区粗裂解汽油中含苯乙烯、双环戊二烯或茚等反应性单体，它们很容易与多羟基醇反应生成芳香或共轭氧化物。使用急冷区粗裂解汽油作为洗涤汽油，它所改变的黄油结构比应用芳烃汽油有更强的乳化特性，这很可能与新产生的氧化物有关[9]。因此，建议碱洗塔优先使用芳烃汽油或加氢汽油作为洗涤汽油，尽可能不用急冷区自产粗裂解汽油，避免带来乳化问题，影响下游聚结器正常运行[15, 16]。

6.2 干燥

三套乙烯装置工艺物料的干燥都在四种不同的干燥器中进行，都利用分子筛的变温吸附（Temperature Swing Adsorption，简称TSA）技术，采用3A分子筛床吸附而达到深度脱水的目的。虽然TSA是非连续工艺，但裂解气干燥器、裂解气凝液干燥器、丙烯干燥器、氢气干燥器都采用一床吸附、另一床再生的运行模式实现连续运行操作。乙烯干燥器及裂解气保护干燥器采用一床操作间歇运行。

影响干燥器的设计和操作因素较多，除温度、压力、进料水含量等工艺条件外，还有直径、床高、床压降、水吸附容量、再生周期、再生条件等[11, 17, 18]，其中最重要的设计参数是分子筛床的设计水吸附容量［式（6-1）］。

$$f_{w} = 100 \times \frac{W_{w}T_{a}}{V_{a}\rho_{a}}, \text{ 或} f_{v} = \frac{W_{w}T_{a}}{V_{a}} \tag{6-1}$$

式中　f_{w}——设计质量吸附容量，$g \cdot (100g)^{-1}$；

　　　f_{v}——设计体积吸附容量，$kg \cdot m^{-3}$；

　　　W_{w}——进料中水分量，$kg \cdot h^{-1}$；

　　　T_{a}——设计再生周期，h；

　　　V_{a}——吸附剂体积，m^{3}；

　　　ρ_{a}——吸附剂堆积密度，一般3A分子筛为$625\sim755kg \cdot m^{-3}$。

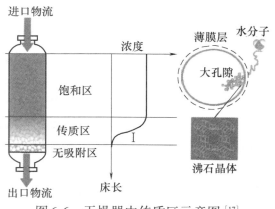

图6-6　干燥器中传质区示意图[17]

分子筛吸附脱水，通常气体从分子筛床顶部进，底部出，而液体反之。在分子筛吸附床层，可分为两个区。以气体干燥为例，吸附容量极限部分位于分子筛床顶部。在温度、压力、水含量的进料条件下，该部分被水饱和，被称作饱和区。如图6-6所示，在饱和区下部的床层部分，起着把含一定水分的湿态进料气体脱水至干态流出物应达到的水含量的作用，这部分被称为传质区^[17]。在吸附期间，传质区从床层顶部迁移至床层底部，由此延伸饱和区。一旦传质区离开床层，穿透随之发生，必须切换离线再生分子筛床。

另外，分子筛平衡水吸附容量是再生次数的函数，它随时间下降。当考虑所需要的分子筛量时，必然要用到干燥器运行末期的水吸附容量^[17]。如图6-7所示，在最短吸附时间内，当吸附容量下降到难以吸附进料中的所有水分时，应更换分子筛。一般来说，分子筛失活的因素主要是再生工艺条件及分子筛积炭等。乙烯生产者应适时预测分子筛失活速率。

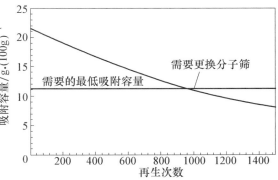

图6-7　分子筛的典型更换及失活曲线^[17]

6.2.1　模拟说明

在每套乙烯装置的全流程分离系统模型中，利用组分分离器模块（SEP）模拟裂解气、裂解气凝液、乙烯、丙烯和氢气干燥器，规定产品物流中没有水分或水的体积分数低于$1×10^{-6}$的数值。

6.2.2　裂解气的干燥

EP1装置的裂解气干燥器A201的工艺流程简图见图7-1，A201的进料裂解气流程见图5-1。在图5-1中，裂解气压缩机五段K2015出口的裂解气经裂解气压缩机五段出口冷却器E2805、裂解气干燥器进料预冷器E2414各分别被循环水和脱甲烷塔塔底液体（见图8-1）冷却，然后在裂解气干燥器进料丙烯预冷器E2515中用丙烯冷剂冷凝至约15.0℃，气液三相混合物在裂解气干燥器进料分离罐V208中分离出裂解气、烃凝液和水。V208罐底部的烃凝液加热器E2111在汽提出烃凝液中少量碳二等轻组分的同时，使进入A201的裂解气在温度高于15.0℃下干燥。

EP2装置的A201的工艺流程简图见图7-2，A201的进料裂解气流程见图5-2。在图5-2中，K2015出口的裂解气经E2805被循环水冷却后，直接进入E2515被丙烯冷剂冷凝至14.0~15.0℃。气液混合物在V208罐分离，V208罐顶裂解气进入A201干燥。

EP3装置的A201的工艺流程简图见图9-3，A201的进料裂解气流程见图5-3。在图5-3中，碱洗塔C201塔顶裂解气经碱洗塔塔顶过冷器E2510被丙烯冷剂冷凝至12.6℃，气液三相混合物在碱洗塔出口分离罐V206中分离出裂解气、烃凝液和水。V206罐顶的裂解气进入A201干燥。

三套乙烯装置的裂解气干燥器的有关工艺数据见表6-7。EP1和EP2装置的A201都在K2015出口，裂解气压力大于3.7MPa，温度在15.0~16.0℃之间。EP3装置的A201在裂解气压缩机四段K2014出口的下游，裂解气压力低于1.8MPa，温度在12.5~13.5℃之间，A201入口裂解气中水分量比EP1装置多29.0%~31.0%，比EP2装置多45.0%~47.0%。为减少EP3装置A201入口裂解气中水分量，应尽可能降低裂解气温度，但应避免烃水合物的生成[19]。

表6-7 裂解气干燥器的有关工艺数据

项目	EP1装置		EP2装置		EP3装置	
	工况一	工况二	工况一	工况二	工况一	工况二
压力/MPa	3.730	3.730	3.785	3.785	1.745	1.745
温度/℃	15.9	15.8	15.4	15.2	12.6	12.6
进料量/kg·h^{-1}	351739	364630	314033	332440	371432	382356
进料中水体积分数/×10^{-6}	893	881	844	830	1102	1099
干燥器吸附水量/kg·h^{-1}	243.72	253.86	214.84	227.14	314.50	331.21
专利商设计的干燥器再生周期/h	30		36		30	
专利商设计的典型吸附容量/kgH$_2$O·(m^{3}分子筛)$^{-1}$	49.58		39.30		38.44	

6.2.3　裂解气凝液的干燥

裂解气凝液干燥器A202只在EP2和EP3装置设置，其工艺流程简图各分别见图8-2和图9-3，A202的进料烃凝液流程各分别见图5-2和图5-3。

在图5-2和图8-2中，裂解气干燥器进料分离罐V208罐底烃水液体进入预冷沉降罐V209中分离。V209罐底的液态烃流入A202干燥。

在图5-3和图9-3中，碱洗塔出口分离罐V206罐底的液态烃被凝液干燥器进料泵P208送至A202干燥。

EP2和EP3装置的裂解气凝液干燥器的有关工艺数据见表6-8。EP2装置的A202在裂解气压缩机五段K2015出口，裂解气压力大于3.7MPa，温度在15.0~16.0℃之间。EP3装置的A202在裂解气压缩机四段K2014出口的下游，裂解气压力低于1.8MPa，温度在12.5~13.5℃之间。这两套装置的A202入口烃凝液中水体积分数差别不大，但EP3装置的烃凝液量不到EP2装置的一半，致使EP3装置烃凝液量中水分量比EP2装置少41.3%~42.8%。

表6-8　裂解气凝液干燥器的有关工艺数据

项目	EP2装置		EP3装置	
	工况一	工况二	工况一	工况二
压力/MPa	3.785	3.785	1.78	1.78
温度/℃	15.4	15.2	12.6	12.6
进料量/kg·h⁻¹	93252.2	75482.7	44657.9	36107.4
进料中水体积分数/×10⁻⁶	1045	1045	1124	1182
干燥器吸附水量/kg·h⁻¹	40.7	32.2	16.82	13.77
专利商设计的干燥器再生周期/h	36		48	
专利商设计的典型吸附容量/kgH₂O·(m³分子筛)⁻¹	27.52		21.61	

6.2.4　碳二组分的干燥与裂解气的保护干燥

考虑到碳二加氢反应过程中难以避免有微量的水分产生，三套乙烯装置的碳二加氢反应器出口都设置了一台干燥器来确保下游分离工艺系统长周期运行。乙烯技术专利商在工艺包中都没有直接给出干燥器入口物流中水体积分数数值；除EP1装置外，在EP2和EP3装置的全流程分离系统模型中，作者也没有给出干燥器入口物流中水体积分数的模拟数值。为便于化工工程师设计乙烯干燥器和裂解气保护干燥器，作者推荐EP1、EP2和EP3装置的碳二加氢反应器出口物流中水体积分数各分别用$3.5×10^{-5}$、$1.0×10^{-5}$、$3.0×10^{-5}$。

EP1装置的乙烯干燥器A401的工艺流程简图见图6-8。在图6-8中，绿油罐V402罐顶的碳二气体流入A401干燥。

EP2装置的裂解气保护干燥器A402的工艺流程简图见图6-9。在图6-9中，V402罐顶的裂解气流入A402干燥。

EP3装置的A402的工艺流程简图见图6-10。在图6-10中，来自碳二加氢反应器C床R401C的气体先经碳二加氢反应器三段出口冷却器E4809被循环水冷却至40.0℃，再流入A402干燥。

EP1装置的乙烯干燥器与EP2、EP3装置的裂解气保护干燥器的有关工艺数据见表6-9。

表6-9　乙烯干燥器与裂解气保护干燥器的有关工艺数据

项目	EP1装置		EP2装置		EP3装置	
	工况一	工况二	工况一	工况二	工况一	工况二
压力/MPa	1.87	1.87	3.49	3.49	3.75	3.75
温度/℃	−25.80	−25.60	−33.65	−30.10	40.00	40.00
进料量/kg·h⁻¹	193158	195496	248822	257301	401840	414412

项目	EP1装置		EP2装置		EP3装置	
	工况一	工况二	工况一	工况二	工况一	工况二
进料中水体积分数/×10⁻⁶	10	10	—	—	—	—
干燥器吸附水量/kg·h⁻¹	1.25	1.29	—	—	—	—
专利商设计的干燥器再生周期/h	168		504		336	
专利商设计的典型吸附容量/kgH₂O·(m³分子筛)⁻¹	31.26		27.33		22.14	

6.2.5 碳三组分的干燥

碳三组分的干燥工艺置于碳三加氢反应器上游。碳三加氢反应器的进料来自脱丙烷工艺系统。由于进入EP2和EP3装置脱丙烷系统的进料都被深度干燥过，而进入EP1装置脱丙烷系统的一股未经干燥的进料是凝液汽提塔C202塔底液体（见图9-1），所以只有EP1装置考虑碳三组分的干燥。

EP1装置的丙烯干燥器A501的工艺流程简图见图6-11，A501的进料流程见图9-1。在图9-1中，高压后脱丙烷塔回流罐V502罐底的部分液体被高压后脱丙烷塔回流泵P502送至碳三加氢进料冷却器E5809冷却后去A501干燥。

EP1装置丙烯干燥器的有关工艺数据见表6-10。A501入口物流中水分量的模拟计算值不超过1.0kg·h⁻¹。

表6-10 EP1装置丙烯干燥器的有关工艺数据

项目	工况一	工况二
压力/MPa	3.0	3.0
温度/℃	35.0	35.0
进料量/kg·h⁻¹	78359.8	78276.0
进料中水体积分数/×10⁻⁶	6	4
干燥器吸附水量/kg·h⁻¹	0.21	0.14
专利商设计的干燥器再生周期/h	48	
专利商设计的典型吸附容量/kgH₂O·(m³分子筛)⁻¹	31.47	

6.2.6 氢气的干燥

EP1和EP3装置的氢气干燥器A301的工艺流程简图见图6-14。在图6-14中，氢气进入A301前，先经氢气干燥器进料冷却器E3528被丙烯冷剂冷却至13.0~15.0℃，然后在氢气干燥器进料分离罐V308罐底分离出少量凝结水，V308罐顶氢气去A301干燥。

EP2装置A301的工艺流程简图见图6-15。在图6-15中，EP2装置的氢气干燥工艺与EP1和EP3装置稍有不同，氢气进入A301前，没有设置丙烯冷剂冷却工艺，仅经甲烷化出口物料冷却器E3827被循环水冷却至35.0℃，然后在V308罐底分离出极少量凝结水，V308罐顶氢气去A301干燥。

氢气干燥器的有关工艺数据见表6-11。EP3装置的A301入口氢气温度比EP1装置低2.0℃，其氢气中水分量约少16%。EP2装置的A301入口氢气温度比其它两套装置高20.0~22.0℃，其氢气中水分量约多3倍。当A301的设计再生周期和水吸附容量相同时，其吸附剂装填量与入口氢气中水分量呈正比。EP2装置的专利商为节省丙烯冷剂用量及其设施投资，选择较低的设计水吸附容量及较大的氢气干燥器体积，吸附剂用量会成倍增加。

表6-11　氢气干燥器的有关工艺数据

项目	EP1装置		EP2装置		EP3装置	
	工况一	工况二	工况一	工况二	工况一	工况二
压力/MPa	3.190	3.190	3.187	3.187	3.093	3.093
温度/℃	15.0	15.0	35.0	35.0	13.0	13.0
进口氢气量/kg·h^{-1}	5588.3	6392.6	5754.5	6591.9	5200.6	5967.8
氢气中水体积分数/×10^{-6}	625	625	1727	1436	565	565
干燥器吸附水量/kg·h^{-1}	23.6	27.0	66.7	63.7	19.8	22.7
专利商设计的干燥器再生周期/h	48		48		48	
专利商设计的典型吸附容量 /kgH$_2$O·(m^{3}分子筛)$^{-1}$	29.13		25.64		47.89	

6.3　乙炔的脱除

三套乙烯装置都是采用选择性加氢脱除乙炔工艺，但是具体的工艺流程却截然不同。EP1装置是碳二后加氢流程，EP2和EP3装置虽然都是碳二前加氢流程，但是EP2装置采用等温床反应器，而EP3装置采用绝热床反应器。

6.3.1　碳二加氢反应系统的模拟

一套乙烯装置的碳二加氢反应系统建立一个模型，本书共建立三个模型来模拟计算研究碳二加氢反应系统，这三个模型都包含在每套乙烯装置的全流程分离系统模型中。

6.3.1.1　工艺描述

三套乙烯装置的碳二加氢反应系统工艺流程简图见图6-8~图6-10。

EP1装置的碳二加氢反应系统是后加氢工艺流程，将脱乙烷塔回流罐罐顶的碳二馏分加氢脱除乙炔。碳二加氢步骤分两步完成，分别在碳二加氢反应器A床R401A和B床R401B进行，可提高碳二加氢反应的选择性。纯氢是经过甲烷化和氢气干燥器处理过的氢气；粗氢是含有CO的氢气，用于调节催化剂的活性。纯氢和粗氢各分别通过流量控制加入碳二加氢反应器A床R401A和B床R401B进料中。脱乙烷塔回流罐罐顶的碳二馏分首先通过碳二加氢反应器进出物料换热器E4405被预热，然后通过碳二加氢反应器进料加热器E4906被低压蒸汽加热到反应温度，它才进入碳二加氢反应器A床R401A，并向下流经催化剂床层。A床R401A的流出物在碳二加氢反应器一段中间冷却器E4807中被冷却以脱除反应的热量，然后进入B床R401B，对剩余的乙炔进行加氢反应。在催化剂两个床层中会形成少量的绿油，它是一种低级乙烯聚合物，随反应器流出物一起排出。B床R401B的流出物各分别通过碳二加氢反应器二段出口冷却器E4808和碳二加氢反应器进出物料换热器E4405被冷却，被冷却的碳二加氢反应器出口气相物流和从乙烯精馏塔下部塔盘抽出的液相碳二馏分混合，在绿油罐V402中进行分离。绿油罐V402可防止绿油进入乙烯精馏塔，其罐底含有绿油的富乙烯液体被泵P402送至脱乙烷塔，罐顶的碳二气体流入乙烯干燥器A401中以脱除微量的水分，然后进入乙烯精馏塔。

EP2装置的碳二加氢反应系统是前加氢工艺流程，将碳三吸收塔塔顶的裂解气（碳二及碳二以下馏分）中的乙炔加氢转化为乙烯和乙烷。碳二加氢反应所需的氢气在裂解气中是足够的，不需要额外补充氢气。来自碳三吸收塔塔顶

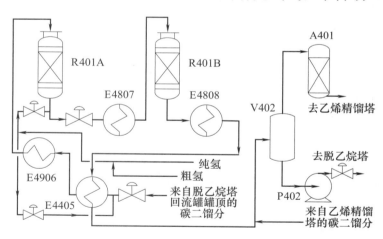

图6-8　EP1装置碳二加氢反应系统工艺流程简图

A401—乙烯干燥器；E4405—碳二加氢反应器进出物料换热器；E4906—碳二加氢反应器进料加热器；

E4807—碳二加氢反应器一段中间冷却器；E4808—碳二加氢反应器二段出口冷却器；

P402—绿油罐罐底泵；R401A—碳二加氢反应器A床；

R401B—碳二加氢反应器B床；V402—绿油罐

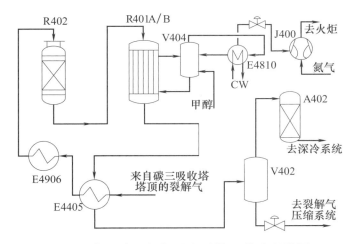

图6-9 EP2装置碳二加氢反应系统工艺流程简图

A402—裂解气保护干燥器；E4405—碳二加氢反应器进出物料换热器；

E4906—碳二加氢反应器进料加热器；E4810—甲醇冷凝器；J400—甲醇冷凝器喷射器；

R401A/B—碳二加氢反应器A/B床；R402—碳二加氢脱砷保护床；

V402—绿油罐；V404—甲醇罐

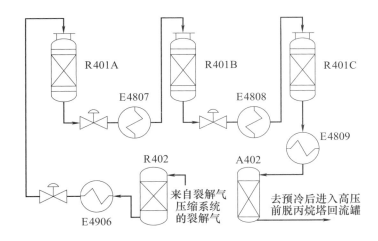

图6-10 EP3装置碳二加氢反应系统工艺流程简图

A402—裂解气保护干燥器；E4906—碳二加氢反应器进料加热器；

E4807—碳二加氢反应器一段中间冷却器；E4808—碳二加氢反应器二段出口冷却器；

E4809—碳二加氢反应器三段出口冷却器；R401A—碳二加氢反应器A床；

R401B—碳二加氢反应器B床；R401C—碳二加氢反应器C床；R402—碳二加氢脱砷保护床

的裂解气首先通过碳二加氢反应器进出物料换热器E4405被预热，然后通过碳二加氢反应器进料加热器E4906被低压蒸汽加热到反应温度，在进入碳二加氢脱砷保护床R402后再进入碳二加氢反应器A/B床R401A/B，并向下流经催化剂床层。碳二加氢反应在等温管式固定床反应器R401A/B中进行，A床和B床是两个并联的碳二加氢反应器，每个反应器都为设计能力的50%。放热反应产生的热量被蒸发管式碳二加氢反应器R401A/B壳程中的甲醇撤走。甲醇循环是闭式自然循环回路。来自R401A/B的汽化甲醇进入甲醇罐V404。从甲醇罐V404中出来的气体在甲醇冷凝器E4810中被循环冷却水（CW）冷凝后返回至甲醇罐V404。两个反应器共用一个甲醇系统，它们都是同时操作的。两个反应器的温度相同，都是通过反应器壳程中沸腾的甲醇温度来控制的。通过改变甲醇冷凝器E4810管程中循环冷却水的流量以及通过对其壳程中氮封的氮气压力调整，来控制甲醇系统的压力，从而达到调节反应温度的目的。当甲醇压力低于大气压时，可启动甲醇冷凝器喷射器J400，去除甲醇冷凝器E4810壳程中的惰性气体。不含乙炔的裂解气从碳二加氢反应器R401A/B的底部出来，与未加氢的裂解气在碳二加氢反应器进出物料换热器E4405中换热，它被冷却后进入绿油罐V402。在绿油罐V402中分离出在加氢过程可能产生的低聚物，V402罐底聚合物去裂解气压缩系统的碱洗塔进料分离罐，V402罐顶气体流入裂解气保护干燥器A402中以脱除微量的水分，然后进入深冷系统的4号冷箱（见图7-2）。

EP3装置的碳二加氢反应系统也是前加氢工艺流程，将裂解气压缩机五段出口裂解气中的全部乙炔加氢转化为乙烯和乙烷。该加氢反应所需的氢气在裂解气中也是足够的，不需要额外补充氢气。裂解气压缩机五段出口排出的裂解气首先在裂解气压缩机五段出口冷却器E2805中被冷却，然后通过碳二加氢脱砷保护床R402脱砷。被脱砷后的裂解气通过碳二加氢进料加热器E4906被低压蒸汽加热至催化剂所需要的反应温度。碳二加氢反应在绝热固定床反应器R401A/B/C中进行，A床、B床和C床是三个串联的碳二加氢反应器。裂解气流入碳二加氢反应器A床R401A脱除部分乙炔；A床R401A底部排出的气体通过碳二加氢反应器一段中间冷却器E4807被循环水冷却，随之流入B床R401B继续脱除部分乙炔；B床R401B底部排出的气体通过碳二加氢反应器二段出口冷却器E4808被循环水冷却，随之流入C床R401C继续脱除乙炔，最终乙炔被脱除至乙炔体积分数低于$1×10^{-6}$。裂解气中的乙炔被全部脱除后，C床R401C底部的气体通过碳二加氢反应器三段出口冷却器E4809被循环水冷却，流入裂解气保护干燥器A402中以脱除微量的水分。干燥后的裂解气经三个换热器被丙烯冷剂逐级预冷后流入高压前脱丙烷塔回流罐（见图9-3）。

6.3.1.2　工艺流程特点

三套乙烯装置的碳二加氢反应都是在气相中进行的，虽然都采用固定床反应器，但其形式稍有差异。EP1和EP3装置的乙炔加氢反应都是在绝热式反应器中进行的，各分别通过两个固定床和三个固定床串联完成。而EP2装置的乙炔加氢反应是在等温管式反应器中进行的，通过两个相同的固定床并联完成。

三套乙烯装置的碳二加氢反应器的进料组分差异较大，导致它们的加氢反应存在不同。EP1装置的碳二加氢反应器进料全部为碳二组分，EP2装置的碳二加氢反应器进料为碳二及碳二以下组分，这两套装置的碳二加氢反应器进料中几乎没有碳三组分，所以这两套装置的碳二加氢反应器不存在碳三加氢的问题。而EP3装置的碳二加氢反应器进料为碳三及碳三以下组分，由于碳二加氢反应器进料中有一定量的碳三组分，所以EP3装置的碳二加氢反应器在乙炔加氢过程中伴随有部分甲基乙炔和丙二烯加氢转化为丙烯和丙烷。

三套乙烯装置的碳二加氢反应器的用氢情况也稍有不同。EP1装置的碳二加氢反应器需补充外部氢气，而EP2和EP3装置的碳二加氢反应器就不需要补充氢气，完全利用其进料中含有的氢气。

6.3.1.3 模拟说明

图6-8~图6-10是碳二加氢反应系统模拟的基础。碳二加氢反应系统模型采用Reactors/RStoic模块，按表6-12输入化学反应计量方程式与转化率，同时计算反应热。

表6-12 碳二加氢反应器的化学计量方程式与转化率

化学计量方程式	EP1装置 转化率/%	EP2装置 转化率/%	EP3装置 转化率/%
$CO+3H_2 \longrightarrow H_2O+CH_4$	100.0		
$H_2+C_2H_2 \longrightarrow C_2H_4$	30.0	48.0	46.400
$2H_2+C_2H_2 \longrightarrow C_2H_6$	70.0	52.0	53.600
$H_2+MA \longrightarrow C_3H_6$	100.0	100.0	64.896
$H_2+PD \longrightarrow C_3H_6$	100.0	100.0	35.659
$H_2+MA \longrightarrow C_3H_8$			11.904
$H_2+PD \longrightarrow C_3H_8$			6.541

6.3.2 模拟结果分析

因三套乙烯装置的碳二加氢反应工艺截然不同，所以它们的模拟计算结果基本上没有可比性。仅简单分析同一装置的不同工况结果差异。

EP1装置的碳二加氢反应系统模拟结果见表6-13。随着裂解原料变轻，工况二的进料量比工况一约多1.29%，相应进料中乙炔体积分数高0.06%，使得工况二的配氢量、总反应热和乙烯增量都相应比工况一稍多。考虑在碳二加氢反应器A床R401A选择加氢脱除75%的乙炔，通过碳二加氢反应器一段中间冷却器E4807用循环水撤除大部分反应热，并控制B床R401B的物流入口温度；其余乙炔在B床R401B脱除，通过碳二加氢反应器二段出口冷却器E4808用循环水撤除部分反应热。为应对碳二加氢反应异常或飞温而引起的反应热迅猛增加，以及催化剂活性与选择性下降带来的温度和反应热变化，通常E4807和E4808的设计换热量取模拟计算值的2.5~3.5倍。

表6-13　EP1装置的碳二加氢反应系统模拟结果

项目	工况一	工况二
入口压力/MPa	2.03	2.03
入口温度/℃	30.0	30.0
进料量/kg·h⁻¹	181053	183383
配氢量/kg·h⁻¹	105.0	113.4
入口乙炔体积分数/%	1.30	1.36
R401A出口乙炔体积分数/%	0.33	0.34
R401B出口乙炔体积分数/×10⁻⁶	≤1.0	≤1.0
E4808出口温度/℃	39.0	39.0
E4807换热量/MW	3.7525	3.9960
E4808换热量/MW	1.7129	1.8010
总反应热/MW	6.3685	6.7121
乙烯增量/kg·h⁻¹	711.0	749.0

EP2装置的碳二加氢反应系统模拟结果见表6-14。随着裂解原料变轻，工况二的进料量比工况一约多3.41%，虽相应进料中乙炔体积分数低0.01%，但乙炔总量稍高，使得工况二的总反应热和乙烯增量都相应比工况一稍多。一般等温床的碳二加氢反应器R401A/B床层温度控制在80.0℃左右，一部分反应热提升反应器床层温度，另一部分反应热通过甲醇冷凝器E4810被循环水撤除，并控制R401A/B的出口温度。

表6-14　EP2装置的碳二加氢反应系统模拟结果

项目	工况一	工况二
入口压力/MPa	3.61	3.61
入口温度/℃	67.9	67.9
R401A/B出口温度/℃	81.0	79.4
进料量/kg·h⁻¹	248825	257300
进料量/kmol·h⁻¹	12876.8	13630.8
入口乙炔体积分数/%	0.66	0.65
R401A/B出口乙炔体积分数/×10⁻⁶	≤1.0	≤1.0
E4801换热量/MW	3.7216	4.1868
反应热/MW	5.7991	6.1021
乙烯增量/kg·h⁻¹	1140.0	1200.0

EP3装置的碳二加氢反应系统未考虑丁二烯和丁烯的选择加氢，其模拟结果见表6-15。随着裂解原料变轻，工况二的进料量比工况一约多3.13%，相应进料中乙炔体积分数高0.01%，使得工况二的总反应热和乙烯增量都相应比工

况一稍多。一般在碳二加氢反应器 A 床 R401A 选择加氢脱除 47.70% 的乙炔，在 B 床 R401B 选择加氢脱除 47.85% 的乙炔，各分别通过碳二加氢反应器一段中间冷却器 E4807 和二段出口冷却器 E4808 用循环水撤除大部分反应热，并分别控制 B 床 R401B 和 C 床 R401C 的物流入口温度；其余乙炔在 C 床 R401C 被脱除，通过碳二加氢反应器三段出口冷却器 E4809 用循环水撤除剩余反应热。为应对碳二加氢反应异常或飞温而引起的反应热迅猛增加，以及催化剂活性与选择性下降带来的温度和反应热变化，通常 E4807、E4808 和 E4809 的设计换热量取模拟计算值的 4.0~6.0 倍。

表 6-15　EP3 装置的碳二加氢反应系统模拟结果

项目	工况一	工况二
R401A 入口压力/MPa	3.85	3.85
R401A 入口温度/℃	67.0	67.0
E4809 出口温度/℃	40.0	40.0
进料量/kg·h^{-1}	401792	414385
入口乙炔体积分数/%	0.47	0.48
R401A/B 出口乙炔体积分数/×10^{-6}	≤1.0	≤1.0
E4807 换热量/MW	2.3462	2.4929
E4808 换热量/MW	3.4442	3.6765
E4809 换热量/MW	8.0407	8.4152
反应热/MW	7.2054	7.6834
乙烯增量/kg·h^{-1}	1089.0	1147.0

6.4　甲基乙炔和丙二烯的脱除

　　三套乙烯装置都是采用选择性加氢脱除甲基乙炔（MA）和丙二烯（PD）工艺，都采用单个碳三加氢绝热床反应器，其工艺流程基本相似。液相碳三馏分通过碳三加氢反应器进行选择性加氢，可使碳三馏分中的甲基乙炔和丙二烯（MAPD）生成丙烯、丙烷和少量的绿油，同时简化规定所有的丁二烯转化为 1-丁烯。

6.4.1　碳三加氢反应系统的模拟

　　一套乙烯装置的碳三加氢反应系统建立一个模型，本书共建立三个模型来模拟计算研究碳三加氢反应系统，这三个模型都包含在每套乙烯装置的全流程分离系统模型中。

6.4.1.1　工艺描述

三套乙烯装置的碳三加氢反应系统工艺流程简图见图6-11~图6-13，从这三个图中可看出，它们的进料部分流程稍有不同，而反应系统部分流程基本相似。

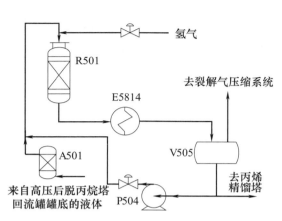

图 6-11　EP1装置碳三加氢反应
系统工艺流程简图

A501—丙烯干燥器；E5814—碳三反应器出口物料
冷却器；P504—碳三加氢循环泵；R501—碳三加氢
反应器；V505—碳三加氢分离罐

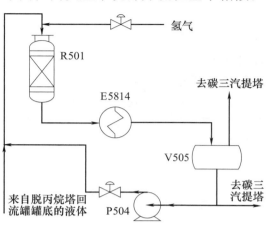

图 6-12　EP2装置碳三加氢反应
系统工艺流程简图

E5814—碳三反应器出口物料冷却器；
P504—碳三加氢循环泵；R501—碳三加氢反应器；
V505—碳三加氢分离罐

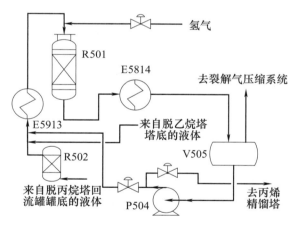

图 6-13　EP3装置碳三加氢反应系统工艺流程简图

E5913—碳三反应器进料加热器；E5814—碳三反应器出口物料冷却器；P504—碳三加氢循环泵；
R501—碳三加氢反应器；R502—碳三加氢脱砷保护床；V505—碳三加氢分离罐

EP1装置的高压后脱丙烷塔回流罐罐底的液体被泵送至丙烯干燥器A501以脱除微量的水分，然后进入碳三加氢反应系统。EP2装置的脱丙烷回流罐罐底的液体被泵直接送往碳三加氢反应系统。EP3装置的脱丙烷回流罐罐底的液体首先被泵送至碳三加氢脱砷保护床R502以除去物料中所含的砷以及痕量的羰基硫，它与脱乙烷塔塔底的液体混合后进入碳三加氢反应系统。

EP1和EP2装置的碳三加氢反应系统的净进料与来自碳三加氢分离罐V505的循环物流及来自甲烷化反应系统的氢气混合，进入碳三加氢反应器R501。EP3装置的碳三加氢反应系统的净进料与来自碳三加氢分离罐V505的循环物流混合后，先通过碳三加氢进料加热器E5913被低压蒸汽加热到催化剂所需要的反应温度，再与来自甲烷化反应系统的氢气混合，然后进入碳三加氢反应器R501。

使用循环物流降低碳三加氢反应器R501净进料中的MAPD浓度，可防止反应器飞温。碳三加氢反应是高放热反应，反应热将使碳三加氢反应器R501中的物料部分汽化。这三套乙烯装置的碳三加氢反应器R501的出口物流是气液两相物流，该物流通过碳三加氢反应器出口物料冷却器E5814冷却，流入碳三加氢分离罐V505。EP1和EP3装置的碳三加氢分离罐V505的罐顶气体流至裂解气压缩系统，与裂解气压缩机四段出口裂解气混合，而EP2装置的V505罐顶气体流入碳三汽提塔。

碳三加氢分离罐V505的罐底液体都分为两股物流，一股物流都是被碳三加氢循环泵P504送出，用于稀释新鲜进料；EP1和EP3装置的另一股物流通过流量控制被送入1号和2号丙烯精馏塔中，而EP2装置的另一股物流通过流量控制被送入碳三汽提塔。

6.4.1.2　工艺流程特点

三套乙烯装置的碳三加氢反应都是在液相中进行的，全部采用单个绝热固定床反应器，都使用循环物流稀释进料中的MAPD浓度并控制反应器入口温度，其选择加氢脱除MAPD的工艺原理基本相同，仅反应器出口物料中的MAPD浓度控制稍有不同。表6-16列出了三套乙烯装置专利商提供的碳三加氢反应器典型操作参数。

表6-16　乙烯装置专利商提供的碳三加氢反应器典型操作参数

项目	EP1装置/Lummus	EP2装置/Linde	EP3装置/S&W
净进料中的MAPD质量分数/%	4.4438	4.2000	2.7189
进料中的MAPD质量分数/%	1.9736	1.8457	1.6024
进料温度/℃	24.7	27.0	39.0
反应压力/MPa	2.89	2.70	2.21
出口温度/℃	58.4	57.25	50.80
V505温度/℃	48.0	40.0	40.0
循环量/净进料量	1.2428	1.3304	0.7469
出口物料中的MAPD质量分数/%	0.0500	0.0740	0.0940

在表6-16中，EP1和EP2装置专利商采用的碳三加氢反应工艺基本类似，

碳三反应器的进料都来自单塔脱丙烷系统，进料温度低于30.0℃，一般通过循环物流调节进料温度，EP2装置的碳三反应器出口物料中的MAPD浓度比EP1装置稍高。对于EP3装置而言，因少部分MAPD已在碳二加氢反应器中被脱除，所以其碳三加氢反应器进料中的MAPD浓度比其它两套装置低，循环量与净进料量比最低，碳三反应器出口温度低，所控制的反应器出口物料中的MAPD体积分数稍高，但低于0.001。

6.4.1.3 模拟说明

图6-11~图6-13是碳三加氢反应系统模拟的基础。碳三加氢反应系统模型采用Reactors/RStoic模块，按表6-17输入化学反应计量方程式与转化率，同时计算反应热。通过规定循环量或循环物流量分配比率，可调节模拟计算出的R501出口温度。

表6-17 碳三加氢反应器的化学计量方程式与转化率

化学反应计量方程式	EP1装置 转化率/%	EP2装置 转化率/%	EP3装置 转化率/%
$CO+3H_2\longrightarrow H_2O+CH_4$	100.0	100.0	100.0
$2H_2+C_2H_2\longrightarrow C_2H_6$	100.0	100.0	100.0
$H_2+C_2H_4\longrightarrow C_2H_6$	100.0	100.0	100.0
$H_2+MA\longrightarrow C_3H_6$	54.30	53.69	55.64
$H_2+PD\longrightarrow C_3H_6$	53.10	52.89	55.66
$H_2+MA\longrightarrow C_3H_8$	43.90	45.44	40.88
$H_2+PD\longrightarrow C_3H_8$	44.40	44.51	40.89

6.4.2 模拟结果分析

三套乙烯装置的碳三加氢反应系统模拟结果见表6-18。因EP1和EP2装置的碳三加氢反应系统工艺类似，这两者的模拟计算结果区别不大。至于EP3装置，由于丙烯尾气循环量较大，使该装置的R501净进料量比其它两套装置大；同时因净进料中MAPD量少，使得反应热低，丙烯增量也低。

表6-18 三套乙烯装置的碳三加氢反应系统模拟结果

项目	EP1装置		EP2装置		EP3装置	
	工况一	工况二	工况一	工况二	工况一	工况二
入口压力/MPa	3.001	3.001	2.70	2.70	2.28	2.28
R501入口温度/℃	37.5	37.5	28.63	29.0	32.32	32.52
R501出口温度/℃	60.7	60.8	60.12	59.43	52.00	52.78
E5814出口温度/℃	40.00	40.00	40.00	40.00	35.00	35.00
净进料量/kg·h^{-1}	78360	78276	77476	78665	81868	83516

项目	EP1装置		EP2装置		EP3装置	
	工况一	工况二	工况一	工况二	工况一	工况二
配氢量/kg·h⁻¹	298	250.0	319	312	205	205
循环量/kg·h⁻¹	102000	102000	103123	104691	67368	68721
净进料中MAPD体积分数/%	3.84	3.35	4.20	4.09	2.61	2.57
R501入口中MAPD体积分数/%	1.87	1.59	1.79	1.75	1.45	1.42
R501出口中MAPD体积分数/×10⁻⁶	478	413	560	767	969	950
E5814换热量/MW	3.6542	3.4847	3.3747	3.2809	3.0711	3.0704
反应热/MW	4.4271	3.8151	4.7697	4.6647	3.0816	3.0798
丙烯增量/kg·h⁻¹	1626.7	1413.6	1742.7	1704.8	1189.8	1186.6

对于同一装置的不同工况而言，碳三加氢反应系统的模拟计算结果有差异。随着裂解原料变轻，净进料中MAPD体积分数下降，使得工况二的反应热和丙烯增量都相应比工况一稍低。三套乙烯装置的碳三选择加氢脱除MAPD的量不同，EP1、EP2和EP3装置的碳三加氢反应器R501出口物料中MAPD体积分数各分别控制在0.0005、0.0008、0.001以内，通过碳三反应器出口物料冷却器E5814用循环水撤除大部分反应热，并控制R501的物流入口温度。为应对碳三加氢反应异常或飞温而引起的反应热迅猛增加，以及催化剂活性与选择性下降带来的温度和反应热变化，通常E5814的设计换热量约取模拟计算值的2.0倍。

6.5 CO的脱除

三套乙烯装置都是利用甲烷化反应脱除CO，都采用单个甲烷化绝热床反应器，其工艺流程基本相似。

6.5.1 甲烷化反应系统的模拟

一套乙烯装置的甲烷化反应系统建立一个模型，本书共建立三个模型来模拟计算研究甲烷化反应系统，这三个模型都包含在每套乙烯装置的全流程分离系统模型中。

6.5.1.1 工艺描述

三套乙烯装置的甲烷化反应系统工艺流程简图见图6-14和图6-15。EP1和EP3装置的甲烷化反应系统的工艺流程基本上相同，与EP2装置的甲烷化反应系统的工艺流程稍有不同。

进入甲烷化反应系统的粗氢（含有CO的氢气），在EP1和EP3装置里是来自5号冷箱E305X，在EP2装置里是来自丙烯冷剂换热器E306X。在三套乙烯装置的甲烷化反应系统中，粗氢首先在甲烷化进出物料换热器E3325中被来自甲烷化反应器R301的出口物流预热，再在甲烷化进料加热器E3926中被高压蒸汽或超高压蒸汽进一步加热到催化剂所需要的温度，然后进入甲烷化反应器R301。在甲烷化反应器中，一氧化碳在有镍催化剂存在的情况下与少量氢气反应形成甲烷和水，该转化反应是一个放热反应，反应器出口物流中的CO体积分数低于1×10^{-6}。甲烷化反应器出口物流首先通过E3325被进料粗氢冷却，然后通过甲烷化出口物料冷却器E3827被循环冷却水冷却。在EP1和EP3装置里，该股氢气物流在被送去氢气干燥器进料分离罐V308前先通过氢气干燥器进料冷却器E3528被丙烯冷剂进一步冷却；在EP2装置里，该股氢气物流直接进入V308。

V308罐顶氢气物流都是流入氢气干燥器A301，其罐底累积的水返回急冷水塔。经A301干燥后的氢气可作为碳三加氢反应器所需要的纯氢，剩余氢气作为氢气产品输出；在EP1装置里，该股氢气也作为碳二加氢反应器所需要的氢气。

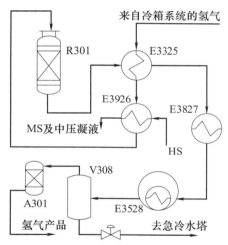

图6-14 EP1和EP3装置甲烷化
反应系统工艺流程简图

A301—氢气干燥器；E3325—甲烷化进出物料换热器；E3926—甲烷化进料加热器；E3827—甲烷化出口物料冷却器；E3528—氢气干燥器进料冷却器；R301—甲烷化反应器；V308—氢气干燥器进料分离罐

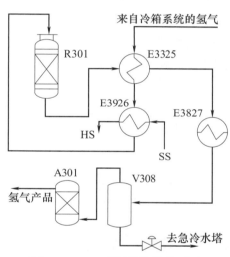

图6-15 EP2装置甲烷化反应
系统工艺流程简图

A301—氢气干燥器；E3325—甲烷化进出物料换热器；E3926—甲烷化进料加热器；E3827—甲烷化出口物料冷却器；R301—甲烷化反应器；V308—氢气干燥器进料分离罐

6.5.1.2 工艺流程特点

三套乙烯装置的甲烷化反应原理相同，全部采用单个绝热固定床反应器，仅甲烷化进料加热器E3926的加热蒸汽与氢气干燥温度不同。EP1和EP3装置的蒸汽为HS，而EP2装置的蒸汽为SS。EP1和EP3装置的氢气干燥温度低于16.0℃，需要丙烯冷剂，而EP2装置的氢气干燥温度由循环水的冷却决定。表6-19列出了三套乙烯装置专利商提供的甲烷化反应器典型操作参数。

表6-19　三套乙烯装置专利商提供的甲烷化反应器典型操作参数

项目	EP1 装置/Lummus	EP2 装置/Linde	EP3 装置/S&W
进料中的CO体积分数/%	0.47	1.73	0.26
进料温度/℃	288.0	280.0	253.0
反应压力/MPa	3.25	3.25	3.19
出口温度/℃	323.0	288.9	271.7
V308温度/℃	15.0	35.0	12.2

在表6-19中，进料氢气中的CO体积分数与裂解原料及裂解工艺条件等有关，除氢气干燥器进料分离罐V308的温度差异较大外，其它操作参数差异不大。

6.5.1.3　模拟说明

图6-14、图6-15是甲烷化反应系统模拟的基础。甲烷化反应系统模型采用Reactors/RStoic模块，按表6-20输入化学反应计量方程式与转化率，同时计算反应热。

表6-20　甲烷化反应器的化学计量方程式与转化率

化学反应计量方程式	EP1 装置 转化率/%	EP2 装置 转化率/%	EP3 装置 转化率/%
$CO+3H_2\longrightarrow H_2O+CH_4$	99.99	99.99	99.99
$2H_2+C_2H_2\longrightarrow C_2H_6$	100.0	100.0	100.0
$H_2+C_2H_4\longrightarrow C_2H_6$	100.0	100.0	100.0

6.5.2　模拟结果分析

三套乙烯装置的甲烷化反应系统模拟结果见表6-21。虽然三套乙烯装置的甲烷化反应工艺基本相同，但其深冷分离系统的氢气甲烷分离工艺不同，导致氢气中CO体积分数有差异，使得甲烷化反应系统的工艺参数不同。EP3装置与其它两套乙烯装置相比，其甲烷化反应器R301的反应热最大，R301床层温升最高。

对于同一装置的不同工况而言，甲烷化反应系统的模拟计算结果有差异。随着裂解原料变轻，进料氢气量增加较多，因进料中CO体积分数下降，使得工况二的反应热虽都相应比工况一稍低，但差异基本未超过6.0%。

表6-21　三套乙烯装置的甲烷化反应系统模拟结果

项目	EP1装置		EP2装置		EP3装置	
	工况一	工况二	工况一	工况二	工况一	工况二
R301入口压力/MPa	3.25	3.25	3.26	3.26	3.20	3.20
R301入口温度/℃	288.0	288.0	280.0	280.0	260.0	260.0
R301出口温度/℃	303.0	300.4	292.3	290.3	281.1	278.35
E3827入口温度/℃	56.0	80.0	56.0	80.0	58.0	56.0
进料量/kg·h⁻¹	5643.9	6440.8	5754.5	6591.8	5285.0	6048.4
进料中CO体积分数/%	0.21	0.17	0.20	0.14	0.29	0.26
R301出口中CO体积分数/×10⁻⁶	0.17	0.17	0.17	0.14	0.30	0.26
E3325换热量/MW	4.3183	4.4211	4.2247	4.3252	3.6276	4.1409
E3827换热量/MW	0.2747	0.7886	0.3687	0.9100	0.2877	0.2930
E3528换热量/MW	0.4275	0.4897	—	—	0.4297	0.4922
E3926换热量/MW	0.2446	0.8036	0.1384	0.6866	0.0197	0.0354
反应热/MW	0.2519	0.2393	0.2117	0.2023	0.3303	0.3292

6.6　脱砷

在模拟流程中不考虑砷及砷化合物。碳二和碳三加氢反应器进料的脱砷工艺与乙烯装置的裂解原料中砷含量和分离工艺流程等密切相关。在顺序分离工艺的EP1装置中，除非裂解原料含砷量较高，一般不考虑碳二和碳三加氢反应器进料的脱砷。在前脱乙烷分离工艺的EP2装置中，仅有碳二加氢反应器进料的脱砷，如图6-9所示，R402为碳二加氢脱砷保护床。在前脱丙烷分离工艺的EP3装置中，碳二和碳三加氢反应器的进料都有脱砷保护床，如图6-10和图6-13所示，R402和R502各分别为碳二和碳三加氢脱砷保护床。

参 考 文 献

[1]　兰其盈，杜江，孙卫国，等. 干气胺洗工艺过程模拟Ⅰ. 热力学模型的选取和胺吸收塔的模拟 [J]. 石化技术与应用，2006，24（2）：93-100.

[2]　William Mickey Haynes. Handbook of Chemistry and Physics [M]. 97th ed. Boca Raton：CRC Press，2017.

[3]　James O. Maloney. Perry's Chemical Engineers' Handbook [M]. 8th ed. Boca Raton：The Mc-Graw-Hill Companies，2008.

[4]　Charles Hammond，Vance Ham. Caustic tower operation considerations for effective performance [C]//Ethylene Producers' Conference，AIChE Spring National Meeting，Tampa，Florida，USA，April 26-30，2009.

[5]　Hua Mo，Daid Dixon，Lowell Sykes. Mitigating fouling in the caustic tower [J]. Petroleum Technology Quarterly，2013，18（5）：139-140，143.

［6］ Jessica M Hancock, A. W. Van Zijl, Ian Robson, et al. A chemist's perspective on organic fouling in ethylene operations ［J］. Hydrocarbon Processing, 2014, 93（6）: 61-66.

［7］ Jérôme Vachon, Jessica M Hancock, Ian Robson. A chemist's perspective on organic fouling in ethylene operations: update ［J］. Hydrocarbon Processing, 2015, 94（10）: 49-53.

［8］ 李云龙, 周磊. 乙烯装置碱洗塔稳定运行及黄油的抑制 ［J］. 乙烯工业, 2019, 31（2）: 38-40.

［9］ Fabrice Cuoq, Jérôme Vachon, Jan Jordens, et al. Red-oils in ethylene plants: formation mechanisms, structure and emulsifying properties ［J］. Applied Petrochemical Research, 2016, 6（4）: 397-402.

［10］ 张武平. 乙烯碱洗塔废液的处理与综合利用 ［J］. 石油化工高等学校学报, 1998, 11（4）: 17-24.

［11］ 王松汉, 何细藕. 乙烯工艺与技术 ［M］. 北京: 中国石化出版社, 2000.

［12］ 吴锦标, 吴卫. 黄油抑制剂HK-1312的工业应用 ［J］. 乙烯工业, 2001, 13（4）: 51-53.

［13］ 王雪玲, 程广慧, 贾广斌, 等. 黄油抑制剂在乙烯碱洗塔的应用 ［J］. 乙烯工业, 2009, 21（2）: 30-32.

［14］ 邹余敏, 尹兆林, 鲁卫国, 等. 乙烯装置中碱洗塔黄油生成原因分析及对策 ［J］. 石油化工, 2000, 29（6）: 443-445.

［15］ 林鹏. 乙烯装置碱洗及废碱氧化系统存在问题及处理措施 ［J］. 乙烯工业, 2017, 29（1）: 54-57.

［16］ 陈刚, 肖江, 张强利. 废碱液预处理及氧化系统的改造与运行 ［J］. 乙烯工业, 2006, 18（4）: 8-13.

［17］ Herold R H M, Mokhatab S. Optimal design and operation of molecular sieve gas dehydration units—Part 1 ［J］. Gas Processing, July/August 2017: 25-30.

［18］ Herold R H M, Mokhatab S. Optimal design and operation of molecular sieve gas dehydration units—Part 2 ［J］. Gas Processing, September/October 2017: 33-36.

［19］ Matthew A. Sonnycalb. Modeling Hydrate Formation in a Cracked Gas Drier Feed Chiller ［C］// Ethylene Producers' Conference, AIChE Spring National Meeting, New Orleans, Louisiana, USA, March 31-April 4, 2003: 376-383.

第 7 章

深冷分离系统

深冷分离系统包括裂解气预冷、1号至5号冷箱、脱甲烷塔（含预脱甲烷塔）、氢气与甲烷分离及甲烷制冷系统等。1~5号冷箱是根据工艺物流从冷到热的级别编号的。本章通过模拟计算分析深冷分离系统，针对不同的深冷分离工艺，相应分析模拟计算结果，并讨论提高乙烯回收率和氢气回收率的措施。

7.1　深冷分离系统的模拟

一套乙烯装置的深冷分离系统只有一个模型，本书共建立三个模型来模拟计算研究深冷分离系统，这三个模型都包含在每套乙烯装置的全流程分离系统模型中。

7.1.1　工艺描述

三套乙烯装置的深冷分离系统工艺流程简图见图7-1~图7-3。EP1装置的深冷分离工艺采用前脱氢低压脱甲烷流程，EP2和EP3装置的深冷分离工艺采用前脱氢高压脱甲烷流程。

7.1.1.1　EP1装置的工艺描述

进入EP1装置深冷分离系统的裂解气来自裂解气干燥器A201，该股裂解气在流入低温1号分离罐V304前，依次通过裂解气干燥器出口预冷器E2417、乙烯精馏塔侧线再沸器E4311、脱甲烷塔进料预冷器E3507、乙烷汽化器E3306、脱甲烷塔裂解气再沸器E3312、脱甲烷塔进料冷凝器E309X、脱甲烷塔侧线再沸器E3319和4号冷箱E304X预冷（见表7-1）。

表7-1　EP1装置预冷段的典型裂解气换热情况

换热器位号	冷却介质	裂解气被冷却后典型温度/℃
E2417	E305X出口的脱甲烷塔塔底液体	-1.8
E4311	乙烯精馏塔侧线抽出液体	-13.2
E3507	-40℃丙烯冷剂	-28.3
E3306	乙烷循环物流	-32.8
E3312	脱甲烷塔塔底液体	-49.8
E309X	-63℃乙烯冷剂	-52.0
E3319	脱甲烷塔侧线抽出液体	-61.5
E304X	-75℃乙烯冷剂	-72.0

通过预冷段的裂解气进入V304罐进行气液分离。V304罐底所有冷凝的烃类都先流经脱甲烷塔进料分流换热器E316X过冷，然后通过流量控制分流为两股液体，

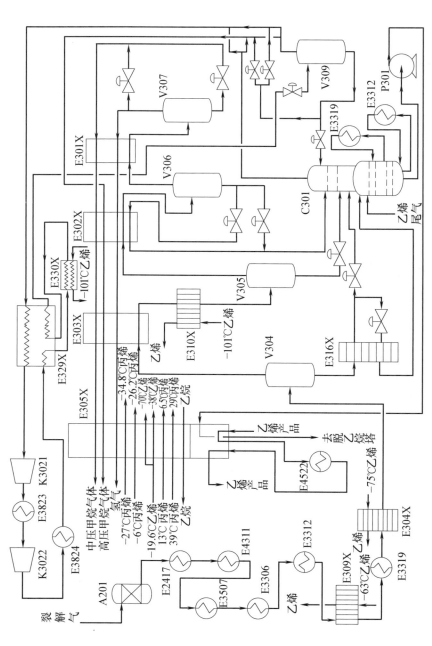

图 7-1　EP1 装置深冷分离系统工艺流程简图

A201—裂解气干燥器；C301—脱甲烷塔；E301X—1 号冷箱；E302X—2 号冷箱；E303X—3 号冷箱；E304X—4 号冷箱；E305X—5 号冷箱；E309X—脱甲烷
塔进料冷凝器；E310X—脱甲烷塔进料高压冷凝器；E316X—脱甲烷塔进料分流换热器；E329X—脱甲烷塔进料逆流冷凝器；E330X—脱甲烷塔裂解进料预冷器；
E2417—裂解气干燥器出口预冷器；E3306—乙烷汽化器；E3507—脱甲烷塔进料裂解气再沸器；K3021—甲烷制冷压缩机后冷器；K3021—甲烷制冷压缩机
E3319—脱甲烷塔侧线再沸器；E4522—乙烯产品加热器；E3823—甲烷制冷压缩制中间冷却器；E3824—甲烷制冷压缩制后冷器；V305—低温 1 号分离罐；V306—低温 2 号分离罐；V307—脱甲烷塔回流罐；P301—甲烷制冷压缩泵；E4311—乙烯精馏塔侧线再沸器；V304—低温 1 号分离罐；V305—低温 2 号分离罐；V306—低温 3 号分离罐；
一段；K3022—甲烷制冷压缩机二段；V307—脱甲烷塔回流罐；V309—氢气分离罐；

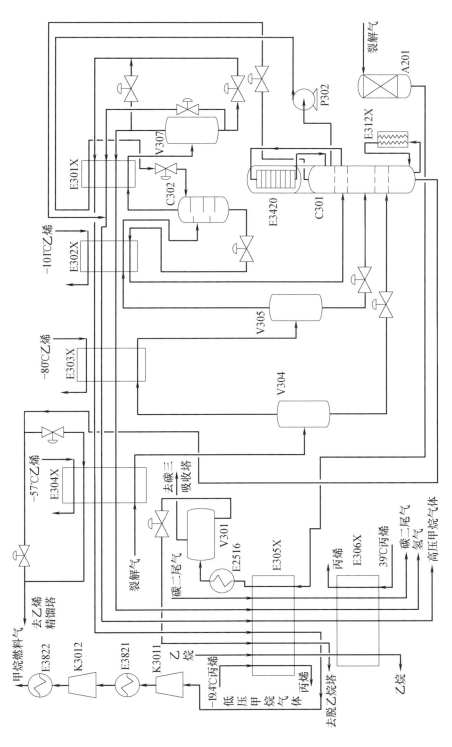

图7-2 EP2装置深冷分离系统工艺流程简图

A201—裂解气干燥器；C301—脱甲烷塔；C302—碳二吸收塔；E301X—1号冷箱；E302X—2号冷箱；E303X—3号冷箱；E304X—4号冷箱；E305X—5号冷箱；E306X—丙烯冷剂换热器；E312X—脱甲烷塔后冷器；E2516—裂解气干燥器逆流再沸器；E3420—脱甲烷塔顶冷凝器；E3821—甲烷增压机中间冷却器；E3822—甲烷增压机后冷器；K3011—甲烷增压机一段；K3012—甲烷增压机二段；P302—脱甲烷塔顶甲烷泵；V301—预冷分离罐；V304—低温1号分离罐；V305—低温2号分离罐；V307—氢气分离罐

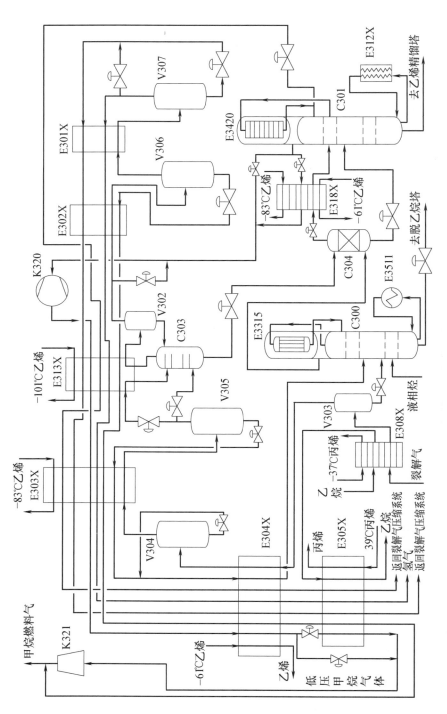

图 7-3　EP3 装置深冷分离系统工艺流程简图

C300—预脱甲烷塔；C301—脱甲烷塔；C303—尾气精馏塔；C304—脱甲烷塔进料接触塔；E301X—1 号冷箱；E302X—2 号冷箱；E303X—3 号冷箱；E304X—4 号冷箱；E305X—5 号冷箱；E308X—脱甲烷塔进料冷却器；E312X—脱甲烷塔进料冷凝器；E313X—尾气精馏塔逆流再沸器；E318X—脱甲烷塔进料接触塔顶冷凝器；E3511—预脱甲烷塔再沸器；E3315—预脱甲烷塔冷凝器；E3420—预脱甲烷塔冷凝器；K320/K321—甲烷膨胀机/再压缩机；V302—尾气分离罐；V303—预脱甲烷塔进料分离罐；V304—低温 1 号分离罐；V305—低温 1 号分离罐；V306—低温 2 号分离罐；V307—氢气分离罐

152　乙烯装置分离
　　全流程模拟

各分别作为脱甲烷塔C301的两股进料，从而减少进料汽化量，降低脱甲烷塔回流比。一股液体占40%，经节流膨胀后作为C301塔的第三股进料；另一股液体占60%，经节流膨胀后作为冷却介质，先返回E316X过冷V304罐底所有液体，然后送往C301塔作为C301塔的第四股进料。来自V304罐顶的裂解气经过逐级冷凝并分离，大部分成为C301塔的另两股进料，剩余部分是氢气和甲烷组分。该股裂解气首先去3号冷箱E303X被预冷至−87.0℃，再去脱甲烷塔进料高压冷凝器E310X被冷凝至−98.0℃，然后流入低温2号分离罐V305进行气液分离。V305罐底液体作为C301塔的第二股进料，其罐顶气体去2号冷箱E302X被预冷至−136.0℃，流入低温3号分离罐V306进行气液分离。V306罐底液体被分为两半，一半液体节流膨胀后返回E302X回收其部分液体挥发所带来的冷量，它与另一半液体节流膨胀后的物流混合，一起流入C301塔，作为C301塔的第一股进料。C301塔还有一股进料，它是来自乙烯精馏塔回流罐的罐顶乙烯尾气。

裂解气冷凝的重组分都进入了脱甲烷塔C301，C301塔底液体较多，几乎是裂解气含有的所有碳二及碳二以上组分。脱甲烷塔塔顶设定压力应刚好高到可使塔顶高压甲烷用于干燥器或反应器再生后仍可进入燃料气系统，本书设定为0.63MPa。脱甲烷塔C301有塔底和侧线两个再沸器，都是通过裂解气加热。脱甲烷塔裂解气再沸器E3312用−35.4℃裂解气作热源，侧线再沸器E3319用−58.0℃裂解气作热源。离开E3312的裂解气在进入E3319之前，在脱甲烷塔进料冷凝器E309X中被−63℃液相乙烯冷剂冷却。

C301塔顶和脱甲烷塔回流罐V309罐顶甲烷气体各分别被分成两股：C301塔顶一股气体先与来自V309罐顶的一股气体混合，再与来自V309罐底的约5.0%甲烷液体节流膨胀两相汽化物混合，依次流入2号冷箱E302X、3号冷箱E303X和5号冷箱E305X回收冷量，被加热至30℃，该股混合气体被称为高压甲烷气体，用作反应器或干燥器的再生气或进入燃料气系统；C301塔顶另一股气体先与来自V309罐顶的另一股气体混合，再与来自V309罐底的约25.0%甲烷液体节流膨胀两相汽化物混合，流入脱甲烷塔逆流冷凝器E329X回收冷量，通过E329X被加热至10.0℃，依次进入甲烷制冷压缩机一段K3021、甲烷制冷压缩机中间冷却器E3823、甲烷制冷压缩机二段K3022、甲烷制冷压缩机后冷器E3824，然后返回E329X被冷甲烷物流冷凝，流入脱甲烷塔回流冷凝器E330X继续被−101℃液相乙烯冷剂冷凝至−98℃，再次返回E329X被冷凝至−136℃，甲烷液体经节流膨胀进入V309罐。V309罐底液相甲烷被分为三股，约70.0%物料作为C301塔的回流，其余约30.0%物料分为两股节流膨胀后各分别与V309罐顶的两股气体混合，可各分别调整E329X和E302X所需要的冷量，进而各分别调节从E329X流入E330X甲烷物流的温度和V306罐的温度。C301塔底液体被脱甲烷塔塔底泵P301送至E305X，被加热至–13℃后去脱乙烷塔。

V306罐顶气体去1号冷箱E301X被预冷至–164.0℃，流入氢气分离罐V307进行气液分离。V307罐顶气体被分为两股：大部分作为氢气产品，依次流经E301X、E302X、E303X和E305X回收冷量，然后进入甲烷化反应系统；约10%部分通过焦耳-汤姆逊效应膨胀流入来自V307罐底的中压甲烷物流中，以便E301X获得更多的冷量。V307罐底液体为液相甲烷，它通过焦耳-汤姆逊效应膨胀至0.5MPa，与少量通过焦耳-汤姆逊效应膨胀后的低温低压氢气混合后返回E301X回收冷量，再依次流经E302X、E303X和E305X回收冷量，最终被加热为27℃气体进入燃料气系统，这股物流被称为中压甲烷气体。

通过乙烷汽化器E3306加热过的循环乙烷在5号冷箱E305X里回收冷量，被加热至27℃后再去原料预热系统预热。来自乙烯球罐被泵送来的高压液相乙烯产品也在E305X里回收冷量，它先在E305X中被加热到–13℃，然后在乙烯产品加热器E4522中被13℃气相丙烯冷剂加热，再返回E305X中被过热到27℃作为气相乙烯产品。

7.1.1.2　EP2装置的工艺描述

进入EP2装置深冷分离系统的裂解气来自裂解气干燥器A201和裂解气保护干燥器A402。来自裂解气干燥器A201的裂解气首先被5号冷箱E305X和裂解气干燥器出口丙烯预冷器E2516冷却（见表7-2），然后流入预冷分离罐V301进行汽液分离，V301罐顶气体流入碳三汽提塔，其罐底液体返回5号冷箱E305X回收冷量后进入脱乙烷塔；来自裂解气保护干燥器A402的裂解气是被脱除乙炔的碳三吸收塔塔顶裂解气，该股裂解气被4号冷箱E304X预冷（见表7-2）后，流入低温1号分离罐V304进行气液分离。

表7-2　EP2装置预冷段的典型裂解气换热情况

换热器位号	冷却介质	裂解气被冷却后温度/℃
E305X	–19.4℃丙烯冷剂及乙烷等六股工艺物流	–10.7
E2516	–38℃丙烯冷剂	–21.0
E304X	–56.6℃乙烯冷剂及氢气等四股工艺物流	–53.7

V304罐底的液体是脱甲烷塔C301的第三股进料。来自V304罐顶的裂解气经过逐级冷凝并分离，大部分成为脱甲烷塔C301的另两股进料，剩余部分是氢气和甲烷组分。该股裂解气首先去3号冷箱E303X被预冷至–76.4℃，流入低温2号分离罐V305进行汽液分离。V305罐底液体作为脱甲烷塔C301的第二股进料，其罐顶气体去2号冷箱E302X被预冷至–110.7℃，流入碳二吸收塔C302。C302塔底液体返回E302X回收其部分液体挥发所带来的冷量，然后流入脱甲烷塔C301，作为C301塔的第一股进料。

由于脱甲烷塔C301的三股进料主要为碳二及碳二以下轻组分，所以C301

塔底液体可直接回收冷量后进入乙烯精馏塔。脱甲烷塔逆流再沸器E312X用8.9℃气相丙烯冷剂作热源，脱甲烷塔冷凝器E3420置于塔的顶部，用−101℃液相乙烯冷剂作冷源。C301塔顶部分冷凝的甲烷液体返回C301的上部进行气液分离，一部分甲烷液体用作C301塔自身的回流，另一部分甲烷液体被脱甲烷塔塔顶甲烷泵P302抽出，用作碳二吸收塔C302的回流。C301塔顶未凝的甲烷气体全部通过焦耳-汤姆逊效应膨胀去与E302X入口的高压甲烷物流混合。C301塔顶抽出的液相甲烷在被泵送往C302塔顶之前，先被1号冷箱E301X过冷至−164.0℃，然后去吸收C302塔顶气体中的碳二组分以减少乙烯损失。C301塔底液体被分为两股：一股液体节流膨胀后进入4号冷箱E304X回收冷量，被加热至−47.0℃；另一股液体节流膨胀后走E304X旁路，这两股物流汇合后一起进入乙烯精馏塔。

碳二吸收塔C302塔顶气体去1号冷箱E301X被预冷至−164.0℃，流入氢气分离罐V307进行气液分离。V307罐顶气体被分为两股，绝大部分作为氢气产品，依次流经E301X、E302X、E303X、E304X、E305X和丙烯冷剂换热器E306X回收冷量，然后进入甲烷化反应系统，极少部分通过焦耳-汤姆逊效应膨胀流入来自V307罐底的低压甲烷物流中，以便E301X获得更多的冷量。V307罐底液体为液相甲烷，它也被分为两股。一股被称为低压甲烷，它通过焦耳-汤姆逊效应膨胀至0.2MPa，与少量通过焦耳-汤姆逊效应膨胀后的低温低压氢气混合后返回E301X回收冷量，再依次流经E302X、E303X、E304X和E305X回收冷量，最终被加热为12℃气体，依次进入甲烷增压机一段K3011、甲烷增压机中间冷却器E3821、甲烷增压机二段K3012、甲烷增压机后冷器E3822，被压缩至0.5MPa进入燃料气系统；另一股被称为高压甲烷，它通过焦耳-汤姆逊效应膨胀至0.63MPa，然后返回E301X回收冷量，先与C301塔顶气体混合，再依次流经E302X、E303X、E304X、E305X和E306X回收冷量，最终被加热为36℃气体作为甲烷燃料气，或者作为反应器或干燥器的再生气，再送至燃料气系统。

来自乙烯精馏塔的塔底循环乙烷和脱乙烷塔回流罐罐顶的碳二尾气都依次经过E305X和E306X回收冷量，都被加热至36℃。循环乙烷继续去原料预热系统预热，碳二尾气进入裂解气压缩系统，流入碱洗塔出口分离罐V206。

7.1.1.3　EP3装置的工艺描述

进入EP3装置深冷分离系统的裂解气和液相烃都来自高压前脱丙烷塔回流罐V504（见图9-3），各分别是通过碳二前加氢系统脱除乙炔、通过裂解气保护干燥器A402脱除水分的裂解气压缩机五段出口裂解气被高压前脱丙烷塔1号回流冷却器E5506、2号回流冷却器E5507、冷凝器E5508（见表7-3）预冷并通过V504分离的罐顶气体和部分罐底液体。

来自高压前脱丙烷塔回流罐V504罐底的液相烃直接流入预脱甲烷塔塔中部，作为预脱甲烷塔C300的第三股进料。来自V504罐顶的裂解气经过逐级冷凝并分离，大部分成为预脱甲烷塔C300和脱甲烷塔C301的进料，剩余部分是氢气和甲烷组分。该股裂解气首先被预脱甲烷塔进料冷却器E308X（见表7-3）冷凝，流入预脱甲烷塔进料分离罐V303。V303罐顶气体又被4号冷箱E304X（见表7-3）预冷，流入低温1号分离罐V304进行气液分离；V303罐底液体去作为预脱甲烷塔C300的第二股进料。V304罐顶气体去3号冷箱E303X被预冷至−80℃，流入低温2号分离罐V305进行气液分离，V305罐顶气相中不含碳三组分；V304罐底液体与V305罐底液体返回E303X回收冷量后的物流混合，一起先去E304X回收冷量被加热至−38℃，然后作为预脱甲烷塔C300的第一股进料。V305罐顶气体进入S&W公司的热集成精馏系统（Heat Integrated Rectifier System，简称HRS）[1]，可减少甲烷组分所携带的乙烯损失量。

表7-3　EP3装置预冷段的典型裂解气换热情况

换热器位号	冷却介质	裂解气被冷却后温度/℃
E5506	7℃丙烯冷剂	10.0
E5507	−7℃丙烯冷剂	−4.0
E5508	−21℃丙烯冷剂	−18.0
E308X	−37℃丙烯冷剂及乙烷物流	−34.0
E304X	−61℃乙烯冷剂及氢气等六股工艺物流	−58.0

预脱甲烷塔再沸器E3511用38.9℃液体丙烯冷剂作热源，而预脱甲烷塔冷凝器E3315用脱甲烷塔C301塔底液体作为冷源，去冷凝预脱甲烷塔C300塔顶气体。脱甲烷塔C301塔底液体都是碳二馏分，经−37℃液体丙烯冷剂过冷以减少闪蒸，其压力降低后相当于−61℃的冷剂。不含碳三馏分的预脱甲烷塔C300塔顶未凝气进入脱甲烷塔进料接触塔C304底部，C300塔底液体去脱乙烷塔。

HRS系统由尾气精馏塔C303、尾气精馏塔回流罐V302和尾气精馏冷凝器E313X构成，该系统的冷源为−101℃液体乙烯冷剂及冷氢气、冷甲烷等五股工艺物流。V305罐顶气体被分为两股，占70%的一股进入尾气精馏冷凝器E313X被冷凝至−102℃后流入尾气精馏塔C303塔中部，占30%的另一股直接进入C303塔底部。C303塔顶气体经尾气精馏冷凝器E313X冷凝至−119.2℃，流入尾气精馏塔回流罐V302，V302罐底液体全部作为C303塔的回流，V302罐顶气体分别进入2号冷箱E302X和甲烷膨胀机K320。C303塔底液体流入脱甲烷塔进料接触塔C304上部，它与C304塔底部另一股气体进料在C304塔中逆流接触，既传质又传热。C304塔底液体作为脱甲烷塔C301的中部进料，C304塔顶气体通过脱甲烷塔进料接触塔塔顶冷凝器E318X被冷凝至−80℃，作为C301塔的上部进料。

乙烯装置分离
全流程模拟

由于脱甲烷塔C301的两股进料主要为碳二及碳二以下轻组分，所以C301塔底液体可直接通过过冷并回收冷量后进入乙烯精馏塔。脱甲烷塔逆流再沸器E312X用7℃气相丙烯冷剂作热源，脱甲烷塔冷凝器E3420置于塔的顶部，用-101℃液相乙烯冷剂作冷源。C301塔顶未凝的甲烷气体被分为两股，较少一股去E318X回收冷量，另一股通过E318X旁路，以便于控制流入甲烷膨胀机K320的气体温度，最终这两股气体汇合后与来自V302罐顶的少部分气体混合，一起进入甲烷膨胀机K320。C301塔顶剩余的回流液极少，塔顶采出的液体可通过焦耳-汤姆逊效应膨胀先去E313X回收冷量，再依次继续去3号冷箱E303X、4号冷箱E304X、5号冷箱E305X回收冷量，被加热为34℃气体返回裂解气压缩机二段吸入罐V202。

来自HRS系统V302罐顶的气体流入2号冷箱E302X被冷凝至-140℃，进入低温3号分离罐V306进行气液分离。V306罐顶气体流入1号冷箱E301X被冷凝至-164℃，进入氢气分离罐V307进行气液分离。V306罐底液体为液相甲烷，它通过焦耳-汤姆逊效应膨胀至再生系统所需要的压力，然后返回E302X回收冷量，再依次流经E313X、E303X、E304X和E305X回收冷量，最终被加热为36℃气体作为甲烷燃料气，或者作为反应器或干燥器的再生气，再送至燃料气系统。V307罐顶气体被分为两股，绝大部分作为氢气产品，依次流经E301X、E302X、E313X、E303X、E304X和E305X回收冷量，然后进入甲烷化反应系统，极少部分通过焦耳-汤姆逊效应膨胀流入来自V307罐底的低压甲烷物流中，以便E301X获得更多的冷量。V307罐底液体为液相甲烷，它通过焦耳-汤姆逊效应膨胀至低压，与少量通过焦耳-汤姆逊效应膨胀后的低温低压氢气混合后返回E301X回收冷量，再依次流经E302X、E313X、E303X、E304X和E305X回收冷量，最终被加热为36℃气体返回裂解气压缩机二段吸入罐V202。

甲烷膨胀机/再压缩机K320/K321是一台同轴单级一体机，甲烷膨胀机K320驱动甲烷再压缩机K321。来自脱甲烷塔C301塔顶及尾气精馏塔回流罐V302罐顶的混合气体经过甲烷膨胀机K320膨胀后，其温度降至-141.0℃以下，然后依次在E313X、E303X、E304X和E305X回收冷量，最终被加热到甲烷再压缩机K321所要求的进口温度，该股气体被称为低压甲烷气体。低压甲烷气体被K321压缩后进入燃料气系统。

7.1.2　工艺流程特点

三套乙烯装置的深冷分离工艺都采用前脱氢流程，但预冷段、脱甲烷及甲烷制冷系统工艺截然不同，氢气与甲烷分离工艺稍有差异（见表7-4）。

表 7-4　三套乙烯装置的深冷分离工艺差异情况

深冷分离系统	项目	EP1 装置	EP2 装置	EP3 装置
预冷段	裂解气流量	大	小	中
	裂解气组分	粗汽油以下	前部分粗汽油以下/后部分碳二及碳二以下	碳三及碳三以下
	V304罐温度/℃	−72.0	−53.7	−58.0
脱甲烷系统	预脱甲烷塔	无	无	有
	C300塔底物料组分	—	—	碳二及碳三
	脱甲烷塔	低压	高压	高压
	C301塔顶压力/MPa	0.63	3.21	3.08
	C301塔底物料组分	碳二~粗汽油	碳二	碳二
	C301塔底物料量	大	中	小
	C301塔顶甲烷量	多两倍以上	少	少
甲烷制冷系统	膨胀方式	节流阀	节流阀	节流阀与膨胀机
	压缩机	制冷压缩机	增压机	再压缩机
	低压甲烷气体去向	无	去增压机	少量返回裂解气压缩系统
	中压甲烷气体	有	无	无
氢气与甲烷分离系统	V307罐顶氢气量	多	中	少
	氢气去甲烷中的量	大	少	中
	氢气回收率	低	高	中
	V307罐底甲烷量	中	高	低
	低压甲烷压力/MPa	—	0.2	0.36

（1）预冷段

EP1 装置的预冷段为裂解气干燥器 A201 出口至低温 1 号分离罐 V304 罐前部分，有 8 台换热器，将裂解气从约 15.0℃冷凝至−72.0℃。EP2 装置的预冷段分为两部分，从裂解气干燥器 A201 出口至预冷分离罐 V301 为前部分，从裂解气保护干燥器 A402 出口至低温 1 号分离罐 V304 罐前为后部分，被前脱乙烷和碳二前加氢系统隔开。EP3 装置的预冷段为裂解气保护干燥器 A402 出口至低温 1 号分离罐 V304 罐前部分，裂解气干燥器 A201 出口至裂解气保护干燥器 A402 间为前脱丙烷、裂解气压缩机五段和碳二前加氢系统。

（2）脱甲烷系统

EP1 和 EP2 装置都只设脱甲烷塔：EP1 装置采用低压脱甲烷工艺，有脱甲烷塔回流罐 V309，裂解气冷凝烃分四股进入脱甲烷塔 C301；EP2 装置采用高压脱甲烷工艺，脱甲烷塔冷凝器置于塔顶，不需要脱甲烷塔回流罐及回流泵，裂解气冷凝烃分三股进入脱甲烷塔 C301。在 EP3 装置的脱甲烷塔 C301 前设有预脱甲烷塔 C300，这两个塔的塔顶冷凝器都置于塔顶，也都省去回流罐及回流

乙烯装置分离
全流程模拟

泵，同时使脱甲烷塔进料中没有碳三及碳三以上组分，并且减少部分碳二组分；裂解气冷凝烃分三股进入预脱甲烷塔 C300，分两股进入脱甲烷塔 C301。三套乙烯装置的脱甲烷塔冷凝器都用 $-101℃$ 的液相乙烯冷剂来冷凝 C301 塔顶甲烷气体，而 EP1 装置还需用到更低温度的甲烷冷剂。

C301 塔底液体的冷量回收方式各有特点。EP1 装置的 C301 塔底液体首先在 5 号冷箱被预热至 $-13℃$，然后被分成两股进入脱乙烷塔：一股直接流入脱乙烷塔；另一股依次经裂解气干燥器出口预冷器 E2417 及其进料预冷器 E2414 预热后进入脱乙烷塔。EP2 装置的 C301 塔底液体直接节流降温后通过 4 号冷箱 E304X 回收冷量，然后流入乙烯精馏塔。EP3 装置的 C301 塔底液体首先通过脱甲烷塔塔底冷却器 E317X 用 $-38℃$ 液相丙烯冷剂预冷，然后被分成两股，一股节流降温后去预脱甲烷塔冷凝器 E3315 回收冷量，另一股节流降温后通过脱甲烷塔塔底蒸发器 E314X 预冷 $-33.4℃$ 液相乙烯，这两股物流混合后流入乙烯精馏塔（见图 8-8）。

（3）甲烷制冷系统

甲烷制冷利用绝热膨胀或等熵膨胀降温的热力学原理，采用甲烷制冷压缩机或甲烷增压机、甲烷膨胀机/再压缩机，实现氢气和甲烷分离所需的低温，以及满足冷箱系统的热量平衡。EP1 装置采用甲烷制冷压缩机单独设置的方案[2]，甲烷制冷压缩机是一台两段的离心式压缩机；将 V307 罐底液体甲烷节流膨胀产生中压甲烷两相物流，以及将来自甲烷制冷压缩机出口甲烷气体被冷凝后的气液两相甲烷节流膨胀产生高压甲烷物流，用于给冷箱提供甲烷冷剂以达到热量平衡。EP2 装置通过节流膨胀将一部分 V307 罐底液体甲烷变为高压甲烷气体，另一部分变为低压甲烷气体，采用两段离心式增压机将低压甲烷气体压缩送入燃料气系统。EP3 装置既通过节流膨胀将 V307 罐底液体甲烷变为低压甲烷气体返回裂解气压缩机，又采用膨胀机将脱甲烷塔塔顶甲烷气体及 V302 罐顶部分气体变为低压甲烷气体，通过再压缩机将低压甲烷气体压缩送入燃料气系统。

（4）氢气与甲烷分离系统

三套乙烯装置的氢气与甲烷分离都在氢气分离罐 V307 中进行，V307 罐的温度都通过调节罐顶氢气节流膨胀去甲烷物流中的流量控制，使得它们的氢气回收率产生较大差异。由于 EP1 装置 V307 罐底的液相甲烷节流膨胀提供的冷量不足，所以 V307 罐顶的氢气补入甲烷物流中的量较大，约占 V307 罐顶总氢气量的 10%。EP2 装置 V307 罐底的液相甲烷节流膨胀提供的冷量最多，自 V307 罐顶补入甲烷物流中的氢气量约占 V307 罐顶总氢气量的 3.8%。EP3 装置 V307 罐底的液相甲烷节流膨胀提供的冷量较多，自 V307 罐顶补入甲烷物流中的氢气量约占 V307 罐顶总氢气量的 6.7%。

7.1.3　模拟说明

图7-1~图7-3是深冷分离系统模拟的基础。每套乙烯装置两个工况的压缩机及膨胀机模拟都不考虑其同段多变效率和出口压力的差异。压缩机的多变过程模拟模型采用离心式压缩机的ASME方法，膨胀机的等熵过程模拟模型采用透平机的GPSA方法，它们各段的多变效率和出口压力见表7-5。

表7-5　压缩机及膨胀机的规定参数

项目	多变效率/%	出口压力/MPa
甲烷制冷压缩机一段K3021	78.5	2.00
甲烷制冷压缩机二段K3022	75.0	3.95
增压机一段K3011	78.0	0.30
增压机二段K3012	77.0	0.52
膨胀机K320	85.0	0.49
再压缩机K321	83.0	计算

深冷分离系统的模拟选用PR-BM基础物性方法。在模拟计算时，为便于模型收敛，将个别循环物流断开处理，通过多次迭代计算，直至循环物流的流量与组成变化很小。EP1装置只断开乙烯精馏塔塔顶尾气。

涉及循环热流的模拟时，先断开计算至模型收敛，然后将热流数据输入给对应换热器。EP1装置将脱甲烷塔所需要的塔底再沸和侧线再沸热量各分别输入给脱甲烷塔裂解气再沸器E3312和侧线再沸器E3319，同时将汽化乙烷所需要的热量输入给乙烷汽化器E3306；规定裂解气通过乙烯精馏塔侧线再沸器E4311预冷后的温度为−13.2℃。EP3装置将预脱甲烷塔塔顶所需要的冷凝热量输入给预脱甲烷塔塔顶冷凝器E3315。

7.2　模拟结果分析

因三套乙烯装置的分离工艺不同，其深冷分离系统差异较大，其模拟计算结果按三种深冷分离技术的主要特点分开讨论。

7.2.1　预冷段

三套乙烯装置深冷分离系统的预冷段截然不同。各分别按装置分析不同工况下预冷段的裂解气换热情况。

表7-6给出了EP1装置预冷段的裂解气换热情况。在表7-6中，在两种工况

下裂解气被冷却后温度相同，都是规定了相应换热器的热端出口温度；裂解气被冷却后温度不同，其相应换热器被输入循环热流值，从而循环模拟计算出该换热器的热端出口温度，如乙烷汽化器E3306、脱甲烷塔裂解气再沸器E3312和脱甲烷塔侧线再沸器E3319。随着裂解原料变轻，在工况二下除E3319的换热量比工况一减少2.0%外，其它七台换热器的换热量都上升，其中E3312和脱甲烷塔进料冷凝器E309X的换热量各分别比工况一高出10.8%和21.5%。

表7-6　EP1装置预冷段的裂解气换热情况

换热器位号	裂解气被冷却后温度/℃		换热量/MW	
	工况一	工况二	工况一	工况二
E2417	−1.80	−1.80	9.2861	9.3844
E4311	−13.20	−13.20	6.5022	6.6341
E3507	−28.30	−28.30	8.9083	9.1219
E3306	−32.66	−32.91	2.4621	2.6930
E3312	−47.36	−46.70	4.0175	4.4511
E309X	−52.00	−52.00	2.2023	2.6750
E3319	−61.08	−61.52	7.7824	7.6272
E304X	−72.00	−72.00	4.3479	4.4244

表7-7给出了EP2装置预冷段的裂解气换热情况。在表7-7中，三台换热器的热端出口温度都是按工艺要求规定的，所以在两种工况下它们的裂解气被冷却后温度相同。随着裂解原料变轻，在工况二下这三台换热器的换热量都上升，5号冷箱E305X、裂解气干燥器出口丙烯预冷器E2516和4号冷箱E304X的换热量各分别比工况一高出2.83%、5.50%和1.75%。

表7-7　EP2装置预冷段的裂解气换热情况

换热器位号	裂解气被冷却后温度/℃		换热量/MW	
	工况一	工况二	工况一	工况二
E305X	−10.70	−10.70	11.0006	11.3116
E2516	−21.00	−21.00	5.3450	5.6389
E304X	−53.65	−53.65	13.7824	14.0229

表7-8给出了EP3装置预冷段的裂解气换热情况。在表7-8中，五台换热器的热端出口温度也都是按工艺要求规定的，所以在两种工况下它们的裂解气被冷却后温度相同。随着裂解原料变轻，在工况二下除高压前脱丙烷塔冷凝器E5508的换热量比工况一轻微减少0.69%外，其它四台换热器的换热量都上升，高压前脱丙烷塔1号回流冷却器E5506、2号回流冷却器E5507、预脱甲烷塔进料冷却器E308X和E304X的换热量各分别比工况一高出3.82%、5.42%、1.85%和5.26%。

表7-8　EP3装置预冷段的裂解气换热情况

换热器位号	裂解气被冷却后温度/℃		换热量/MW	
	工况一	工况二	工况一	工况二
E5506	10.00	10.00	7.4898	7.7759
E5507	−4.00	−4.00	4.8506	5.1137
E5508	−18.00	−18.00	12.3434	12.2585
E308X	−34.00	−34.00	9.2735	9.4455
E304X	−58.00	−58.00	10.6210	11.1800

7.2.2　脱甲烷系统

　　三套乙烯装置的脱甲烷系统工艺基本上差异较大。EP1装置是低压脱甲烷工艺，其脱甲烷塔有四股进料；EP2和EP3装置虽然都是高压脱甲烷工艺，但EP3装置却设置了预脱甲烷工艺，使得EP3装置的脱甲烷塔只有两股进料，而与EP2装置有三股进料的脱甲烷塔不同。为方便比较，把脱甲烷塔放在一起分析，而单独分析EP3装置的预脱甲烷部分。

　　表7-9给出了三套乙烯装置的脱甲烷塔系统模拟计算结果。在表7-9中，在两种工况下，脱甲烷塔C301塔顶乙烯损失依次按EP2、EP1和EP3装置顺序增多，这与C301塔进料中甲烷与氢气摩尔比依次按EP2、EP1和EP3装置顺序减少相符合，证实C301塔顶乙烯损失量随其进料中甲烷与氢气摩尔比升高而降低[3, 4]，说明EP2装置C301塔进料中甲烷与氢气摩尔比最大而更能降低C301塔顶乙烯损失。

表7-9　脱甲烷塔系统模拟计算结果

项目	EP1	EP2	EP3	EP1	EP2	EP3
	工况一			工况二		
C301塔顶温度/℃	−134.53	−95.96	−96.85	−134.56	−95.95	−97.26
C301塔顶压力/MPa	0.63	3.211	3.095	0.63	3.211	3.095
C301塔底温度/℃	−52.24	−7.51	−10.14	−51.92	−7.29	−10.21
V309罐温度/℃	−138.04	—	—	−138.14	—	—
V309罐底流量/t·h⁻¹	61.500	—	—	61.066	—	—
V309罐顶流量/kg·h⁻¹	4743.5	—	—	4821.8	—	—
塔顶甲烷冷凝后温度/℃	—	−97.81	−98.68	—	−97.79	−98.84
第一股进料温度/℃	−80.77	−54.05	−46.37	−80.67	−54.04	−46.86
第二股进料温度/℃	−103.75	−76.51	−80.00	−103.86	−76.51	−80.00
第三股进料温度/℃	−111.42	−81.36	—	−111.49	−81.36	—
第四股进料温度/℃	−123.92	—	—	−123.99	—	—
第一股进料量/t·h⁻¹	180.543	124.068	33.071	183.934	117.110	36.852
第二股进料量/t·h⁻¹	120.362	59.997	58.186	122.623	67.042	58.550

项目	EP1	EP2	EP3	EP1	EP2	EP3
	工况一			工况二		
第三股进料量/t·h⁻¹	14.804	39.283	—	16.686	43.387	—
第四股进料量/t·h⁻¹	21.842	—	—	25.172	—	—
塔顶气相采出量/t·h⁻¹	100.394	39.309	38.477	104.141	40.831	40.335
塔顶液相采出量/t·h⁻¹	—	5.874	0.330	—	6.101	0.350
塔底采出量/t·h⁻¹	281.650	178.165	52.450	288.710	180.607	54.718
回流量/t·h⁻¹	44.100	54.220	31.966	43.828	56.319	32.955
摩尔回流比	0.4230	1.1466	0.7801	0.4057	1.1467	0.7684
E3319换热量/MW	7.7824	—	—	7.6272	—	—
E3312换热量/MW	4.0175	—	—	4.4511	—	—
E3420换热量/MW	—	4.4014	2.4855	—	4.5706	2.5352
E312X换热量/MW	—	14.3000	4.9777	—	14.8541	4.9777
E316X换热量/MW	5.1066	—	—	5.2094	—	—
P301功率/kW	457.20	—	—	468.90	—	—
P302功率/kW	—	3.54	—	—	3.68	—
C301塔进料中甲烷与氢气摩尔比	14.375	15.442	13.929	14.314	15.499	13.964
C301塔顶气体中甲烷体积分数/%	95.81	93.08	93.02	95.70	93.12	93.12
C301塔顶气体中氢气体积分数/%	4.08	6.80	6.73	4.20	6.78	6.73
C301塔底液体中甲烷体积分数/×10⁻¹⁶	0.00007	88	0.0004	0.0047	88	70
C301塔顶气体中乙烯体积分数/×10⁻⁶	49	0.7	1027	118	0.8	372
C301塔顶损失乙烯量/kg·h⁻¹	3.14	0.05	73.30	12.66	0.06	27.90

当在同一工况下比较EP2和EP3装置的脱甲烷系统时，EP3装置采用预脱甲烷工艺后，其C301塔进料量比EP2装置减少58.07%~59.14%，虽然C301塔顶气相采出量相近，该塔摩尔回流比比EP2装置低，但其冷凝器E3420的换热量大幅度降低，减少了−101℃乙烯冷剂的用量；同时其C301塔底采出量比EP2装置减少69.70%~70.56%，其逆流再沸器E312X的换热量也大幅度减少。

对于EP1装置来说，随着裂解原料变轻，在工况二下C301塔总进料增加3.22%，除回流罐V309罐底液体量轻微减少0.71%和摩尔回流比下降4.09%外，V309罐顶气体量、C301塔顶气体量、塔底采出量、塔顶乙烯损失、进料分流换热器E316X的换热量和总再沸热量都一定程度地增加。

对于EP2/EP3装置来说，随着裂解原料变轻，在工况二下C301塔顶气相采出量、塔顶液相采出量、塔底采出量、回流量和E3420的换热量各分别增加3.87%/4.83%、3.86%/6.06%、1.37%/4.32%、3.87%/3.09%和3.84%/2.00%。

EP3装置的预脱甲烷塔模拟计算结果见表7-10。在表7-10中，随着裂解原料变轻，在工况二下预脱甲烷塔进料分离罐V303罐底液体量稍微减少0.70%，预脱甲烷塔C300进料量增加2.25%，其塔顶气体量、塔底液体量、回流量、进料冷却器E308X的换热量、冷凝器E3315的换热量和再沸器E3511的换热量各分别增加1.47%、2.52%、1.47%、1.85%、2.08%和3.66%。要求C300塔底液体中甲烷体积分数低于1.0×10^{-6}，同时为减少C300塔顶损失的丙烯量，可控制C300塔顶气体中丙烯体积分数低于0.06%。

表7-10 EP3装置预脱甲烷塔模拟计算结果

项目	工况一	工况二
C300塔顶温度/℃	-39.91	-40.20
C300塔顶压力/MPa	3.236	3.236
C300塔底温度/℃	6.28	7.41
C300塔顶气冷凝后温度/℃	-46.01	-46.43
C300塔顶气体量/t·h⁻¹	64.120	65.063
C300塔底液体量/t·h⁻¹	179.219	183.743
第一股进料温度/℃	-19.72	-19.61
第二股进料温度/℃	-34.97	-34.91
第三股进料温度/℃	-38.00	-38.00
第一股进料量/t·h⁻¹	36.591	36.026
第二股进料量/t·h⁻¹	79.661	79.104
第三股进料量/t·h⁻¹	127.087	133.675
回流量/t·h⁻¹	20.198	20.495
摩尔回流比	0.2519	0.2510
V303罐底液体量/t·h⁻¹	79.661	79.104
E308X换热量/MW	9.2735	9.4455
-37℃丙烯供冷量/MW	6.0335	6.4063
E308X热物料数/股	1	1
E308X冷物料数/股	2	2
E3315换热量/MW	1.9511	1.9917
E3511换热量/MW	10.177	10.5497
C300塔底液体中甲烷体积分数/$\times10^{-6}$	0.30	0.18
C300塔顶气体中丙烯体积分数/$\times10^{-6}$	560	554
C300塔顶损失丙烯量/kg·h⁻¹	74.7	75.3

EP3装置的脱甲烷塔进料接触塔模拟计算结果见表7-11。在表7-11中，随着裂解原料变轻，在工况二下脱甲烷塔进料接触塔C304的气相和液相进料量共增加4.54%，其塔顶气体量和塔底液体量各分别增加0.63%和1.14%，脱甲烷塔进料接触塔塔顶冷凝器E318X的换热量减少5.31%。

表7-11　EP3装置脱甲烷塔进料接触塔模拟计算结果

项目	工况一	工况二
C304塔顶温度/℃	−56.97	−58.32
C304塔顶压力/MPa	3.205	3.205
C304塔底温度/℃	−46.37	−46.86
C304塔气相进料温度/℃	−46.01	−46.43
C304塔液相进料温度/℃	−90.17	−90.04
C304塔气相进料量/t·h⁻¹	64.120	65.063
C304塔液相进料量/t·h⁻¹	27.137	30.340
C304塔顶气体量/t·h⁻¹	58.186	58.551
C304塔底液体量/t·h⁻¹	33.071	36.852
E318X换热量/MW	3.8847	3.6784
−61℃乙烯供冷量/MW	0.9886	1.0269
−83℃乙烯供冷量/MW	2.6776	2.4216
E318X热物料数/股	1	1
E318X冷物料数/股	3	3

7.2.3　低温分离罐

低温1号分离罐V304、2号分离罐V305和3号分离罐V306的工艺参数在三套乙烯装置的深冷分离系统中差异较大，它们的模拟计算结果见表7-12。在表7-12中，EP2和EP3装置的脱甲烷工艺类似，其V304、V305罐温度差别不大，但EP1装置采用低压脱甲烷工艺，它的V304、V305罐温度比其它两套装置低许多。三套乙烯装置的不同分离工艺导致V304和V305罐底采出量截然不同。除EP2装置外，其它两套装置在工况二下V304、V305和V306罐底采出量都比工况一增多，而且V306罐顶损失的乙烯量也比工况一多。

表7-12　低温1号至3号分离罐模拟计算结果

项目	EP1	EP2	EP3	EP1	EP2	EP3
	工况一			工况二		
V304罐温度/℃	−72.00	−53.65	−58.03	−72.00	−53.65	−58.03
V304罐压力/MPa	3.496	3.450	3.575	3.496	3.450	3.575
V304罐底采出量/t·h⁻¹	300.906	124.068	85.668	306.557	117.110	88.474
V305罐温度/℃	−98.00	−76.36	−80.01	−98.00	−76.36	−80.01
V305罐压力/MPa	3.472	3.435	3.565	3.472	3.435	3.565
V305罐底采出量/t·h⁻¹	14.804	59.997	41.419	16.686	67.042	45.201
V306罐温度/℃	−136.28	—	−140.02	−136.28	—	−140.02
V306罐压力/MPa	3.354	—	3.442	3.354	—	3.442
V306罐底采出量/t·h⁻¹	21.842	—	22.576	25.172	—	25.775

项目	EP1	EP2	EP3	EP1	EP2	EP3
	工况一			工况二		
V306罐底液体中甲烷体积分数/%	82.72	—	95.70	82.91	—	95.72
V306罐底液体中乙烯体积分数/×10⁻⁴	1297	—	0.0408	1274	—	0.0411
V306罐底损失乙烯量/kg·h⁻¹	—	—	0.17	—	—	0.19
V306罐顶气体中乙烯体积分数/×10⁻⁶	1391.4	—	0.041	1370.2	—	0.042
V306罐顶损失乙烯量/kg·h⁻¹	110.23	—	0.0029	124.3	—	0.0034

在EP1装置中，V304、V305和V306罐底液体都是脱甲烷系统的进料；在EP2和EP3装置中，V304和V305罐底液体是脱甲烷系统的进料，而EP2装置没有V306罐，EP3装置有V306罐，其V306罐温度比EP1装置更低，该装置因V306罐底液体中甲烷体积分数大于95.5%而将V306罐底液体直接作为高压甲烷燃料气输出。

7.2.4　冷箱

三套乙烯装置的1号冷箱E301X、2号冷箱E302X、3号冷箱E303X、4号冷箱E304X和5号冷箱E305X因各自深冷分离系统的工艺不同而差异较大，它们的模拟计算结果见表7-13。在表7-13中，在同一工况下三套乙烯装置间比较五台冷箱，除EP1装置E305X的换热量最大且流路多而复杂外，其它四台冷箱都属EP2装置的换热量最大、较复杂。另外EP1装置的E302X和E303X都没有乙烯冷剂流路，而是单独设置脱甲烷塔进料高压冷凝器E310X利用-101℃乙烯冷剂。

表7-13　1号至5号冷箱模拟计算结果

项目	EP1	EP2	EP3	EP1	EP2	EP3
	工况一			工况二		
E301X换热量/MW	1.6006	4.8967	1.2940	1.8357	5.5539	1.4712
E301X热物料数/股	1	2	1	1	2	1
E301X冷物料数/股	2	3	2	2	3	2
E302X换热量/MW	3.8339	5.4316	3.1415	4.4130	6.1415	3.5882
-101℃乙烯供冷量/MW	—	1.3479	—	—	1.6690	—
E302X热物料数/股	1	1	1	1	1	1
E302X冷物料数/股	4	5	3	4	5	3
E303X换热量/MW	1.4788	7.6020	5.6473	1.6723	8.5299	6.2285
-80℃或-83℃乙烯供冷量/MW	—	6.2140	3.3383	—	7.0049	3.6930
E303X热物料数/股	1	1	1	1	1	1
E303X冷物料数/股	3	4	7	3	4	7

项目	EP1	EP2	EP3	EP1	EP2	EP3
	工况一			工况二		
E310X 换热量/MW	1.2481	—	—	1.4242	—	—
−101℃乙烯供冷量/MW	1.2481	—	—	1.4242	—	—
E310X 热物料数/股	1	—	—	1	—	—
E310X 冷物料数/股	1	—	—	1	—	—
E304X 换热量/MW	4.3479	13.7823	10.6210	4.4244	14.0229	11.1800
−75℃、−57℃或−61℃乙烯供冷量/MW	4.3479	6.1702	5.1626	4.4244	6.2126	5.4247
E304X 热物料数/股	1	1	1	1	1	1
E304X 冷物料数/股	1	5	7	1	5	7
E305X 换热量/MW	22.7464	11.0006	4.5155	23.1202	11.3115	5.0497
−70℃乙烯所获冷量/MW	3.4221	—	—	3.5909	—	—
−38℃乙烯所获冷量/MW	1.1807	—	—	1.2389	—	—
39℃丙烯所获冷量/MW	6.2881	—	4.5155	6.3008	—	5.0497
13℃丙烯所获冷量/MW	2.7271	—	—	2.7397	—	—
−6℃丙烯所获冷量/MW	6.5739	—	—	6.7334	—	—
−27℃丙烯所获冷量/MW	2.5545	—	—	2.5165	—	—
−19.4℃丙烯供冷量/MW	—	2.5415	—	—	2.5915	—
E305X 热物料数/股	6	1	1	6	1	1
E305X 冷物料数/股	7	7	6	7	7	6

在表 7-13 中，还可比较同一乙烯装置两种工况下的冷箱换热量变化。随着裂解原料变轻，在工况二下 E301X、E302X、E303X 和 E310X 的换热量都比工况一增加 10.0%以上；除 EP3 装置的 E305X 换热量在工况二下比工况一多 11.8%外，其它两套乙烯装置的 E305X 和三套乙烯装置的 E304X 换热量在工况二下都比工况一增加不到 5.50%。

7.2.5 氢气与甲烷分离系统

表 7-14 是氢气分离罐的模拟计算结果。EP1、EP2 和 EP3 装置的裂解气经深冷分离系统逐级冷凝分离后，在工况一下最终进入氢气分离罐 V307 的流量各分别为 13.9t·h⁻¹、31.35t·h⁻¹ 和 12.10t·h⁻¹；随着裂解原料变轻，在工况二下它们各分别增加 14.44%、14.34% 和 14.19%。EP2 装置的 V307 罐进料量最大，主要是液相甲烷量较大所致。

在表 7-14 中，三套乙烯装置粗氢中氢气体积分数都高于 95.3%；EP2 和 EP3 装置的粗氢中乙烯体积分数都低于 1.0×10^{-6}，但 EP1 装置的粗氢中乙烯体积分数较高，仍可低于 10.0×10^{-6}。EP2 和 EP3 装置的 V307 罐底液体甲烷中甲烷体积分数都在96.0%以上，普遍比EP1装置高。

裂解原料变轻后，在工况二下三套乙烯装置V307罐的甲烷和粗氢量都基本上比工况一增加14.0%以上。

表7-14　氢气分离罐模拟计算结果

项目	EP1	EP2	EP3	EP1	EP2	EP3
	工况一			工况二		
V307罐温度/℃	−164.00	−164.00	−164.20	−164.00	−164.00	−164.00
V307罐压力/MPa	3.344	3.39	3.426	3.344	3.39	3.426
粗氢中氢气体积分数/%	95.42	95.44	95.41	95.45	95.47	95.37
粗氢中乙烯体积分数/×10⁻⁶	5.6	0.00038	0.00017	5.5	0.0086	0.00018
V307罐底液体中甲烷体积分数/%	95.82	96.61	96.39	95.88	96.66	96.43
V307罐底高压甲烷量/t·h⁻¹	—	14.207	—	—	16.237	—
V307罐底中压甲烷量/t·h⁻¹	7.673	—	—	8.801	—	—
V307罐底低压甲烷量/t·h⁻¹	—	11.163	6.435	—	12.758	7.327
氢气去甲烷的量/kg·h⁻¹	627.1	227.3	379.5	715.6	260.4	434.8
粗氢量/kg·h⁻¹	5643.9	5754.5	5284.9	6440.8	6591.7	6054.1

7.2.6　碳二吸收系统

EP2装置所用碳二吸收塔C302相当于EP1装置的3号分离罐V306，表7-15是EP2装置C302塔模拟计算结果。在表7-15中，EP2装置与EP1装置相比，C302塔极大地减少了EP2装置从甲烷气体物流中损失的乙烯量，这说明碳二吸收塔可以有效地减少乙烯损失[5]。

表7-15　EP2装置碳二吸收塔模拟计算结果

项目	工况一	工况二
C302塔顶温度/℃	−122.24	−122.29
C302塔顶压力/MPa	3.405	3.405
C302塔底温度/℃	−111.20	−111.03
C302塔顶气体量/t·h⁻¹	31.351	35.847
C302塔底液体量/t·h⁻¹	39.283	43.387
回流量/t·h⁻¹	5.874	6.101
C302塔顶气体中甲烷与氢气摩尔比	0.7625	0.7594
C302塔进料中甲烷与氢气摩尔比	1.103	1.084
C302塔顶气体中乙烯体积分数/×10⁻⁶	0.23	5.1
C302塔顶损失乙烯量/kg·h⁻¹	0.025	0.633

随着裂解原料变轻，在工况二下C302塔顶气体量比工况一增加14.34%，

回流量仅增加 3.86%，虽然 C302 塔的操作温度和压力变化不大，但从 C302 塔顶损失的乙烯量有升高趋势，这可能与 C302 塔进料和塔顶气体中甲烷与氢气摩尔比减少相关。

7.2.7　热集成精馏系统

EP3 装置在深冷分离系统应用 HRS 技术[6]，并与膨胀机系统组合[7, 8]，不仅降低 3 号分离罐 V306 罐温度，还大幅度减少从 V306 罐损失的乙烯量（见表 7-12）。表 7-16 列出 EP3 装置尾气精馏塔系统模拟计算结果。在表 7-16 中，右边两列是与本书一致的工况一和工况二数据，这两种工况下 C303 塔冷热进料比都是 0.7，EP3 装置 HRS 系统在工况一下进料量为 65.77t·h⁻¹，在工况二下其进料量比工况一多 13.02%，尾气精馏塔 C303 的回流量同步上升 12.87%，C303 塔顶和回流罐 V302 罐顶气体中乙烯体积分数都变化不大；随着裂解原料变轻，在工况二下尾气精馏冷凝器 E313X 的换热量比工况一上升 12.47%，其 −101℃ 乙烯冷剂供冷量成倍增加 138.40%；在工况二下 C303 塔进料中甲烷与氢气摩尔比比工况一变低，难以在工况二下降低 V302 罐顶的乙烯损失量。

表 7-16　EP3 装置尾气精馏塔系统模拟计算结果

项目	C303 塔工况一冷热进料比			工况一	工况二
C303 塔冷热进料比	0.5	0.6	0.75	0.7	0.7
C303 塔顶温度/℃	−111.97	−112.65	−113.75	−113.36	−113.45
C303 塔顶压力/MPa	3.54	3.54	3.54	3.540	3.540
C303 塔底温度/℃	−90.05	−90.14	−90.18	−90.01	−89.88
V302 罐温度/℃	−119.48	−119.48	−119.49	−119.49	−119.50
回流量/t·h⁻¹	25.175	21.942	17.05	18.577	20.968
C303 塔顶气体量/t·h⁻¹	63.742	60.449	55.558	57.207	64.957
C303 塔底液体量/t·h⁻¹	27.201	27.260	27.060	27.137	30.340
V302 罐顶气体量/t·h⁻¹	38.547	38.539	38.522	38.527	43.990
C303 塔进料中甲烷与氢气摩尔比	1.161	1.161	1.161	1.161	1.148
C303 塔顶气体中乙烯体积分数/×10⁻⁶	0.76	1.83	15.72	7.01	6.99
E313X 换热量/MW	4.4596	4.4614	4.4641	4.4650	5.0218
−101℃ 乙烯供冷量/MW	0.2442	0.2506	0.2509	0.2513	0.5991
E313X 热物料数/股	2	2	2	2	2
E313X 冷物料数/股	6	6	6	6	6
V302 罐顶气体中乙烯体积分数/×10⁻⁶	0.138	0.36	3.61	1.52	1.53
V302 罐顶损失乙烯量/kg·h⁻¹	0.017	0.045	0.447	0.186	0.214

为了了解 C303 塔冷热进料比对 HRS 系统的影响，以工况一为例，模拟计算了 C303 塔冷热进料比为 0.5、0.6 和 0.75 三种情况，尾气精馏系统的模拟计算结果列在表 7-16 中，便于与 C303 塔冷热进料比为 0.7 的工艺数据比较。在表 7-16 中，在工况一不同 C303 塔冷热进料比下，维持 E313X 的 −101℃乙烯冷剂供冷量和甲烷膨胀机 K320 出口物料的供冷量，确保 V302 罐温度不升高，满足 C303 塔冷热进料比下降时 C303 塔不断上升的回流量；虽然在 C303 塔冷热进料比下降过程中，C303 塔顶温度随之升高，塔顶气体量增加，但其塔顶和 V302 罐顶气体中乙烯体积分数都不断下降，有利于降低乙烯损失[9]。

7.3　气相乙烯产品输出量的变化

由于 EP2 和 EP3 装置都以输出 60% 中压气相乙烯产品、40% 液相乙烯产品为设计基础，而 EP1 装置的模拟计算结果是以输出 100% 中压气相乙烯产品为设计基础。为便于 EP1 装置在同一基础上与 EP2 和 EP3 装置比较，EP1 装置应给出采用 EP2 和 EP3 装置的气相乙烯产品输出设计基础的模拟计算结果（见表 7-17）。

表 7-17　EP1 装置的深冷分离系统变化情况

项目	工况一		工况二	
回收冷量的液相乙烯百分比/%	60	100	60	100
E305X 换热量/MW	23.7544	22.7464	24.1238	23.1202
−70℃乙烯所获冷量/MW	1.1807	1.1807	1.2389	1.2389
−38℃乙烯所获冷量/MW	3.4221	3.4221	3.5909	3.5909
39℃丙烯所获冷量/MW	6.9595	6.2881	6.9700	6.3008
13℃丙烯所获冷量/MW	3.0590	2.7271	3.0709	2.7397
−6℃丙烯所获冷量/MW	6.5777	6.5739	6.7362	6.7334
−27℃丙烯所获冷量/MW	2.5550	2.5545	2.5169	2.5165
E4522 换热量/MW	0.9597	8.4651	1.2583	8.7591

当 EP1 装置只输出 60% 中压气相乙烯产品时，其回收冷量的液相乙烯百分比为 60%，将会影响丙烯冷剂通过 5 号冷箱 E305X 和乙烯产品加热器 E4522 所获取的冷量。在表 7-17 中，在两种工况下，气相乙烯产品输出量变化对 −6℃和 −27℃液相丙烯冷剂所获冷量的影响很小；气相乙烯产品输出量从 100% 降为 60% 时，13℃和 39℃液相丙烯冷剂所获冷量需各分别增加 12.09%~12.17%、10.62%~10.67%，13℃气相丙烯冷剂所获冷量下降多达 85.63%~88.66%。

EP2 和 EP3 装置的气相乙烯产品输出量变化基本不影响其深冷分离系统。

7.4 乙烯回收率

　　深冷分离系统的乙烯回收率是评价深冷分离工艺差异的重要指标。三套乙烯装置控制乙烯损失的工艺措施各有特点，见表7-18。通过脱甲烷塔塔顶甲烷气体携带的乙烯损失都是由C301塔回流量控制，而控制冷箱尾气携带的乙烯损失的工艺措施却截然不同。EP1装置通过调节自V309罐底的高压甲烷液体节流膨胀到E302X入口高压甲烷气体中的流量，来控制V306罐的进料温度。EP2装置通过调节进入E302X的−99.8℃液相乙烯冷剂的流量，控制C302塔的进料温度，同时可调节C302塔的回流量。EP3装置需优先确保膨胀机系统等尾气提供的冷量及−101℃液相乙烯冷剂提供的冷量，通过调整HRS系统尾气精馏塔C303的两股进料量，以及V302罐顶尾气补入膨胀机K320入口的流量，进而达到调节C303塔回流量的目的，可控制V302罐顶尾气中乙烯体积分数低于0.005%，同时控制C303塔顶气体中乙烯体积分数低于0.01%[10]。

表7-18　深冷分离系统提高乙烯回收率的措施

项目	EP1装置	EP2装置	EP3装置
冷箱尾气	V306罐温度	C302塔进料温度及其回流量	HRS系统
脱甲烷塔塔顶甲烷气体	C301塔回流量	C301塔回流量	C301塔回流量

　　表7-19列出深冷分离系统乙烯回收率模拟计算结果。在表7-19中可看出，EP1装置从冷箱尾气中损失的乙烯量最多，虽然其低压脱甲烷工艺可有效降低C301塔顶乙烯损失量，但其深冷分离系统乙烯回收率最低；EP2装置采用碳二

表7-19　深冷分离系统乙烯回收率模拟计算结果

项目	EP1	EP2	EP3	EP1	EP2	EP3
	工况一			工况二		
进入V304罐的乙烯量/t·h⁻¹	150.675	151.905	—	150.656	151.863	—
乙烯尾气中乙烯量/t·h⁻¹	1.326	—	—	1.560	—	—
进入V303罐的乙烯量/t·h⁻¹	—	—	137.234	—	—	138.447
进入C300塔的乙烯量/t·h⁻¹	—	—	14.581	—	—	13.376
C301塔底的乙烯量/t·h⁻¹	151.888	151.904	48.172	152.079	151.862	49.828
C300塔底的乙烯量/t·h⁻¹	—	—	103.569	—	—	101.967
从C301塔顶损失的乙烯量/kg·h⁻¹	3.14	0.05	73.3	12.66	0.06	27.9
从V306罐顶损失的乙烯量/kg·h⁻¹	110.23	—	—	124.3	—	—
从C302塔顶损失的乙烯量/kg·h⁻¹	—	0.025	—	—	0.633	—
从V302罐顶损失的乙烯量/kg·h⁻¹	—	—	0.186	—	—	0.214
乙烯回收率/%	99.925	99.999	99.951	99.910	99.995	99.982

吸收塔既降低乙烯在C301塔顶的损失量又减少乙烯在冷箱尾气中的损失量，其深冷分离系统乙烯回收率最高；EP3装置采用HRS系统后极大地减少了乙烯在冷箱尾气中的损失量，但因HRS系统减低C301塔进料中甲烷与氢气摩尔比，且C301塔摩尔回流比相对较低，而使乙烯在C301塔顶的损失量最多，其深冷分离系统乙烯回收率较高。

因此，低压和高压脱甲烷工艺都有措施降低C301塔顶和冷箱尾气乙烯损失，应针对乙烯装置整个分离过程优化设计深冷分离系统工艺参数，特别是高压脱甲烷工艺的C301塔摩尔回流比。

7.5 氢气回收率

为了便于统一比较三套乙烯装置的氢气回收率，本书仅考虑各种甲烷气体中的纯氢损失，氢气回收率等于剩余纯氢占裂解气进料中纯氢的百分数（见表7-20）。在表7-20中，在相同工况下，各乙烯装置损失的纯氢量随EP1、EP3和EP2装置顺序依次减少，EP1装置损失的纯氢量最大，其氢气回收率最低；随着裂解原料变轻，在工况二下纯氢总量比工况一增加13.55%，EP1、EP2和EP3装置的纯氢损失总量各分别比比工况一高10.99%、8.12%和10.80%。

表7-20   氢气回收率模拟计算结果

项目	EP1	EP2	EP3	EP1	EP2	EP3
	工况一			工况二		
纯氢总量/kg·h⁻¹	5019.5			5699.4		
从高压甲烷气中损失的纯氢量/kg·h⁻¹	495.72	414.01	119.75	533.10	434.77	136.75
从中压甲烷气中损失的纯氢量/kg·h⁻¹	479.42	—	—	549.21	—	—
从低压甲烷气中损失的纯氢量/kg·h⁻¹	—	208.43	810.41	—	238.21	893.88
氢气回收率/%	80.57	87.60	81.47	81.01	88.19	81.92

三套乙烯装置都是从脱甲烷塔塔顶气体物流中损失的纯氢量较多，尤其是EP3装置的该项纯氢损失量最大。降低氢气分离罐V307罐底甲烷液体通过焦耳-汤姆逊效应膨胀的返回压力，可以获得更多的冷量，从而提高氢气回收率。

参 考 文 献

[1] David Chen, Sugar Laud. Advanced Heat Integrated Rectifier System. US 6343487 [P]. 2002-02-05.
[2] 吴兴松，王振维. 高低压脱甲烷流程方案的比较 [J]. 乙烯工业，2002，14（1）：54-57.
[3] 邹仁鋆. 石油化工分离原理与技术 [M]. 北京：化学工业出版社，1988.
[4] 刘刚. 乙烯装置分离冷区系统影响乙烯收率的因素分析研究 [D]. 兰州：兰州理工大学，2014.
[5] 吴兴松，王振维. 乙烯装置深冷分离系统的优化和改进 [J]. 化工进展，2002，21（10）：763-765.

[6] 李智群. 尾气精馏系统的工艺特点及操作特性分析 [J]. 炼油与化工，2015，26（6）：1-4.

[7] 李金波. 乙烯装置低温膨胀机-再压缩机的工程设计探讨 [J]. 石油化工设备技术，2018，39（6）：28-32.

[8] 邹余敏，王淇汶，孙晶晶，等. 乙烯装置中尾气膨胀制冷及对深冷分离的影响 [J]. 石油化工，2000，29（9）：686-688.

[9] 时亮. 北方华锦450kt/a乙烯装置尾气精馏系统的应用 [J]. 乙烯工业，2014，26（3）：17-20.

[10] 尤成宏，付裕. 抚顺乙烯装置HRS深冷分离技术研究 [J]. 乙烯工业，2015，27（1）：38-42.

第8章

碳二精馏系统

碳二精馏系统包括脱乙烷和乙烯精馏系统。脱乙烷和乙烯精馏系统并不完全是上下游关系，这与乙烯装置所采用的分离技术有关。EP1装置的碳二加氢反应系统把两者隔开；EP2装置的碳二前加氢和深冷分离系统把两者隔开；在EP3装置中，乙烯精馏塔的第二股进料把两者连在一起，而乙烯精馏塔还有来自脱甲烷塔塔底的第一股进料。本章通过模拟计算分析碳二精馏系统，针对不同的脱乙烷工艺和乙烯与乙烷分离工艺，相应分析其模拟计算结果。

8.1　脱乙烷系统的模拟

通过脱乙烷系统，将该系统的进料主要分离为两个馏分：一个馏分是碳二组分或碳二及碳二以下组分，几乎不含碳三组分；另一个馏分是碳三组分或碳三及碳三以上组分，几乎不含碳二组分。

8.1.1　工艺描述

三套乙烯装置的脱乙烷系统工艺流程简图见图8-1～图8-3。EP1和EP3装置都采用单塔脱乙烷工艺，而EP2装置采用双塔高低压前脱乙烷工艺[1, 2]。

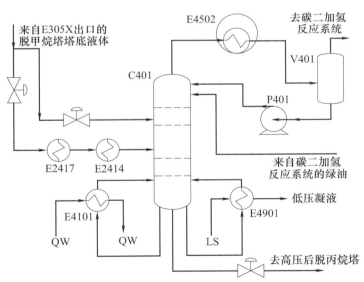

图8-1　EP1装置脱乙烷系统工艺流程简图

C401—脱乙烷塔；E2414—裂解气干燥器进料预冷器；E2417—裂解气干燥器出口预冷器；

E4101—脱乙烷塔急冷水再沸器；E4901—脱乙烷塔蒸汽再沸器；E4502—脱乙烷塔冷凝器；

P401—脱乙烷塔回流泵；V401—脱乙烷塔回流罐

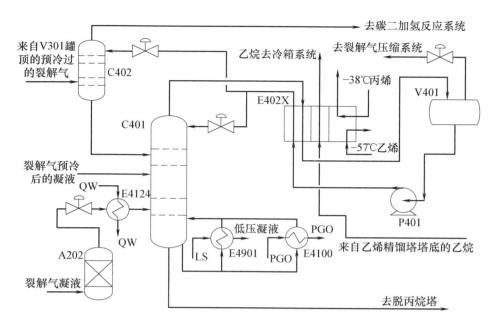

图 8-2　EP2装置脱乙烷系统工艺流程简图

A202—裂解气凝液干燥器；C401—脱乙烷塔；C402—碳三吸收塔；E402X—脱乙烷塔塔顶逆流换热器；
E4100—脱乙烷塔裂解柴油再沸器；E4901—脱乙烷塔蒸汽再沸器；E4124—脱乙烷塔进料加热器；
P401—脱乙烷塔回流泵；V401—脱乙烷塔回流罐

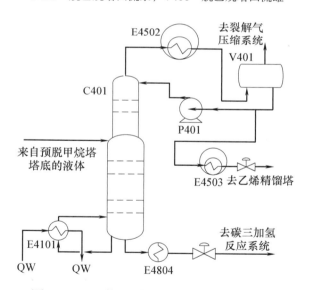

图 8-3　EP3装置脱乙烷系统工艺流程简图

C401—脱乙烷塔；E4101—脱乙烷塔急冷水再沸器；E4502—脱乙烷塔冷凝器；E4503—脱乙烷塔塔顶过
冷器；E4804—脱乙烷塔塔底冷却器；P401—脱乙烷塔回流泵；V401—脱乙烷塔回流罐

　　EP1装置的脱甲烷塔C301塔底物料被分成两股进入脱乙烷塔C401。首先
所有C301塔底物料在5号冷箱回收冷量至-13.0℃，然后一部分作为C401塔的

第一股进料，另一部分依次去裂解气干燥器出口预冷器E2417和进料预冷器E2414回收冷量，被加热至15.0℃流入C401作为它的第二股进料。来自绿油罐V402罐底的洗涤绿油碳二组分返回脱乙烷塔第三块塔盘。C401塔底再沸器同时用QW和LS作热源，都是碳三及碳三以上组分的塔底物料去高压后脱丙烷塔。C401塔顶冷凝器用-27.0℃液相丙烯冷剂作冷源，部分冷凝塔顶气体使液相满足其回流量要求，都是碳二组分的气相物料自回流罐V401罐顶进入碳二加氢反应系统。

EP2装置的脱乙烷系统进料有三股：来自预冷分离罐V301罐顶的一股气体进入碳三吸收塔C402底部；来自V301罐底的一股液体在5号冷箱E305X回收冷量后作为脱乙烷塔C401的第二股进料；来自预冷沉降罐V209罐底的一股液体先在裂解气凝液干燥器A202脱除水分，然后通过脱乙烷塔进料加热器E4124被QW加热至40.0℃，作为C401塔的第三股进料[3]。C402和C401塔构成不同压力下操作的双塔脱乙烷系统。C402塔是高压塔，它在裂解气压力下作为一个吸收塔来操作，其回流来自脱乙烷塔回流泵P401，其中不含碳三组分。C402塔底物料作为C401塔的第一股进料。C402塔顶气体流入碳二加氢反应系统，它几乎不含碳三组分，都是碳二及碳二以下组分。C401塔在较低压力下操作（约2.6MPa），C401塔底再沸器同时用PGO和LS作热源，几乎都是碳三及碳三以上组分的塔底物料去脱丙烷塔；C401塔顶冷凝器E402X用-38.0℃液相丙烯、-57.0℃液相乙烯、循环乙烷和回流作冷剂，绝大部分塔顶气体被冷凝为液体作为C401和C402塔的回流，未凝尾气从回流罐V401罐顶返回深冷系统冷箱回收冷量后流入碱洗塔出口分离罐V206（见图5-2）。

EP3装置的脱乙烷系统进料只有一股，它几乎只含乙烯、乙烷和碳三组分，来自预脱甲烷塔C300。来自C300塔底的液体进入脱乙烷塔C401。C401塔底再沸器只用QW作热源，几乎都是碳三组分的塔底物料经C401塔底冷却器E4804冷却至40.0℃进入碳三加氢反应系统。C401塔顶冷凝器用21.0℃液相丙烯冷剂作冷源，基本上全凝塔顶气体，液体除满足其回流量要求外，其余碳二组分都通过脱乙烷塔塔顶过冷器E4503被-37.0℃液相丙烯冷剂过冷后进入乙烯精馏塔。

8.1.2　工艺流程特点

EP1和EP2装置的脱乙烷系统都置于碳二加氢反应系统之前，而EP3装置的脱乙烷系统置于碳二加氢反应系统之后。三套乙烯装置的脱乙烷系统进料来源不同，其组成各不相同。EP1、EP2和EP3装置脱乙烷系统的进料组成各分别是碳二及碳二以上组分、粗裂解汽油以下组分和碳二及碳三组分。这导致三套乙烯装置的脱乙烷塔操作参数有较大差异，见表8-1。

表 8-1　三套乙烯装置的脱乙烷塔典型操作参数

项目	EP1装置	EP2装置	EP3装置
C401塔顶压力/MPa	2.179	2.600	2.685
C401塔顶温度/℃	−20.87~−21.53	−23.45	−14.00~−13.58
C401塔底温度/℃	65.33~65.93	84.76~86.08	63.4~64.28
V401罐温度/℃	−22.17~−22.33	−52.1	−14.89~−14.59

　　由于脱乙烷塔塔底温度不同，所以其塔底再沸器热源有差异。EP1和EP3装置的脱乙烷塔塔底温度一般在63.0~66.0℃之间，可用QW作塔底再沸器的热源，EP1装置的QW不足，同时用LS作补充热源。EP2装置的脱乙烷塔塔底温度一般在80.0℃以上，需用LS及PGO作塔底再沸器的热源，而不考虑用QW作热源。

　　由于脱乙烷塔塔顶温度及回流罐温度不同，所以其塔顶冷凝器冷源也有差异。EP1和EP3装置的脱乙烷塔冷凝器E4502各分别用−27.0℃和−21.0℃液相丙烯冷剂，而EP2装置的脱乙烷塔塔顶逆流换热器E402X需用−38.0℃液相丙烯冷剂和−57.0℃液相乙烯冷剂。

8.1.3　模拟说明

　　一套乙烯装置的脱乙烷系统只有一个模型，本书共建立三个模型来模拟计算研究脱乙烷系统，这三个模型都包含在每套乙烯装置的全流程分离系统模型中。

　　图8-1~图8-3是脱乙烷系统模拟的基础。脱乙烷系统的模拟选用PR-BM基础物性方法。在EP1装置模拟计算时，为便于模型收敛，将C401塔回流断开处理，通过多次迭代计算后，利用传递模块（Transfer）将计算出的循环物流数据传送给回流。

　　涉及循环热流的模拟时，先断开计算至模型收敛，然后将热流数据输入给对应换热器。EP1装置将裂解气干燥器进料预冷器和出口预冷器的热量各分别输入给E2414和E2417，调整脱乙烷塔C401的第二股进料流量使该股进料温度等于15.0℃左右。

　　规定EP2装置C401塔第二股进料的温度为4.0℃，即来自V301罐底的一股液体在5号冷箱E305X被加热至4.0℃。

8.1.4　模拟结果分析

　　三套乙烯装置的碳二和碳三组分去向和分布随其分离工艺不同而不同，见表8-2。EP2装置所有的碳二和碳三组分都经过脱乙烷系统，碳三吸收塔分流了部分碳二组分，其脱乙烷塔最大，脱乙烷塔塔底温度最高；EP1装置仅所有碳二组分经过脱乙烷塔，碳三组分提前被凝液汽提塔分流；EP3装置的碳二组分提前被预脱甲烷塔和脱甲烷塔分流，碳三组分提前被高压前脱丙烷塔分流，其脱乙烷塔最小，脱乙烷塔塔底温度最低。

表8-2　碳二和碳三组分去向与分布

项目	EP1装置	EP2装置	EP3装置
碳二组分	脱乙烷塔塔顶	碳三吸收塔塔顶 脱乙烷塔塔顶	脱甲烷塔塔底 脱乙烷塔塔顶
碳三组分	凝液汽提塔塔底 脱乙烷塔塔底	脱乙烷塔塔底	高压前脱丙烷塔塔底 脱乙烷塔塔底

（1）脱乙烷塔

表8-3列出脱乙烷塔模拟计算结果。在表8-3中，以EP2装置为基准，在工况一下，EP1和EP3装置进料量各分别比EP2装置少1.48%和37.31%；随着裂解原料变轻，在工况二下，EP3装置进料量还是比EP2装置少27.80%，而EP1装置进料量却变为比EP2装置多13.45%；在两种工况下，由于EP1装置的脱乙烷塔C401塔顶全部采出气相碳二，所以其C401塔顶冷凝热量比EP2和EP3装置都低。在同一乙烯装置不同工况下，随着裂解原料变轻，在工况二下，EP1装置进料量比工况一增加2.51%，回流量增加1.59%，C401塔顶和塔底采出量各分别上升1.60%和4.09%，C401塔顶冷凝器E4502换热量和塔底再沸总热量各分别上升1.74%和7.31%，其塔顶丙烯损失量增加39.85%；在工况二下EP2装置进料量比工况一下降10.99%，碳二尾气量减少1.84%，回流量增加1.02%，C401塔顶和塔底采出量各分别减少11.51%和5.12%，C401塔顶逆流换热器E402X换热量和塔底再沸总热量各分别下降11.65%和8.48%，其塔顶丙烯损失量变化不大；在工况二下EP3装置进料量比工况一增加2.52%，C401塔顶和塔底采出量各分别上升0.35%和7.53%，由于回流量减少3.35%，E4502换热量和塔底再沸总热量各分别降低1.28%和0.70%，使得C401塔顶丙烯损失量大幅度增加。

表8-3　脱乙烷塔模拟计算结果

项目	EP1	EP2	EP3	EP1	EP2	EP3
	工况一			工况二		
C401塔顶温度/℃	−22.02	−23.45	−14.02	−21.64	−23.44	−13.60
C401塔顶压力/MPa	2.179	2.600	2.685	2.179	2.600	2.685
C401塔底温度/℃	65.51	86.87	63.40	66.14	85.31	64.29
V401罐温度/℃	−22.66	−52.10	−14.90	−22.37	−52.10	−14.61
碳二尾气量/t·h^{-1}	—	5.666	—	—	5.562	—
上部进料温度/℃	−13.00	−35.10	−1.81	−13.00	−31.52	−0.69

项目	EP1	EP2	EP3	EP1	EP2	EP3
	工况一			工况二		
中部进料温度/℃	—	4.00		—	4.00	
下部进料温度/℃	14.71	40.00	—	15.38	40.00	—
上部进料量/t·h⁻¹	76.609	79.963	179.219	91.406	64.648	183.742
中部进料量/t·h⁻¹		112.712			114.495	
下部进料量/t·h⁻¹	205.041	93.213		197.304	75.338	
回流量/t·h⁻¹	164.730	65.812	111.109	167.357	66.484	107.391
摩尔回流比	0.9164	—	0.8890	0.9159	—	0.8562
C401塔顶采出量/t·h⁻¹	179.05	199.162	124.982	181.910	176.236	125.421
C401塔底采出量/t·h⁻¹	102.60	152.539	54.238	106.800	144.729	58.321
E4100换热量/MW	—	13.5215			14.2378	
E4101换热量/MW	10.0148	—	18.5951	10.0150	—	18.4653
E4901换热量/MW	9.3111	5.6238		10.7245	3.2836	
E4502换热量/MW	14.4527	—	18.4195	14.7045	—	18.1837
E4503换热量/MW	—		2.3311	—		2.3717
E402X换热量/MW	—	20.6465		—	18.2403	
−57℃乙烯供冷量/MW	—	4.4879		—	2.8772	
−38℃丙烯供冷量/MW	—	10.6189		—	9.8007	
E402X热物料数/股	—	1		—	1	
E402X冷物料数/股	—	4		—	4	
E2417换热量/MW	9.2857	—		9.3844	—	
E2414换热量/MW	6.3163	—		5.6407	—	
E4124换热量/MW	—	2.9156		—	2.2299	
E4804换热量/MW	—		1.1903	—		1.3287
P401功率/kW	42.36	201.86		43.05	178.23	
C401塔顶气体中丙烯体积分数/×10⁻⁶	532	929	205	744	927	743
C401塔底液体中乙烯体积分数/×10⁻⁶	0.00003	1.30	0.42	0.00002	1.21	0.41
C401塔顶丙烯损失量/kg·h⁻¹	141.7	—	38.0	201.5	—	138.0
C401塔底乙烯损失量/kg·h⁻¹	0.0000022	0.113	0.015	0.0000013	0.100	0.020
C401塔底液体中丁二烯体积分数/%	12.50	15.92	0.0024	11.11	12.72	0.21

因此，从 C401 塔模拟计算结果来说，尤其从 C401 塔顶冷凝器换热量和塔底再沸热量变化看出，EP1 装置更适合工况一，EP2 装置更适合工况二，而 EP3 装置表现不明显。

C401 塔底液体中丁二烯含量（见表 8-3）与裂解原料及乙烯分离技术有关。在表 8-3 中，对于 EP1 和 EP2 装置而言，在同一工况下 EP2 装置的 C401 塔底液体中丁二烯含量最高，随着裂解原料变轻，其丁二烯含量降低；EP3 装置的丁二烯组分已在前脱丙烷系统提前被分离，要求尽可能不把碳四组分带入脱乙烷系统，因此C401塔底液体中丁二烯含量可控制得非常低。

脱乙烷塔塔底的结垢主要是由丁二烯自由基聚合造成的，结垢物是以橡胶薄片和脆性多孔物质的形式而存在的聚丁二烯（见图8-4和图8-5）。为了延长脱乙烷塔塔底再沸器运行周期，防止脱乙烷塔塔下部塔盘结垢堵塞，EP1和EP2装置的脱乙烷塔塔底都设置有阻聚剂注入系统[4-6]。

图8-4　采用EP1装置分离技术的脱乙烷塔塔底聚合物

图8-5　采用EP2装置分离技术的脱乙烷塔塔底聚合物

（2）碳三吸收塔

EP2装置采用双塔高低压脱乙烷系统，高压碳三吸收塔C402分流了部分碳二组分和绝大部分甲烷氢组分，C402塔顶吸收液体来自C401塔顶冷凝液体，C402塔模拟计算结果见表8-4。在表8-4中，控制C402塔顶气体中丙烯体积分数低于0.02%，C402塔顶温度-38.0℃左右，在工况二下，C402塔顶气体量增加3.40%，其塔顶吸收液量减少11.79%，由于其塔顶温度有所下降，并没有增加C402塔顶丙烯损失量。

表8-4　EP2装置碳三吸收塔模拟计算结果

项目	工况一	工况二
C402塔顶温度/℃	-37.97	-38.35
C402塔顶压力/MPa	3.675	3.675
C402塔底温度/℃	-30.36	-27.21
C402塔顶气体量/t·h⁻¹	248.825	257.294
C402塔底液体量/t·h⁻¹	79.963	64.649

项目	工况一	工况二
C402塔顶吸收液量/t·h⁻¹	106.423	93.871
C402塔顶气体中丙烯体积分数/×10⁻⁶	177.52	150.16
C402塔顶丙烯损失量/kg·h⁻¹	96.19	86.13

8.2 乙烯精馏系统的模拟

乙烯精馏系统主要由乙烯精馏塔组成，该系统将进料分离为乙烯体积分数不低于99.95%的乙烯产品和循环乙烷馏分。循环乙烷馏分含有乙烷、少量乙烯和痕量碳三组分，被送回裂解炉。EP1装置的乙烯精馏塔侧线采出液相乙烯产品，通过乙烯产品泵P404和5号冷箱E305X输出中压气相乙烯产品；EP2和EP3装置的乙烯精馏塔塔顶采出气相乙烯馏分，通过乙烯制冷压缩机输出中压气相乙烯产品。

8.2.1 工艺描述

三套乙烯装置的乙烯精馏系统工艺流程简图见图8-6~图8-8。EP1装置的乙烯精馏系统是独立设置的，而EP2和EP3装置的乙烯精馏塔与乙烯制冷压缩机构成了开式热泵系统。

EP1装置的乙烯精馏塔C403进料来自乙烯干燥器A401，由于它含有极少的甲烷和氢气组分，要求乙烯体积分数不低于99.95%的乙烯产品只能从C403塔顶部第8块塔盘采出，而含有甲烷和氢气的尾气经乙烯精馏塔回流罐V403顶部的尾气冷凝器E4413冷凝后流入脱甲烷塔。乙烷自塔底采出，首先去乙烷汽化器E3306在泡点温度下蒸发，气体流入5号冷箱E305X被加热至30.0℃，然后去乙烷过热器E0104被QW继续加热，循环回裂解炉产生裂解气。C403塔侧线还抽出一小股碳二馏分去绿油罐V402洗涤绿油。C403塔有三个再沸器，可使该塔的冷量得到最大量回收。一个是用-6.0℃气相丙烯冷剂作热源的C403塔底再沸器E4510；一个是C403塔侧线再沸器之一，为16.0℃气相乙烯冷剂作热源的乙烯冷剂冷凝器E4421；还有一个C403塔侧线再沸器，它为裂解气作热源的侧线再沸器E4311。C403塔塔顶通过冷凝器E4512用-40.0℃液相丙烯冷剂冷凝塔顶气体，再通过尾气冷凝器E4413用-63.0℃液相乙烯冷剂冷凝尾气，以便减少尾气中的乙烯含量。回流罐V403收集的液体被回流泵P403送回C403塔顶。C403塔侧线采出的150.0t·h⁻¹液相乙烯产品直接流入乙烯产品球罐T401，通过乙烯产品泵P404将T401罐的液相乙烯产品送至E305X里回收冷量，它先在E305X中被加热到-13.0℃，然后在乙烯产品加热器E4522中被加热至8.0℃，再返回E305X中被过热到30.0℃作为气相乙烯产品。同时也可通过乙烯产品汽化器E4923用LS加热汽化乙烯。

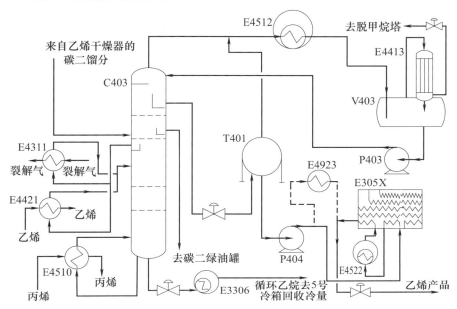

图8-6　EP1装置乙烯精馏系统工艺流程简图

C403—乙烯精馏塔；E305X—5号冷箱；E3306—乙烷汽化器；E4311—乙烯精馏塔侧线再沸器；E4413—乙烯精馏塔尾气冷凝器；E4421—乙烯冷剂冷凝器；E4510—乙烯精馏塔塔底再沸器；E4512—乙烯精馏塔冷凝器；E4522—乙烯产品加热器；E4923—乙烯产品汽化器；P403—乙烯精馏塔回流泵；P404—乙烯产品泵；T401—乙烯产品球罐；V403—乙烯精馏塔回流罐

　　EP2装置脱甲烷塔C301塔底的碳二馏分先通过4号冷箱E304X部分蒸发回收冷量，然后流入乙烯精馏塔C403。C403塔的操作基于开式热泵原理，即C403塔顶气体在乙烯制冷压缩机三段K4413压缩后，在它返回C403塔作为回流之前进入乙烯精馏塔塔底逆流换热器E440X中液化，以给C403塔底提供再沸热量。C403塔顶气体先依次与4号冷箱E304X和脱乙烷塔塔顶逆流换热器E402X的汽化乙烯、乙烯冷剂缓冲罐V444罐顶的气体混合，然后流入乙烯精馏塔塔顶逆流换热器E442X被加热至20.0℃，进入K4413被压缩到2.0MPa。自K4413出来的气相乙烯在乙烯制冷压缩机三段出口冷却器E4815里被CW冷却至35.0℃，其中150.0t·h⁻¹气相乙烯作为乙烯产品通过乙烯制冷压缩机四段K4414被压缩至4.0MPa输出，其余大部分返回E442X被继续冷却。自E442X出来的这股乙烯物流分出一小部分在乙烯冷凝器E4514中被-38.0℃液相丙烯冷剂冷却，其中约10.0%流入E442X中被过冷至-50.0℃，作为C403塔的少部分回流；大部分物流进入乙烯精馏塔塔底逆流换热器E440X中冷凝，被C403塔底液体冷凝的凝液分成两股：大部分流股在E442X中被过冷至-50.0℃，

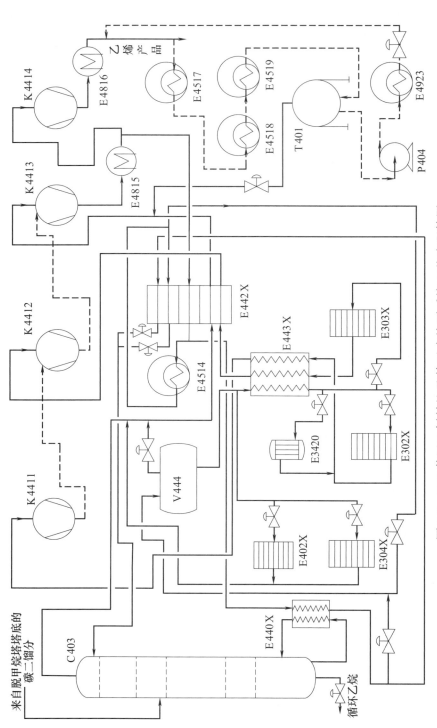

图 8-7 EP2装置乙烯精馏及其开式热泵系统工艺流程简图

C403—乙烯精馏塔；E302X—2号冷箱；E304X—3号冷箱；E304X—4号冷箱；E402X—脱乙烷精馏塔顶逆流换热器；E440X—乙烯精馏塔底逆流换热器；
E442X—乙烯精馏塔塔顶逆流换热器；E443X—乙烯过冷器；E3420—脱甲烷塔冷凝器；E4514—乙烯冷凝器；E4815—乙烯制冷压缩机三段出口冷却器；
E4816—乙烯制冷压缩机四段出口冷却器；E4517—乙烯产品丙烯冷却器；E4518—乙烯产品丙烯冷凝器；E4519—乙烯产品丙烯过冷器；E4923—乙烯产品
汽化器；K4411—乙烯制冷压缩机一段；K4412—乙烯制冷压缩机二段；K4413—乙烯制冷压缩机三段；K4414—乙烯制冷压缩机四段；P404—乙烯产品泵；
T401—乙烯产品球罐；V444—乙烯冷剂缓冲罐

184　乙烯装置分离
全流程模拟

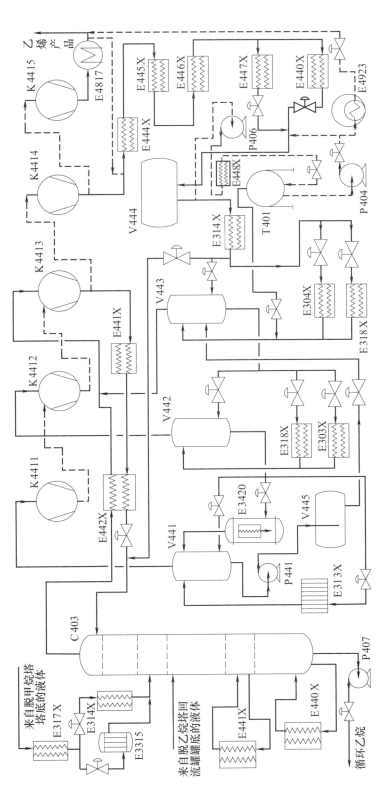

图 8-8 EP3 装置乙烯精馏及其开式热泵系统工艺流程简图

C403—乙烯精馏塔；E3315—预脱甲烷塔冷凝器；E303X—3 号冷箱；E304X—4 号冷箱；E313X—尾气精馏塔蒸发器；E314X—脱甲烷塔气精馏塔冷凝器；
E317X—脱甲烷塔塔底冷却器；E318X—乙烯精馏塔进料接触塔顶冷凝器；E440X—乙烯精馏塔逆流塔底再沸器；E441X—乙烯精馏塔侧线逆流换热器；
E442X—乙烯精馏塔塔顶逆流换热器；E3420—脱甲烷塔顶逆流冷凝器；E444X—1 号乙烯冷剂冷却器；E445X—2 号乙烯冷剂冷却器；E446X—3 号乙烯冷剂冷却
器；E447X—乙烯冷剂冷凝器；E448X—乙烯冷剂逆流冷凝器；E4817—乙烯产品逆流过冷器；E4923—乙烯产品汽化器；K4411—乙烯制冷压缩
机一段；K4412—乙烯制冷压缩机二段；K4413—乙烯制冷压缩机三段；K4414—乙烯制冷压缩机四段；K4415—乙烯制冷压缩机五段；P404—乙烯产品泵；
P406—乙烯输运泵；P407—乙烷循环泵；P441—乙烯冷剂排放泵；T401—乙烯产品球罐；V441—乙烯制冷压缩机—段吸入罐；V442—乙烯冷剂缓冲罐；V445—乙烯排放罐
吸入罐；V443—乙烯制冷压缩机三段吸入罐；V444—乙烯冷剂缓冲罐；V445—乙烯排放罐

作为C403塔的大部分回流，剩下的流股流入V444罐。C403塔底乙烷依次经脱乙烷塔塔顶逆流换热器E402X、5号冷箱E305X、丙烯冷剂换热器E306X被蒸发和加热到34.0℃，然后去乙烷过热器E0104被QW继续加热，循环回裂解炉产生裂解气。

EP3装置的乙烯精馏塔C403有两股进料：一股来自脱甲烷塔塔底，其乙烯含量虽较高，但流量较小，作为C403塔的第一股进料；另一股来自脱乙烷塔回流罐罐底，其乙烯含量虽较低，但流量较大，作为C403塔的第二股进料。脱甲烷塔C301塔底液体先通过脱甲烷塔塔底冷却器E317X过冷，然后分成两股，一股通过脱甲烷塔塔底蒸发器E314X蒸发回收冷量，另一股通过预脱甲烷塔冷凝器E3315蒸发回收冷量，这样产生的两股气体混合后进入C403塔。脱乙烷塔回流罐V401罐底一部分液体先通过脱乙烷塔塔顶过冷器E4503被−37.0℃液相丙烯冷剂过冷至−34.0℃，然后节流降温降压流入C403塔。C403塔与乙烯制冷系统形成开式热泵流程。C403塔顶气体经乙烯精馏塔塔顶逆流换热器E442X回收冷量后被加热到−52.2℃，与来自乙烯制冷压缩机三段吸入罐V443罐顶的气体混合一起进入乙烯制冷压缩机三段K4413入口，K4413出口部分气体经乙烯精馏塔侧线逆流换热器E441X和E442X冷凝后作为C403塔的部分回流，C403塔的另一部分回流来自E314X的一部分过冷乙烯。C403塔有侧线再沸器E441X和乙烯精馏塔塔底逆流换热器E440X两个再沸器，它们将C403塔的冷量用于冷凝气相乙烯。通过E440X将乙烯制冷压缩机四段出口已被7.0℃、−7.0℃、−21.0℃液相丙烯冷却的部分乙烯气体继续冷凝为液体，液体流入乙烯冷剂缓冲罐V444。C403塔底乙烷被乙烷循环泵P407送出，依次经预脱甲烷塔进料冷却器E308X、5号冷箱E305X被蒸发和加热到36.0℃，然后去乙烷过热器E0104被QW继续加热，循环回裂解炉产生裂解气。乙烯制冷压缩机四段K4414出口的150.0t·h⁻¹气相乙烯直接进入乙烯制冷压缩机五段K4415入口，先被K4415压缩至4.0MPa，再被乙烯制冷压缩机五段出口冷却器E4817冷却至35.0℃作为气相乙烯产品输出。

8.2.2 工艺流程特点

由于EP1装置是单独的高压乙烯精馏系统，而EP2和EP3装置是开式热泵的低压乙烯精馏系统[7~9]，所以EP1装置的乙烯精馏塔操作参数与EP2和EP3装置的乙烯精馏塔操作参数有较大差异，见表8-5。

表8-5　三套乙烯装置的乙烯精馏塔典型操作参数

项目	EP1装置	EP2装置	EP3装置
C403塔顶压力/MPa	1.772	0.830	0.735
C403塔顶温度/℃	−33.66~−33.61	−57.29	−60.71
C403塔底温度/℃	−10.34~−9.34	−37.93~−37.91	−40.69~−40.48

乙烯装置分离
全流程模拟

EP1装置的乙烯精馏塔进料来源与EP2和EP3装置截然不同，其组成稍有差异。EP1装置的乙烯精馏塔进料来自脱乙烷系统和碳二加氢反应系统后，其组成是氢气、甲烷、乙烯、乙烷及少量碳三组分，而EP2装置的乙烯精馏塔进料来自脱甲烷塔塔底，EP3装置的乙烯精馏塔进料来自脱甲烷塔塔底和脱乙烷塔回流罐罐底，这两套乙烯装置的乙烯精馏塔进料组成主要是乙烯、乙烷及少量碳三组分。这使得EP1装置是从乙烯精馏塔侧线采出液相乙烯产品，而EP2和EP3装置都是从乙烯制冷压缩机四段或五段出口输出气相乙烯产品。

C403塔顶冷凝的冷源与冷量差异大，其再沸热源差异更大。EP1装置的C403塔顶气体用−40.0℃液相丙烯冷剂冷凝，所需冷量超过52.0MW，塔顶尾气用−63.0℃液相乙烯冷剂冷凝；C403塔侧线再沸器各分别用裂解气及16.0℃气相乙烯作热源，塔底再沸器用−6.0℃气相丙烯作热源。EP2和EP3装置的C403塔与乙烯制冷压缩机构成开式热泵系统：EP2装置C403塔底再沸器用−30.3℃气相乙烯作热源；EP3装置C403塔侧线再沸器用−10.0~−9.0℃气相乙烯作热源，塔底再沸器用−18.0℃气相乙烯作热源。

只有EP1装置设有碳二绿油洗涤流程。EP1装置的C403塔上部抽出一股碳二馏分去绿油罐V402洗涤碳二绿油。

8.2.3　模拟说明

一套乙烯装置的乙烯精馏系统只有一个模型，本书共建立三个模型来模拟计算研究乙烯精馏系统，这三个模型都包含在每套乙烯装置的全流程分离系统模型中。EP2和EP3装置的乙烯精馏系统模型包含在乙烯精馏及其开式热泵系统模型中。

图8-6~图8-8是乙烯精馏系统模拟的基础。乙烯精馏系统的模拟选用PR-BM基础物性方法。在EP1装置模拟计算时，为便于模型收敛，将C403塔顶尾气物流断开处理，通过多次迭代计算，直至循环物流的流量与组成变化很小。EP2和EP3装置在确定满足乙烯规格的C403塔回流量后，断开C403塔回流。

涉及循环热流的模拟时，先断开计算至模型收敛，然后将热流数据输入给对应换热器。EP1装置需将利用裂解气加热乙烯精馏塔侧线物流的热量输入给乙烯精馏塔侧线再沸器E4311，乙烯冷剂冷凝器E4421的热量等于C403塔的侧线再沸总热量减去E4311的换热量，可参与乙烯制冷系统的模拟迭代计算。EP2装置将C403塔底再沸热量输入给乙烯精馏塔塔底逆流换热器E440X，规定经乙烯冷凝器E4514冷凝的乙烯分出10.0%去乙烯精馏塔塔顶逆流换热器E442X，调整进入E440X的气相乙烯流量以及自E440X分出给E442X的液相乙烯流量。EP3装置将预脱甲烷塔塔顶冷凝的冷量输入给预脱甲烷塔冷凝器E3315，控制去E3315的C301塔底液体流量，使该股物流在泡点温度下汽化；规定通过脱甲烷塔塔底冷却器E317X过冷脱甲烷塔C301塔底液体的温度为−34.0℃，通过脱甲烷塔塔底蒸发器E314X的C301塔底液体全部在泡点温度下蒸发，这样可确保C403塔的第一股进料以全气态进入C403；各分别将C403塔侧线再沸热量和塔底再沸热量输入给E441X和E440X，可调整C403塔侧线再沸热量以及进入E440X的气相乙烯流量。

规定EP1装置循环乙烷仅在乙烷汽化器E3306中被裂解气加热到泡点温度，它以气态流入5号冷箱E305X。

EP2装置脱甲烷塔C301塔底的碳二馏分通过4号冷箱E304X的流量占51.0%，规定该股物流被加热至−47.0℃。

EP3装置C403塔侧线再沸热量初值按K4413出口气体经乙烯精馏塔侧线逆流换热器E441X冷凝后温度为−47.0℃来取，该值可在迭代计算过程中调整，直至前后两次计算数值相差不大，进而最终确定C403塔侧线再沸热量的规定值，便于模拟计算乙烯制冷系统。

8.2.4 模拟结果分析

EP1装置乙烯精馏塔C403的再沸总热量等于C403塔侧线再沸器E4311、乙烯冷剂冷凝器E4421和C403塔底再沸器E4510的换热量之和；EP2装置C403塔的再沸总热量等于C403塔底逆流换热器E440X的换热量；EP3装置C403塔的再沸总热量等于C403塔侧线逆流换热器E441X和E440X的换热量之和。

EP1装置乙烯精馏系统丙烯冷剂供冷量等于C403塔顶冷凝器E4512与乙烯产品加热器E4522的换热量之差；EP2装置乙烯精馏系统丙烯冷剂供冷量等于乙烯冷凝器E4514的换热量；EP3装置乙烯精馏系统丙烯冷剂供冷量等于1号乙烯冷剂冷却器E444X、2号乙烯冷剂冷却器E445X、3号乙烯冷剂冷却器E446X和乙烯冷剂冷凝器E447X的换热量之和。

表8-6列出乙烯精馏系统的模拟计算结果，三套乙烯装置的乙烯产品中乙烯体积分数都高于99.96%。在表8-6中，在两种工况下，EP2和EP3装置的丙烯冷剂供冷量各分别比EP1装置降低67.48%~67.60%和57.18%~59.48%，EP2和EP3装置的C403塔回流量各分别比EP1装置降低36.30%~37.69%和46.11%~43.18%，明显体现出EP2和EP3装置低压乙烯精馏的优势；但EP2和EP3装置的C403塔再沸总热量较大，各分别比EP1装置上升14.57%~18.29%和17.42%~24.45%。同时还可从表 8-6中看出，EP2和EP3装置在两种工况下其C403塔进料量相差不大，EP3装置的C403塔压比EP2装置低，可降低C403塔回流量10.81%~13.51%，但其乙烯精馏系统丙烯冷剂供冷量和C403塔的再沸总热量并没有减少，值得进一步研究C403塔压的选择。

表8-6　乙烯精馏系统模拟计算结果

项目	EP1	EP2	EP3	EP1	EP2	EP3
	工况一			工况二		
C403塔顶温度/℃	−33.57	−57.29	−60.71	−33.55	−57.29	−60.71
C403塔顶压力/MPa	1.720	0.830	0.735	1.772	0.830	0.735
C403塔底温度/℃	−10.03	−37.91	−40.90	−10.41	−37.91	−40.66
V403罐温度/℃	−34.70	—	—	−34.87	—	—
V444罐温度/℃	—	−53.36	−33.48	—	−53.36	−33.22
V444罐压力/MPa	—	0.950	1.836	—	0.950	1.836
乙烯尾气温度/℃	−39.52	—	—	−41.23	—	—
上部进料温度/℃	−25.89	−52.96	−54.93	−25.68	−52.96	−54.77
下部进料温度/℃	—	—	−56.38	—	—	−56.14
上部进料量/t·h⁻¹	191.453	178.165	52.434	194.345	180.607	54.761
下部进料量/t·h⁻¹	—	—	124.982	—	—	125.421
E4311换热量/MW	6.5022	—	—	6.6341	—	—
E4421换热量/MW	14.9163	—	—	15.6522	—	—
E4510换热量/MW	16.9016	—	—	14.6594	—	—
丙烯冷剂供冷量/MW	46.1959	14.9675	18.7202	45.9019	14.9257	19.6533
E442X换热量/MW	—	—	1.5027	—	—	1.5356
E441X换热量/MW	—	—	21.2364	—	—	21.6318
E440X换热量/MW	—	43.9049	23.7596	—	43.7016	24.3488
E4413换热量/MW	1.5119			1.6282		
C403塔回流量/t·h⁻¹	593.780	370.000	320.000	580.809	370.000	330.000
C403塔顶采出量/t·h⁻¹	—	520.225	469.766	—	520.030	479.880
C403塔底采出量/t·h⁻¹	28.003	27.940	27.651	30.575	30.577	30.301
乙烯产品量/t·h⁻¹	150.000	150.000	150.000	150.000	150.000	150.000
乙烯尾气量/t·h⁻¹	1.450	—	—	1.770	—	—
洗涤绿油碳二量/t·h⁻¹	12.000	—	—	12.000	—	—
P403功率/kW	226.86	—	—	221.55	—	—
P404功率/kW	545.46	0.00	0.00	545.43	0.00	0.00
P407功率/kW	—	—	7.54	—	—	8.26
乙烯产品中乙烯体积分数/×10⁻⁶	99.98	99.99	99.99	99.97	99.99	99.97

在表8-6中，在同一乙烯装置不同工况下，随着裂解原料变轻，三套乙烯装置工况二的C403塔进料量都比工况一多，EP1和EP2装置工况二的乙烯精馏系统丙烯冷剂供冷量和C403塔的再沸总热量都比工况一少，而EP3装置反之；EP1装置工况二的乙烯尾气量和E4522的换热量各分别比工况一上升22.07%和3.47%，但回流量相应降低2.18%。就乙烯精馏系统来说，似乎EP1装置更适合工况二，而EP3装置更适合工况一，EP2装置表现不明显。

8.2.5　热泵的应用

乙烯装置的乙烯精馏通常有常规高压精馏和热泵精馏两种流程[10]，前者用于EP1装置，后者用于EP2和EP3装置。热泵精馏常采用蒸汽压缩（Vapor Compression，简称VC）或机械蒸汽再压缩（Mechanical Vapor Recompression，简称MVR）等热泵技术[11]，VC热泵属于闭式热泵，即胡丽春等总结的外部工质循环式[12]；MVR热泵属于开式热泵[10, 13]，即一种塔顶气相压缩式热泵[14, 15]类型。乙烯生产者普遍采用开式热泵，认为低压开式热泵流程在能耗等运行成本方面优于常规高压精馏和高压热泵流程[16~19]。不同乙烯技术专利商所采用的开式热泵流程有较大差异[10]，如EP2和EP3装置的乙烯精馏开式热泵流程。

热泵的设置有独立和联合两种流程。乙烯生产者一般较多关注联合热泵流程。

（1）独立设置的热泵

关于国内原始设计的乙烯装置，有扬子石化-巴斯夫有限责任公司（扬巴）600kt·a⁻¹乙烯装置采用独立设置的热泵[20]。应用顺序分离技术的扩能改造乙烯装置采用过独立设置的热泵[21]技术，该热泵压缩机与制冷压缩机独立运行。

（2）联合设置的热泵

Kaiser和Kister等[16, 17]报道的热泵流程应用于顺序分离乙烯装置，在乙烯精馏塔前设置有第二脱甲烷塔，用于脱除进料中的氢气和甲烷组分；乙烯精馏塔与乙烯制冷系统组成开式热泵，热泵压缩机与乙烯制冷压缩机联合设置。国内在前脱乙烷和前脱丙烷分离乙烯装置上，绝大多数都采用开式热泵，使用联合设置的热泵流程[10, 13, 22]。乙烯生产者把热泵压缩机作为乙烯制冷压缩机的一段或两段，这两者被同轴驱动，应特别关注它们的合理匹配[23]。

参 考 文 献

[1] 林德股份公司. 在乙烯装置中分离C_2/C_3碳氢化合物的方法. CN 95106016.3 [P]. 1996-04-03.
[2] 中国石油天然气股份有限公司. 乙烯装置前脱乙烷分离工艺方法. CN 200910090076.7 [P]. 2013-10-16.
[3] 卢光明, 李进良, 陈俊豪, 等.乙烯装置前脱乙烷工艺节能及长周期运行研究 [J]. 化学工程, 2011, 39（12）：95-99.
[4] 中国石油天然气股份有限公司. 一种乙烯装置双塔前脱乙烷分离装置. CN 20112025041337 [P]. 2011-07-15.
[5] 杨斌, 于承轩, 朱越, 等. 新型阻聚剂HF-4在扬子乙烯装置上的应用 [J]. 乙烯工业, 2015, 27（1）：61-64.
[6] 周尖, 曾飞鹏, 薛新超, 等. 脱乙烷塔再沸器结垢影响因素及对策 [J]. 乙烯工业, 2019, 31（1）：37-39.

[7] 王洲晖. 常规乙烯塔系与热泵乙烯塔系的能耗比较 [J]. 乙烯工业，2002，14（4）：6-10.

[8] 赵学良. 乙烯精馏塔系统探究 [J]. 乙烯工业，2009，21（3）：1-5.

[9] 高友根. 两种乙烯精馏方法的探讨 [J]. 广州化工，2013，41（18）：146-148.

[10] 王振维，杨春生. 热泵在乙烯裂解装置中的应用 [J]. 石油化工，2001，30（8）：645-650.

[11] Anton A. Kiss, Carlos A. Infante Ferreira. Heat Pumps in Chemical Process Industry [M]. Boca Raton：CRC Press，2017.

[12] 胡丽春，张璐阳. 蒸汽压缩式热泵精馏技术探讨 [J]. 炼油与化工，2014，（2）：9-11.

[13] 王松汉，何细藕. 乙烯工艺与技术 [M]. 北京：中国石化出版社，2000.

[14] 徐忠，陆恩锡，罗明辉. 热泵节能-三种类型热泵的比较 [J]. 化学工程，2008，36（10）：75-78.

[15] 杨德明，叶梦飞，谭建凯，等. 机械蒸汽再压缩MVR热泵技术的应用进展 [J]. 常州大学学报（自然科学版），2015，27（1）：76-80.

[16] Victor Kaiser, Daussy P, Salhi O. What pressure for C_2 splitter? [J]. Hydrocarbon Processing，1977，56（1）：123-126.

[17] Henry Z. Kister, Robert W. Townsend. Ethylene from NGL feedstocks, Part 4—Low pressure C_2 splitter [J]. Hydrocarbon Processing，1984，63（1）：105-108.

[18] 杨德明，匡华. 乙烯精馏塔热泵流程的模拟 [J]. 江苏石油化工学院学报，2000，12（1）：36-39.

[19] 张炜. 两种乙烯热泵精馏的能耗对比 [J]. 乙烯工业，2009，21（1）：17-20.

[20] 徐跃华，范绍东. 扬巴乙烯装置首次开车总结 [J]. 乙烯工业，2006，18（1）：9-12.

[21] 程建发，张振华，闫凤英. 热泵在乙烯装置上的运用 [J]. 乙烯工业，2006，18（增刊）：320-323.

[22] 张慧，杨昌南. 热泵在乙烯精馏工艺中的运用 [J]. 化工设计，2009，19（1）：22-24.

[23] 王洲晖，杨春生. 乙烯精馏塔热泵系统技术分析 [J]. 乙烯工业，2002，14（2）：23-28.

第 9 章

热分离系统

热分离系统包括脱丙烷、丙烯精馏、脱丁烷及汽油系统。脱丙烷和丙烯精馏系统按分离碳三组分来说基本上是上下游关系，碳三加氢反应系统将两者隔开，分离出丙烯产品和循环丙烷。脱丙烷、脱丁烷及汽油系统按分离碳四及碳四以上组分来说，完全是顺序分离的上下游关系，分离出混合碳四馏分和裂解粗汽油馏分。本章通过模拟计算分析热分离系统，针对不同的脱丙烷工艺、丙烯与丙烷分离工艺以及脱丁烷工艺等，相应分析其模拟计算结果。

9.1 脱丙烷系统的模拟

通过脱丙烷系统，将该系统的进料主要分离为两个馏分：一个馏分是碳三组分或碳三及碳三以下组分，几乎不含碳四组分；另一个馏分是碳四及碳四以上组分，几乎不含碳三组分。

9.1.1 工艺描述

三套乙烯装置的脱丙烷系统工艺流程简图见图9-1~图9-3。EP1装置的脱丙烷系统工艺采用双塔高低压后脱丙烷系统流程[1~3]，EP2装置的脱丙烷系统工艺采用单塔低压脱丙烷系统流程，而EP3装置的脱丙烷系统工艺采用双塔高低压前脱丙烷系统流程[4, 5]，前脱丙烷系统设置在裂解气压缩机四段与五段之间。

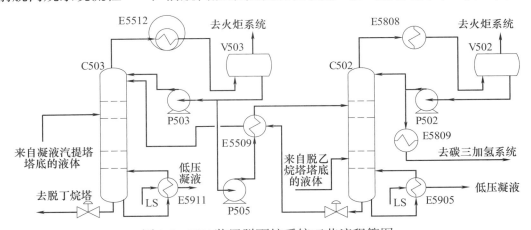

图9-1　EP1装置脱丙烷系统工艺流程简图

C502—高压后脱丙烷塔；C503—低压脱丙烷塔；E5905—高压后脱丙烷塔蒸汽再沸器；
E5808—高压后脱丙烷塔冷凝器；E5809—碳三反应器进料冷却器；E5509—高压后脱丙烷塔蒸汽再沸器；
E5911—低压脱丙烷塔蒸汽再沸器；E5512—低压脱丙烷塔冷凝器；P502—高压后脱丙烷塔回流泵；
P503—低压脱丙烷塔回流泵；P505—高压后脱丙烷塔进料泵；V502—高压后脱丙烷塔回流罐；
V503—低压脱丙烷塔回流罐

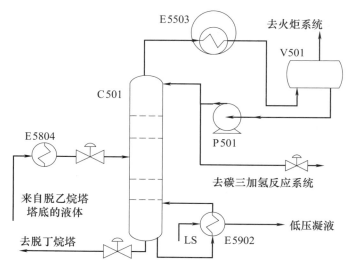

图 9-2　EP2装置脱丙烷系统工艺流程简图

C501—脱丙烷塔；E5902—脱丙烷塔蒸汽再沸器；E5503—脱丙烷塔冷凝器；
E5804—脱丙烷塔进料冷却器；P501—脱丙烷塔回流泵；V501—脱丙烷塔回流罐

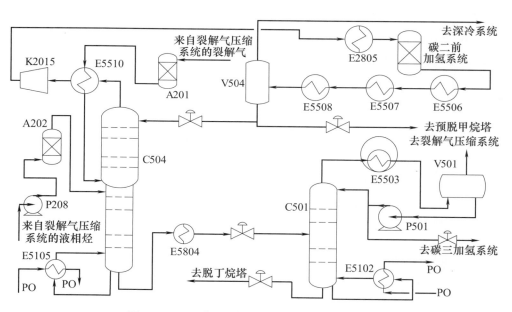

图 9-3　EP3装置脱丙烷系统工艺流程简图

A201—裂解气干燥器；A202—裂解气凝液干燥器；C501—脱丙烷塔；C504—高压前脱丙烷塔；E2805—裂解气压缩机机五段出口冷却器；E5105—高压前脱丙烷塔盘油再沸器；E5506—高压前脱丙烷塔1号回流冷却器；E5507—高压前脱丙烷塔2号回流冷却器；E5508—高压前脱丙烷塔冷凝器；E5102—脱丙烷塔盘油再沸器；E5503—脱丙烷塔冷凝器；E5510—高压前脱丙烷塔进料与塔顶物料换热器；E5804—脱丙烷塔进料冷却器；K2015—裂解气压缩机五段；P208—液体干燥器进料泵；P501—脱丙烷塔回流泵；V501—脱丙烷塔回流罐；V504—高压前脱丙烷塔回流罐

乙烯装置分离
全流程模拟

EP1装置的脱丙烷系统进料有两股液体，一股液体来自凝液汽提塔塔底，进入低压脱丙烷塔C503作为C503塔的第二股进料，另一股液体来自脱乙烷塔塔底，进入高压后脱丙烷塔C502作为C502塔的第二股进料。C502和C503两个塔可看作一个具有两段不同压力的脱丙烷塔：C503塔是低压段，即脱丙烷塔的提馏段；C502塔是高压段，即脱丙烷塔的精馏段。C502塔的第一股进料来自低压脱丙烷塔回流罐V503罐底，它进C502塔前被高压后脱丙烷塔进料泵P505送至高压后脱丙烷塔进料加热器E5509预热。C503塔的第一股进料来自C502塔底，它进C503塔前通过高压后脱丙烷塔进料加热器E5509回收热量。C502塔顶冷凝器用CW作冷源，其塔底再沸器用LS作热源；C503塔顶冷凝器用−6.0℃液相丙烯作冷源，其塔底再沸器用LS作热源。C503塔底液体流入脱丁烷塔，塔顶气体被冷凝后流入V503罐，V503罐底部分液体通过低压脱丙烷塔回流泵P503送入C503塔顶作回流，其余液体去C502塔。高压后脱丙烷塔回流罐V502罐底的部分液体作C502塔的回流，其余液体被高压后脱丙烷塔回流泵P502送至碳三加氢系统。

　　EP2装置的脱丙烷系统进料只有一股，这股进料来自脱乙烷塔塔底，它在进入脱丙烷塔C501前通过脱丙烷塔进料冷却器E5804被CW冷却至45.0℃。C501塔顶冷凝器用10.0℃液相丙烯作冷源，其塔底再沸器用LS作热源。C501塔底液体流入脱丁烷塔。脱丙烷塔回流罐V501罐底的部分液体作C501塔的回流，其余液体被脱丙烷塔回流泵P501送至碳三加氢系统。

　　EP3装置的脱丙烷系统进料有两股：一股裂解气来自碱洗塔出口分离罐V206罐顶，它在进入高压前脱丙烷塔C504作为C504塔的第一股进料前，先通过裂解气干燥器A201脱除水分，然后通过高压前脱丙烷塔进料与塔顶物料换热器E5510预冷；另一股液相烃来自V206罐底，它在被液体干燥器进料泵P208送入C504塔作为C504塔的第二股进料前，通过裂解气凝液干燥器A202脱除水分。C504塔底液体通过脱丙烷塔进料冷却器E5804被CW冷却，流入脱丙烷塔C501塔中部。C504塔顶气体全是碳三及碳三以下组分的裂解气，它经E5510回收冷量后流入裂解气压缩机五段K2015入口，被K2015压缩后的裂解气先在裂解气压缩机五段出口冷却器E2805里冷却，然后进入碳二前加氢系统。在碳二前加氢系统脱除乙炔并干燥后的裂解气依次进入高压前脱丙烷塔1号回流冷却器E5506、高压前脱丙烷塔2号回流冷却器E5507、高压前脱丙烷塔冷凝器E5508，各分别用7℃、−7℃、−21℃的液相丙烯冷剂冷却后，流入高压前脱丙烷塔回流罐V504。V504罐顶未冷凝的裂解气流入深冷系统的预脱甲烷塔进料冷却器E308X，冷凝的罐底液体分成两股：一部分液体作C504塔回流，一部分液体流入预脱甲烷塔C300作为C300塔的第三股进料（见图7-3）。C501塔顶冷凝器用7.0℃液相丙烯作冷源，其塔底再沸器与C504塔底再沸器一样都用盘油作热源。C501塔底液体流入脱丁烷塔。脱丙烷塔回流罐V501罐底的部分液体作C501塔的回流，其余液体被脱丙烷塔回流泵P501送至碳三加氢系统。

9.1.2　工艺流程特点

由于三套乙烯装置的脱丙烷系统流程不同，所以不同乙烯装置的该系统操作参数有较大差异，见表9-1。

表9-1　三套乙烯装置的脱丙烷系统主要典型操作参数

项目	EP1装置	EP2装置	EP3装置
C501塔顶压力/MPa		0.866	0.825
C501塔顶温度/℃	—	14.62~15.35	12.01~13.09
C501塔底温度/℃		80.01~81.14	79.96~81.27
C502塔顶压力/MPa	1.687		
C502塔顶温度/℃	41.68~42.20		
C502塔底温度/℃	78.24~79.90		
C503塔顶压力/MPa	0.701	—	—
C503塔顶温度/℃	27.00~27.57		
C503塔底温度/℃	69.94~70.78		
C504塔顶压力/MPa			1.620
C504塔顶温度/℃	—		−24.48~−23.73
C504塔底温度/℃			78.5

EP1和EP2装置的脱丙烷系统进料来源稍有差异，却与EP3装置截然不同，它们的进料组成差异较大。EP1装置的脱丙烷系统进料来自两个塔：一是凝液汽提塔塔底的液体，其组成是碳三及碳三以上组分，流量较小，其中丁二烯质量分数17.7%~25.3%；二是脱乙烷塔塔底液体，其组成也是碳三及碳三以上组分，但流量较大，其中丁二烯质量分数13.1%~14.9%。EP2装置的脱丙烷系统进料来自脱乙烷塔塔底液体，其组成是碳三及碳三以上组分，其中丁二烯质量分数14.3%~17.6%。EP3装置的脱丙烷系统进料来自碱洗塔出口裂解气，通过碱洗塔出口分离罐V206分离出气体和液相烃两股各分别进入C504塔，其组成是裂解粗汽油及其以下组分；脱丙烷塔C501进料来自C504塔底，其组成是碳三及碳三以上组分，其中丁二烯质量分数22.1%~25.7%。

EP3装置的C504塔因前脱丙烷流程而成为特殊的一个精馏塔，而C501塔流程与EP2装置的C501塔流程类似，差别在于EP2装置的C501塔进料流量较大，其中碳三组分较多。EP1装置将EP2和EP3装置的C501塔流程变为双塔高低压脱丙烷流程[1~3]，可利用CW作冷源，减少丙烯冷剂的用量。

三套乙烯装置的脱丙烷系统冷凝冷源和再沸热源不同。EP1装置的C502塔顶冷凝器E5808用CW作冷源，C503塔顶冷凝器E5512用液相丙烯冷剂作冷源；EP2和EP3装置的冷源都采用液相丙烯冷剂。EP1装置的C502和C503塔以及 EP2 装置的 C501 塔再沸热源都用 LS，而 EP3 装置的 C501 和 C504 塔再沸热源都用盘油。

9.1.3　模拟说明

一套乙烯装置的脱丙烷系统只有一个模型，本书共建立三个模型来模拟计算研究脱丙烷系统，这三个模型都包含在每套乙烯装置的全流程分离系统模型中。

图 9-1~图 9-3 是脱丙烷系统模拟的基础。脱丙烷系统的模拟选用 PR-BM 基础物性方法。在 EP1 装置模拟计算时，为便于模型收敛，将来自高压后脱丙烷塔进料泵 P505 的出口物流断开处理，规定 C502 塔底液体被 C502 塔第一股进料冷却后的温度为 50.0℃，通过多次迭代计算，直至该循环物流的流量与组成变化很小。在 EP3 装置模拟计算时，为便于模型收敛，将 C504 塔回流断开处理，通过多次迭代计算后，利用传递模块（Transfer）将计算出的循环物流数据传送给回流。

涉及循环热流的模拟时，先断开计算至模型收敛，然后将热流数据输入给对应换热器。EP3 装置的裂解气干燥器 A201 出口裂解气被 C504 塔顶物料冷凝，将该股物料冷凝的冷量输入给高压前脱丙烷塔进料与塔顶物料换热器 E5510，规定 C504 塔第一股进料的温度为 −6.5℃。

9.1.4　模拟结果分析

EP1、EP2 和 EP3 装置的脱丙烷分离工艺各分别是高低压双塔脱丙烷、单塔脱丙烷和双塔前脱丙烷，其脱丙烷系统的模拟计算结果见表 9-2~表 9-5。从表 9-2~表 9-5 可看出，在两种工况下，高压后脱丙烷塔 C502 的工艺参数变化不大，而脱丙烷塔 C501 的一些工艺参数变化较大，低压脱丙烷塔 C503 和高压前脱丙烷塔 C504 除了因碳四组分量变化而引起其塔底流量和塔底再沸热量变化较大外，其它工艺参数的变化基本上都在 ±9.0% 以内。

表 9-2　EP1 装置高压后脱丙烷塔模拟计算结果

项目	工况一	工况二
C502 塔顶温度/℃	41.70	42.20
C502 塔顶压力/MPa	1.687	1.687
C502 塔底温度/℃	80.32	79.85
V502 罐温度/℃	41.49	41.96
上部进料温度/℃	55.81	56.42
上部进料量/t·h⁻¹	102.600	106.800

项目	工况一	工况二
下部进料温度/℃	73.07	74.83
下部进料量/t·h⁻¹	60.100	58.700
E5808换热量/MW	13.8287	13.8424
E5905换热量/MW	12.8834	12.7979
C502塔回流量/t·h⁻¹	86.011	87.176
C502塔摩尔回流比	1.0976	1.1137
C502塔顶采出量/t·h⁻¹	78.360	78.276
C502塔底采出量/t·h⁻¹	84.340	87.224
C502塔底液体中丁二烯体积分数/%	36.02	31.84
碳三中丁二烯体积分数/×10⁻⁶	273.2	284.0
碳三中碳四组分量/kg·h⁻¹	74.16	85.75
E5509换热量/MW	1.9466	1.9901
P502功率/kW	86.28	87.98
C502塔顶丁二烯损失量/kg·h⁻¹	27.5	28.4

表9-3　EP1装置低压脱丙烷塔模拟计算结果

项目	工况一	工况二
C503塔顶温度/℃	28.37	27.82
C503塔顶压力/MPa	0.701	0.701
C503塔底温度/℃	71.95	71.56
V503罐温度/℃	27.20	27.47
上部进料温度/℃	50.00	50.00
上部进料量/t·h⁻¹	84.340	87.224
下部进料温度/℃	74.07	78.75
下部进料量/t·h⁻¹	49.206	37.753
E5512换热量 Q_{E5512}/MW	8.2982	7.4022
E5911换热量 Q_{E5911}/MW	7.6082	6.7098
C503塔回流量/t·h⁻¹	91.738	88.888
C503塔摩尔回流比	1.50	1.50
C503塔顶采出量/t·h⁻¹	61.159	59.259
C503塔底采出量/t·h⁻¹	72.387	65.718
P503功率/kW	246.77	240.86
P505功率/kW	115.81	113.02
C503塔底液体中丁二烯体积分数/%	39.91	34.61
C503塔底中丙烯体积分数/×10⁻⁶	195	471
C503塔底丙烯损失量/kg·h⁻¹	9.95	21.69

表9-4 脱丙烷塔模拟计算结果

项目	EP2	EP3	EP2	EP3
	工况一		工况二	
C501塔顶温度/℃	14.63	12.14	15.35	12.78
C501塔顶压力/MPa	0.866	0.825	0.866	0.825
C501塔底温度/℃	80.88	80.45	82.19	82.06
V501罐温度/℃	14.35	7.55	14.89	7.87
进料温度/℃	33.70	40.00	32.50	40.00
进料量/t·h^{-1}	152.539	106.685	144.729	94.804
E5503换热量Q_{E5503}/MW	15.9144	9.5021	14.3114	8.3679
E5102换热量Q_{E5102}/MW	—	10.9352	—	9.6635
E5902换热量Q_{E5902}/MW	15.8158	—	14.2341	—
回流量/t·h^{-1}	81.349	63.773	65.554	55.404
摩尔回流比	1.05	2.308	0.8334	2.2
C501塔顶采出量/t·h^{-1}	77.475	27.630	78.654	25.183
C501塔底采出量/t·h^{-1}	75.063	79.053	66.051	69.620
E5804换热量/MW	4.9767	2.8032	4.5516	2.4618
P501功率/kW	328.48	90.09	299.89	95.06
C501塔顶气体中丁二烯体积分数/×10^{-6}	1.4	0.001	700.0	325
C501塔顶丁二烯损失量/kg·h^{-1}	0.14	0.00004	70.79	10.60
C501塔底液体中丁二烯体积分数/%	39.38	37.96	34.40	33.40
C501塔底液体中丙烯体积分数/×10^{-6}	5.0	0.013	7.2	0.001
C501塔底丙烯损失量/kg·h^{-1}	0.26	0.0007	0.33	0.00005

表9-5 EP3装置高压前脱丙烷塔模拟计算结果

项目	工况一	工况二
C504塔顶温度/℃	−24.57	−23.80
C504塔顶压力/MPa	1.620	1.620
C504塔底温度/℃	78.50	78.50
V504罐温度/℃	−18.40	−18.40
上部进料温度/℃	−6.50	−6.50
上部进料量/t·h^{-1}	371.123	381.965
下部进料温度/℃	12.51	12.53
下部进料量/t·h^{-1}	44.656	35.974
E5510换热量/MW	7.1647	6.6881
E5105换热量/MW	7.9418	6.9446
E5506换热量/MW	7.4898	7.7759
E5507换热量/MW	4.8506	5.1137
E5508换热量/MW	12.3434	12.2585
回流量/t·h^{-1}	92.706	91.274
C504塔顶采出量/t·h^{-1}	401.813	414.408

项目	工况一	工况二
C504塔底采出量/t·h^{-1}	106.685	94.804
P208功率/kW	0.88	0.74
C504塔底液体中丁二烯体积分数/%	25.13	21.78
C504塔顶气体中丁二烯体积分数/×10^{-6}	4.4	383
C504塔顶丁二烯损失量/kg·h^{-1}	4.24	382.6
C504塔底液体中乙烯体积分数/×10^{-6}	12.6	10.6
C504塔底乙烯损失量/kg·h^{-1}	0.69	0.52

表9-2~表9-4可比较EP1和EP2装置所采用的高低压双塔脱丙烷和单塔脱丙烷工艺的差异。EP2装置采用单塔脱丙烷工艺，在工况一和工况二下各分别比EP1装置所采用的高低压双塔脱丙烷工艺多消耗丙烯冷剂供冷量91.78%和93.40%，但相应的塔底再沸热量各分别减少22.82%和27.03%，表明EP1装置要比EP2装置多消耗低压蒸汽。EP1装置的高低压双塔脱丙烷工艺优点主要是减少丙烯冷剂用量，降低丙烯制冷压缩机功率，但EP1装置碳四组分中丙烯损失相较于EP2装置难控制。

在表9-4中，由于EP3装置大部分碳三组分被分流到脱乙烷塔塔底，所以EP2和EP3装置在相同工况下，其C501塔物料流量、塔顶丙烯冷剂供冷量和塔底再沸热量都相差非常大，没有可比性。在同一乙烯装置不同工况下，随着裂解原料变轻，在工况二下EP2装置的C501塔进料量减少5.12%，回流量降低19.42%，塔顶丙烯冷剂供冷量和塔底再沸热量各分别下降10.07%和10.00%；EP3装置的C501塔进料量减少11.14%，回流量降低13.12%，塔顶丙烯冷剂供冷量和塔底再沸热量各分别下降11.94%和11.63%。

9.1.5 聚合和阻聚

一般来说，碳四馏分都要通过脱丙烷系统，尤其是一些脱丙烷塔的热底部。C501、C502、C503和C504塔底液体中丁二烯含量（见表9-2~表9-5）与裂解原料及乙烯分离技术有关。在表9-2~表9-5中，对于EP1和EP2装置而言，双塔脱丙烷与单塔脱丙烷工艺相比，在同一工况下虽然几乎没有降低C501或C503塔底液体中丁二烯含量，但是其塔底温度下降较大[6]；C501、C502和C504塔底温度在78~82℃范围内，虽然C503塔底温度约71℃，但这四个塔塔底都需要注入阻聚剂[6~8]，以延缓丁二烯自由基聚合；随着裂解原料变轻，这四个塔塔底液体中丁二烯含量随之下降，除C501塔塔底温度稍有上升[9]外，其余三个塔的塔底温度变化不大，基本不受裂解原料的影响。

一般温度大于70℃就导致自由基聚合，聚合的相对速率常数与温度成指数关系，即小的温度升高就对反应速率有很大影响[10]。影响脱丙烷塔再沸器运行周期的主要原因是再沸器中丁二烯的自由基聚合，以及随后的沉积。沉积的聚丁二烯结垢物还有形式和颜色的差异（见图9-4）。

 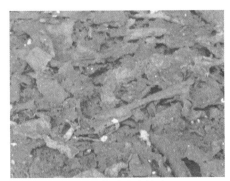

(a) 采用EP1装置分离技术的高压后脱丙烷塔塔底聚合物 (b) 采用EP2装置分离技术的脱丙烷塔塔底聚合物

图9-4　脱丙烷塔塔底聚合物

在脱丙烷塔系统，存在垢物与氧的强烈反应现象，揭示垢物有不可预知的自燃特性，这可能与掺入乙炔类物质而导致更高的不饱和度有关[10]。乙烯生产者应特别关注这一点。

9.2　丙烯精馏系统的模拟

丙烯精馏系统主要由两个同等的丙烯精馏塔并联组成，该系统将进料分离为丙烯体积分数不低于99.6%的丙烯产品和循环丙烷馏分。循环丙烷馏分含有丙烷、少量丙烯、痕量MAPD和碳四等重组分，被送回裂解炉。EP1和EP3装置的丙烯精馏塔侧线采出液相丙烯，通过丙烯产品泵P507输出液相丙烯产品；EP2装置的丙烯精馏塔回流罐V506罐底采出液相丙烯，通过丙烯产品泵P507输出液相丙烯产品。

9.2.1　工艺描述

三套乙烯装置的丙烯精馏系统工艺流程简图见图9-5~图9-7。因乙烯装置规模较大原因，将丙烯精馏塔设置为并联的两个同等塔，回流罐、回流泵、丙烯产品泵及丙烯产品冷却器共用，其余分设。

EP1和EP3装置的丙烯精馏塔流程相似，差别在于：EP1装置的丙烯精馏塔有侧线再沸器，其塔底再沸器用QW作热源；而EP3装置的丙烯精馏塔没有侧线再沸器，其塔底再沸器用QW和LS作热源。来自碳三加氢分离罐V505罐

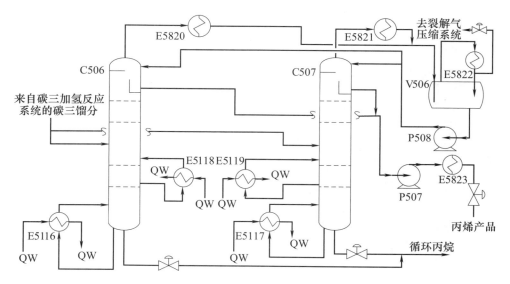

图 9-5　EP1 装置丙烯精馏系统工艺流程简图

C506—1 号丙烯精馏塔；C507—2 号丙烯精馏塔；E5116/E5117—1/2 号丙烯精馏塔再沸器；

E5118/E5119—1/2 号丙烯精馏塔侧线再沸器；E5820/E5821—1/2 号丙烯精馏塔冷凝器；

E5822—丙烯精馏塔尾气冷凝器；E5823—丙烯产品冷却器；P507—丙烯产品泵；

P508—丙烯精馏塔回流泵；V506—丙烯精馏塔回流罐

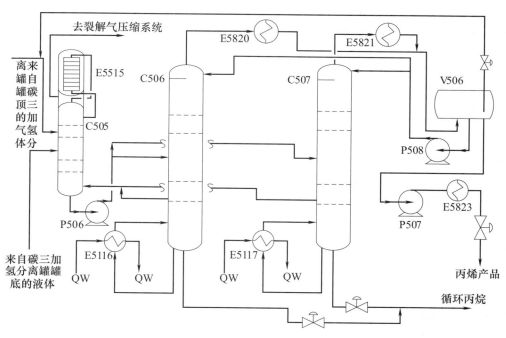

图 9-6　EP2 装置丙烯精馏系统工艺流程简图

C505—碳三汽提塔；C506—1 号丙烯精馏塔；C507—2 号丙烯精馏塔；E5515—碳三汽提塔冷凝器；

E5116/E5117—1/2 号丙烯精馏塔再沸器；E5820/E5821—1/2 号丙烯精馏塔冷凝器；E5823—丙烯产品冷却

器；P506—碳三汽提塔底泵；P507—丙烯产品泵；P508—丙烯精馏塔回流泵；V506—丙烯精馏塔回流罐

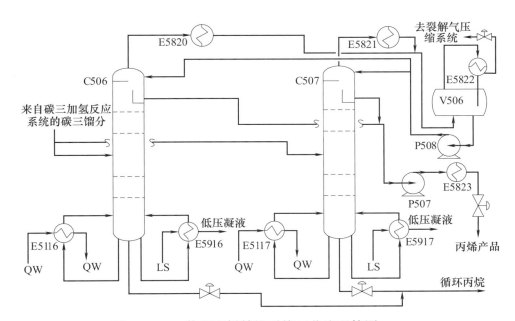

图9-7　EP3装置丙烯精馏系统工艺流程简图

C506—1号丙烯精馏塔；C507—2号丙烯精馏塔；E5116/E5117—1/2号丙烯精馏塔再沸器；

E5916/E5917—1/2号丙烯精馏塔蒸汽再沸器；E5820/E5821—1/2号丙烯精馏塔冷凝器；

E5822—丙烯精馏塔尾气冷凝器；E5823—丙烯产品冷却器；P507—丙烯产品泵；

P508—丙烯精馏塔回流泵；V506—丙烯精馏塔回流罐

底的部分液体被平均分成两股，各分别进入1号丙烯精馏塔C506和2号丙烯精馏塔C507。经过碳三加氢反应过的碳三组分中含有氢气、甲烷、乙烷等轻组分和水，氢气、甲烷、乙烷等轻组分和水都在丙烯精馏塔塔顶汽提出，C506/C507塔顶气体通过1/2号丙烯精馏塔塔顶冷凝器E5820/E5821被CW冷凝，液体收集在丙烯精馏塔回流罐V506中，未凝尾气继续在丙烯精馏塔尾气冷凝器里冷凝，冷凝液体返回V506罐，V506罐底液体被丙烯精馏塔回流泵P508送出，各分别平均作为C506/C507塔的回流，未冷凝的轻组分返回裂解气压缩机四段吸入罐V204。为确保产出合格的丙烯产品，丙烯体积分数不低于99.6%的丙烯产品在C506/C507塔的第10块塔盘采出，通过丙烯产品泵P507送至丙烯产品冷却器E5823被CW冷却至35.0℃输出。C506/C507塔底液体为循环丙烷，通过循环丙烷预热器E0105被LS加热后返回裂解炉产生裂解气。

EP2装置的碳三加氢分离罐V505罐底的部分液体直接进入碳三汽提塔C505，V505罐顶的气体及丙烯精馏塔塔顶尾气进入C505塔上部，来自1号丙烯精馏塔C506和2号丙烯精馏塔C507下部的两股气体混合后进入C505塔底部作为汽提气，C505塔进料中含有的氢气、甲烷、乙烷等轻组分和水都在C505塔顶汽提出。碳三汽提塔冷凝器E5515被放置在C505塔顶部，C505塔顶气体通过E5515被10.0℃液相丙烯冷剂冷凝，冷凝液体直接流入C505塔顶作回流，未凝气体返回裂解气压缩机四段吸入罐V204。C505塔底液体通过碳三汽提塔塔底泵P506升压后，被平均分成两股，各分别进入C506/C507塔。C506/C507塔顶气体通过1/2号丙烯精馏塔塔顶冷凝器E5820/E5821被CW冷凝，液体收集在丙烯精馏塔回流罐V506中，未凝尾气返回C505塔顶，V506罐底部分液体被丙烯精馏塔回流泵P508送出，各分别平均作为C506/C507塔的回流，其余液体作为丙烯产品，其丙烯体积分数不低于99.6%，通过丙烯产品泵P507送出，然后经过丙烯产品冷却器E5823被CW冷却至35.0℃输出。C506/C507塔底再沸热源都是QW。C506/C507塔底液体为循环丙烷，通过循环丙烷预热器E0105被LS加热后返回裂解炉产生裂解气。

9.2.2　工艺流程特点

由于EP2装置单独设置碳三汽提塔，而EP1和EP3装置没有碳三汽提塔，所以EP2装置的丙烯精馏塔操作参数与EP1和EP3装置的丙烯精馏塔操作参数稍有差异，见表9-6。

表9-6　三套乙烯装置的丙烯精馏塔典型操作参数

项目	EP1装置	EP2装置	EP3装置
C506/C507塔顶压力/MPa	1.879	1.820	1.936
C506/C507塔底压力/MPa	2.035	1.920	2.105
C506/C507塔顶温度/℃	45.43	43.97	44.44
C506/C507塔底温度/℃	56.40	54.62	55.34

三套乙烯装置的丙烯精馏系统进料来源基本相同，其流程因系统压力差异而稍有不同。由于EP1和EP2装置的碳三加氢系统压力比EP3装置的碳三加氢系统压力高，且远高于丙烯精馏系统压力，所以EP1和EP2装置的碳三加氢分离罐V505罐底部分液体直接流入丙烯精馏系统，而EP3装置需通过碳三加氢循环泵P504将V505罐底部分液体送入丙烯精馏塔。

由于EP2装置的丙烯精馏塔前设有碳三汽提塔，而EP1和EP3装置都没有碳三汽提塔，所以EP2装置的丙烯精馏塔进料中基本没有氢气、甲烷和水组分，丙烯产品可从丙烯精馏塔塔顶采出；而EP1和EP3装置的丙烯精馏塔进料中含有氢气、甲烷、乙烷等轻组分和水，丙烯产品从丙烯精馏塔侧线采出。

丙烯精馏塔是QW的主要工艺用户，该塔的再沸热源都是优先使用QW，不足部分用LS补充。EP1和EP2装置在工况一下，QW足够丙烯精馏塔使用，没有设LS再沸器。EP3装置在两种工况下，QW都不够丙烯精馏塔使用，在丙烯精馏塔塔底常设LS再沸器。随着裂解原料变轻，EP1和EP2装置在工况二下，QW用量不够，需增设1/2号丙烯精馏塔蒸汽再沸器E5916/E5917（见图9-8和图9-9）。

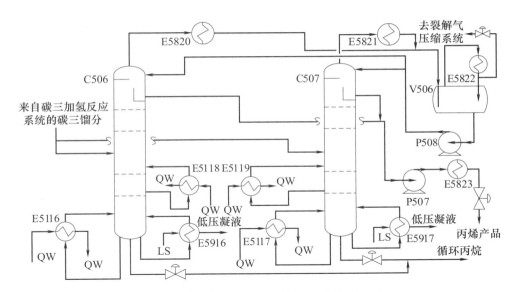

图 9-8　EP1 装置工况二丙烯精馏系统工艺流程改进简图

C506/C507—1/2 号丙烯精馏塔；E5116/E5117—1/2 号丙烯精馏塔再沸器；E5916/E5917—1/2 号丙烯精馏
塔蒸汽再沸器；E5118/E5119—1/2 号丙烯精馏塔侧线再沸器；E5820/E5821—1/2 号丙烯精馏塔冷凝器；
E5822—丙烯精馏塔尾气冷凝器；E5823—丙烯产品冷却器；P507—丙烯产品泵；
P508—丙烯精馏塔回流泵；V506—丙烯精馏塔回流罐

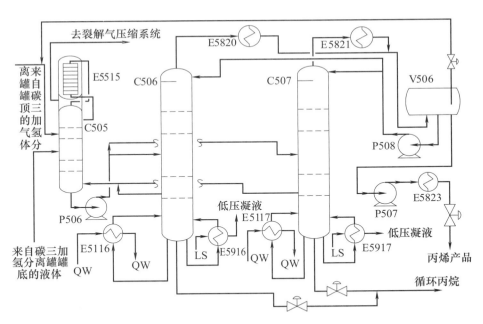

图 9-9　EP2 装置工况二丙烯精馏系统工艺流程改进简图

C505—碳三汽提塔；C506—1 号丙烯精馏塔；C507—2 号丙烯精馏塔；E5515—碳三汽提塔冷凝器；
E5116/E5117—1/2 号丙烯精馏塔再沸器；E5916/E5917—1/2 号丙烯精馏塔蒸汽再沸器；E5820/E5821—1/2
号丙烯精馏塔冷凝器；E5823—丙烯产品冷却器；P506—碳三汽提塔塔底泵；P507—丙烯产品泵；
P508—丙烯精馏塔回流泵；V506—丙烯精馏塔回流罐

9.2.3 模拟说明

一套乙烯装置的丙烯精馏系统只有一个模型，本书共建立三个模型来模拟计算研究丙烯精馏系统，这三个模型都包含在每套乙烯装置的全流程分离系统模型中，其中EP1和EP3装置的丙烯精馏塔模型借鉴了作者1999年建立的模型[11]。

图9-5~图9-7是丙烯精馏系统模拟的基础。丙烯精馏系统的模拟选用PR-BM基础物性方法，可修改丙烯与丙烷的二元相互作用参数。在模拟计算时，为便于模型收敛，将EP1和EP3装置的丙烯精馏塔塔顶尾气物流以及EP2装置的C505塔顶尾气物流断开处理，通过多次迭代计算，直至这些循环物流的流量与组成变化很小。

规定去C505塔底的碳三汽提气流量为16.0t·h^{-1}。

9.2.4 模拟结果分析

表9-7是三套乙烯装置的丙烯精馏塔的模拟计算结果，表9-8单独列出EP2装置碳三汽提塔的模拟计算结果，两表中丙烯精馏系统在两种工况下的温度参数变化不大，丙烯产品中丙烯体积分数都高于99.5%。EP2装置单独设置碳三汽提塔C505后，需用到10℃级位的丙烯冷剂，虽然没有增加丙烯精馏塔C506/C507的回流量，但其塔顶冷凝器换热量各分别比EP1和EP3装置多8.61%和9.49%，总再沸热量各分别比EP1和EP3装置多6.97%和7.12%，在工艺参数方面没有体现出C505塔的优势。

表9-7 丙烯精馏系统模拟计算结果

项目	EP1	EP2	EP3	EP1	EP2	EP3
	工况一			工况二		
C506/C507塔顶温度/℃	45.43	43.96	43.39	45.41	44.01	43.43
C506/C507塔顶压力/MPa	1.879	1.820	1.936	1.879	1.820	1.936
C506/C507塔底温度/℃	56.62	52.38	55.65	57.72	54.46	58.74
V506罐温度/℃	44.40	41.30	38.59	43.76	41.30	38.68
碳三尾气温度/℃	38.19	—	34.53	33.04	—	34.63
进料温度/℃	39.60	34.37	35.24	39.60	35.74	35.24
进料量/t·h^{-1}	78.625	93.644	82.074	78.526	94.611	83.709
E5820/E5821换热量/MW	77.9210	86.1491	80.2470	80.2470	85.6955	80.2470
E5118/E5119换热量/MW	23.2951	—	—	21.5183	—	—
E5116/E5117换热量/MW	56.7115	87.5974	74.5716	34.4063	66.9580	58.1775
E5916/E5917换热量/MW	—	—	7.2024	26.8016	20.2009	23.6753

项目	EP1	EP2	EP3	EP1	EP2	EP3
	工况一			工况二		
E5822换热量/MW	1.3956	—	0.2908	1.6282	—	0.2908
回流量/t·h⁻¹	978.196	960.000	960.639	1004.652	960.000	961.124
回流比	—	13.521		—	14.769	
C506/C507塔顶采出量/t·h⁻¹	1.990	71.000	4.000	1.826	65.000	4.000
C506/C507塔底采出量/t·h⁻¹	5.635	6.640	7.074	11.700	13.620	14.709
丙烯产品量/t·h⁻¹	71.000	71.000	71.000	65.000	65.000	65.000
碳三尾气量/t·h⁻¹	1.990	—	4.000	1.826	—	4.000
汽提气量/t·h⁻¹	—	16.000	—	—	16.000	—
E5823换热量/MW	—	0.4919		—	0.4512	
P507功率/kW	6.2	79.9	9.89	5.68	73.07	9.05
P508功率/kW	388.53	627.10	676.59	397.56	626.47	676.83
丙烯产品中丙烯体积分数/%	99.78	99.62	99.72	99.70	99.66	99.58

表9-8　EP2装置碳三汽提塔模拟计算结果

项目	工况一	工况二
C505塔顶温度/℃	17.61	19.71
C505塔顶压力/MPa	1.436	1.436
C505塔底温度/℃	33.33	34.31
C505塔顶气相冷凝后温度/℃	17.61	19.70
上部进料温度/℃	—	—
上部进料量/t·h⁻¹	0.000	0.000
下部进料温度/℃	33.08	33.71
下部进料量/t·h⁻¹	77.794	78.966
底部汽提气量/t·h⁻¹	16.000	16.000
E5515换热量/MW	1.8285	1.7454
回流量/t·h⁻¹	83.634	85.013
C505塔顶采出量/kg·h⁻¹	150.0	355.0
C505塔底采出量/t·h⁻¹	93.644	94.611
碳三中甲烷体积分数/×10⁻⁶	2083.9	1384.0
P506功率/kW	98.14	99.94

　　在表9-7中，在同一乙烯装置不同工况下，随着裂解原料变轻，工况二的丙烯产品产量比工况一低8.45%。三套乙烯装置的丙烯精馏塔进料量变化约±1.0%，EP1装置的塔顶冷凝器换热量和总再沸热量各分别增加3.23%和3.40%；EP2装置的塔顶冷凝器换热量和总再沸热量各分别下降0.53%和0.50%；EP3装置的塔顶冷凝器换热量和总再沸热量几乎不变。从丙烯精馏系统来说，EP1装置更适合工况一，EP2装置更适合工况二，EP3装置似乎两种工况都适应。

　　丙烯精馏系统的进料组成主要与裂解原料、裂解深度、碳二和碳三加氢反应工艺等有关，不仅要依据进料组成和温度选择合适的进料位置[12]，还要分析研究塔内件、中间再沸器等的应用[13, 14]，以便使丙烯精馏能量优化。

9.3 脱丁烷及汽油系统的模拟

通过脱丁烷及汽油系统，将该系统的进料主要分离为两个馏分：一个馏分是混合碳四组分，几乎不含碳五组分；另一个馏分是裂解粗汽油组分，含有少量或微量的碳四组分。

9.3.1 工艺描述

三套乙烯装置的脱丁烷及汽油系统工艺流程简图见图9-10~图9-12。它们的脱丁烷系统流程基本类似，汽油系统流程因EP1装置没设汽油汽提塔而使得EP1装置与EP2和EP3装置有所不同。

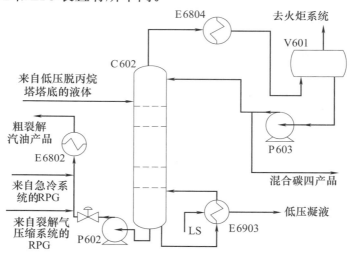

图9-10　EP1装置脱丁烷及汽油系统工艺流程简图

C602—脱丁烷塔；E6802—汽油冷却器；E6903—脱丁烷塔再沸器；E6804—脱丁烷塔冷凝器；
P602—脱丁烷塔塔底泵；P603—脱丁烷塔回流及产品泵；V601—脱丁烷塔回流罐

三套乙烯装置的脱丁烷塔C602进料都来自脱丙烷系统。C602塔顶气体通过脱丁烷塔冷凝器E6804被CW冷凝，冷凝液被收集在脱丁烷塔回流罐V601中，V601罐底液体被脱丁烷塔回流及产品泵P603送出分为两股：一股液体作为C602塔回流，其余液体作为混合碳四产品输出。C602塔底再沸热源都采用LS，C602塔底液体基本上都是碳五及碳五以上的粗裂解汽油组分，通过脱丁烷塔塔底泵P602采出。EP1和EP2装置的V601罐顶尾气去火炬系统，EP3装置的V601罐顶尾气去裂解气压缩机二段吸入罐V202。

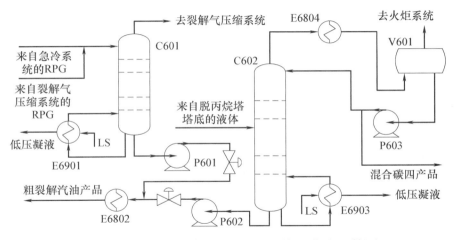

图 9-11 EP2装置脱丁烷及汽油系统工艺流程简图

C601—汽油汽提塔；C602—脱丁烷塔；E6901—汽油汽提塔蒸汽再沸器；E6802—汽油冷却器；

E6903—脱丁烷塔再沸器；E6804—脱丁烷塔冷凝器；P601—汽油汽提塔塔底泵；

P602—脱丁烷塔塔底泵；P603—脱丁烷塔回流及产品泵；V601—脱丁烷塔回流罐

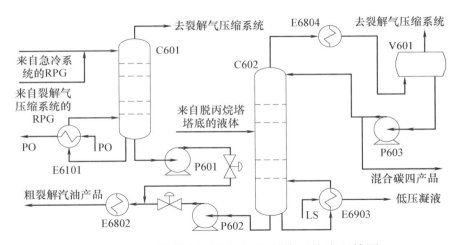

图 9-12 EP3装置脱丁烷及汽油系统工艺流程简图

C601—汽油汽提塔；C602—脱丁烷塔；E6101—汽油汽提塔盘油再沸器；E6802—汽油冷却器；

E6903—脱丁烷塔再沸器；E6804—脱丁烷塔冷凝器；P601—汽油汽提塔塔底泵；

P602—脱丁烷塔塔底泵；P603—脱丁烷塔回流及产品泵；V601—脱丁烷塔回流罐

　　EP1装置没有汽油汽提塔，来自急冷水塔的粗裂解汽油直接与C602塔底液体汇合；而来自裂解气压缩机二段吸入罐V202罐底的烃凝液先在冷凝液加热器E2912中被LS加热至85℃以汽提出碳四及碳四以下轻组分，汽提后的液体再被泵送至汽油冷却器E6802前与C602塔底液体汇合。这三股粗裂解汽油组分混合后，通过E6802被CW冷却至40.0℃作为粗裂解汽油产品。

　　EP2装置有汽油汽提塔C601。来自裂解气压缩系统汽油与水分离罐V207

罐底的烃凝液与来自急冷水塔的粗裂解汽油混合后进入C601塔。C601塔底用LS作热源汽提烃凝液中的碳四及碳四以下轻组分，C601塔顶气体汇入裂解气压缩机一段K2011出口裂解气中。汽提后的C601塔底液体被汽油汽提塔塔底泵P601送出，先与C602塔底液体混合，再通过E6802被CW冷却至40.0℃作为粗裂解汽油产品。

EP3装置也有汽油汽提塔C601。来自裂解气压缩机二段吸入罐V202罐底的烃凝液与来自急冷水塔的粗裂解汽油混合后进入C601塔。C601塔底用PO作热源汽提烃凝液中的碳四及碳四以下轻组分，C601塔顶气体汇入裂解气压缩机一段K2011入口裂解气中。汽提后的C601塔底液体被P601泵送出，先与C602塔底液体混合，再通过E6802被CW冷却至40.0℃作为粗裂解汽油产品。

9.3.2　工艺流程特点

三套乙烯装置的脱丁烷系统流程基本相似，因C602塔压和进料组分浓度不同而使得它们的C602塔操作参数稍有差异，见表9-9。EP2和EP3装置的C601塔压和进料组分浓度也不同，它们的C601塔操作参数也稍有差异，见表9-9。EP3装置的C601塔压较低，一般C601塔靠近急冷水塔布置，便于其塔顶气体自然返回急冷水塔。

表9-9　三套乙烯装置的脱丁烷及汽油系统主要典型操作参数

项目	EP1装置	EP2装置	EP3装置
C601塔顶压力/MPa		0.28	0.147
C601塔顶温度/℃	—	55.08	62.12
C601塔底温度/℃		123.15	104.62
C602塔顶压力/MPa	0.528	0.536	0.488
C602塔顶温度/℃	46.86	47.37	43.48
C602塔底温度/℃	102.79	110.78	106.15

三套乙烯装置的脱丁烷及汽油系统除EP3装置的C601塔底再沸热源用PO外，其余都用LS作塔底再沸热源。C602塔顶冷凝冷源都用CW。

9.3.3　模拟说明

一套乙烯装置的脱丁烷及汽油系统只有一个模型，本书共建立三个模型来模拟计算研究脱丁烷及汽油系统，这三个模型都包含在每套乙烯装置的全流程分离系统模型中。

图9-10~图9-12是脱丁烷及汽油系统模拟的基础。脱丁烷及汽油系统的模拟选用PR-BM基础物性方法，而对于含游离水较多的水-烃体系部分单元，单

独选用SRK-KD方法。

在模拟计算时，为便于模型收敛，将EP2和EP3装置的C601塔顶气体物流断开处理，通过多次迭代计算，直至这些循环物流的流量与组成变化很小。三套乙烯装置的V601罐顶气体都是正常无流量。

9.3.4 模拟结果分析

（1）脱丁烷塔

表9-10是脱丁烷塔的模拟计算结果。在表9-10中，三套乙烯装置的脱丁烷塔C602的塔压稍有差异，C602塔顶温度随塔压变化趋势而变化，C602塔底温度随其塔底粗汽油量按EP1、EP2和EP3装置顺序依次增加而升高。在工况一下，EP2装置的C602塔进料量和塔底采出量各分别比EP1装置多3.70%和6.01%，C602塔顶冷凝器换热量、塔底再沸热量和回流量各分别比EP1装置少3.63%、7.44%和8.17%；EP3装置的C602塔进料量和塔底采出量各分别比EP1装置多9.21%和22.79%，C602塔顶冷凝器换热量、塔底再沸热量和回流量各分别比EP1装置少11.32%、16.57%和27.71%。在工况二下，EP2装置的C602塔进料量和塔底采出量各分别比EP1装置多0.54%和6.03%，C602塔顶冷凝器换热量、塔底再沸热量和回流量各分别比EP1装置少9.07%、12.73%和12.67%；EP3装置的C602塔进料量和塔底采出量各分别比EP1装置多5.94%和22.63%，C602塔顶冷凝器换热量、塔底再沸热量和回流量各分别比EP1装置少17.24%、22.17%和32.38%。

表9-10 脱丁烷塔模拟计算结果

项目	EP1	EP2	EP3	EP1	EP2	EP3
	工况一			工况二		
C602塔顶温度/℃	46.74	47.37	43.93	46.05	47.25	43.90
C602塔顶压力/MPa	0.528	0.536	0.488	0.528	0.536	0.488
C602塔底温度/℃	108.55	111.59	112.11	113.85	117.31	117.45
V601罐温度/℃	46.34	46.98	39.40	45.09	46.83	39.42
进料温度/℃	58.80	61.55	58.79	58.57	62.90	60.43
进料量/t·h^{-1}	72.387	75.063	79.053	65.718	66.075	69.620
E6804换热量Q_{E6804}/MW	10.3402	9.9645	9.1695	9.2383	8.4001	7.6459
E6903换热量Q_{E6903}/MW	10.0769	9.3271	8.4074	9.0636	7.9093	7.0538
回流量/t·h^{-1}	57.722	53.006	41.725	51.533	45.005	34.845
回流比	1.23	1.1026	0.8730	1.23	1.1026	0.8623
C602塔顶采出量/t·h^{-1}	46.928	48.074	47.792	41.897	40.817	40.409
C602塔底采出量/t·h^{-1}	25.459	26.990	31.261	23.821	25.258	29.211
E6802换热量/MW	2.5655	4.1442	3.5506	1.8466	2.9451	2.8132

第9章
热分离系统

项目	EP1	EP2	EP3	EP1	EP2	EP3
	工况一			工况二		
P602功率/kW	1.59	8.66	9.95	1.43	7.83	9.04
P603功率/kW	4.88	19.70	25.06	4.37	16.89	21.15
碳四组分中碳五体积分数/%	0.049	0.17	0.27	0.035	0.17	0.26
碳四组分中丁二烯体积分数/%	56.46	56.20	56.68	49.38	50.42	51.42
裂解汽油中碳四组分体积分/%	1.04	0.000023	1.72	1.20	0.000018	1.72

在表9-10中，在同一乙烯装置不同工况下，随着裂解原料变轻，三套乙烯装置工况二的C602塔进料量都比工况一低，它们的C602塔顶冷凝器换热量、塔底再沸热量、回流量、塔顶采出量、塔底采出量等都随之下降，而且EP2和EP3装置下降的幅度更大。

三套乙烯装置在同一工况下，混合碳四馏分量应相差不大。在表9-10中，三套乙烯装置在同一工况下C602塔顶采出量不等，主要是汽油汽提塔C601塔顶气体循环物流迭代次数不够造成的，其次是其分离过程中有少量碳四组分损失。当C601塔顶气体循环物流的数量和组成在全流程分离系统模型中迭代次数越多时，三套乙烯装置在同一工况下C602塔顶采出量之间相差越小。

（2）汽油汽提塔

EP2和EP3装置的汽油汽提塔模拟计算结果见表9-11。EP1装置没有设置汽油汽提塔，其工况一和工况二的总粗裂解汽油产品量各分别为97.038t·h⁻¹和65.193t·h⁻¹，粗裂解汽油中碳四组分体积分数各分别为1.26%和1.09%，基本上与EP2装置相当，这得益于裂解气压缩系统的冷凝液加热器E2912将粗裂解汽油组分加热汽提过。

在表9-11中，因EP3装置的汽油汽提塔C601塔压低，可将C601塔底粗裂解汽油中碳四组分体积分数控制得比EP2装置更低。在工况一下，EP3装置的C601塔进料量比EP2装置少6.19%，C601塔底再沸热量降低25.26%；在工况二下，EP3装置的C601塔进料量比EP2装置少8.24%，C601塔底再沸热量上升3.20%。从这点来看，EP3装置更适合工况一。

表9-11 汽油汽提塔模拟计算结果

项目	EP2	EP3	EP2	EP3
	工况一		工况二	
C601塔顶温度/℃	49.43	59.52	53.65	67.62
C601塔顶压力/MPa	0.28	0.147	0.28	0.147
C601塔底温度/℃	124.29	109.47	123.17	120.30
进料温度/℃	41.49	40.76	48.42	39.56
进料量/t·h⁻¹	72.330	67.853	43.497	39.913
E6901换热量/MW	3.5481	—	1.7452	—

项目	EP2	EP3	EP2	EP3
	工况一		工况二	
E6101换热量/MW	—	2.6378	—	1.8010
C601塔顶采出量/kg·h⁻¹	2893.2	3392.7	522.0	1995.7
C601塔底采出量/t·h⁻¹	69.438	64.461	42.975	37.917
P601功率/kW	34.07	36.34	21.12	21.61
总粗裂解汽油产品量/t·h⁻¹	96.427	95.722	68.223	67.125
C601塔底粗裂解汽油中碳四组分体积分数/%	1.85	—	2.16	—
总粗裂解汽油产品中碳四组分体积分数/%	1.26	0.64	1.25	0.86

在表9-11中，在同一乙烯装置不同工况下，随着裂解原料变轻，两套乙烯装置工况二的C601塔进料量都比工况一低许多，它们的C601塔塔底再沸热量、塔底采出量等都随之下降，而且EP2装置的C601塔底再沸热量下降的幅度非常大，表明EP2装置更适合工况二。

9.3.5　增殖聚合和鉴别

C602塔碳四馏分中丁二烯含量（见表9-10）与裂解原料紧密相关。在表9-10中，在同一工况下碳四组分中丁二烯含量变化不大，C602塔底温度在108.0~113.5℃范围内；随着裂解原料变轻，碳四组分中丁二烯含量随之下降，C602塔塔底温度相应上升5.0℃以上。

在正常情况下，脱丁烷塔进料中苯乙烯含量很少，脱丁烷塔系统的聚合主要是由丁二烯及碳五双烯烃引起的；在异常情况下，脱丁烷塔塔底存在苯乙烯和丁二烯单体参与的聚合反应[15~17]。一般在塔底再沸器工艺物流入口和碳四产品输出管线中注入阻聚剂，可保证脱丁烷塔系统的长周期运行。

在脱丁烷塔系统，由于丁二烯组分集中，要特别关注氧气带来的聚合物结垢问题。虽然正确的设备设计、卓越的维护和试车程序可确保进入工艺物流中的氧气量最小，但不可能完全消除氧气，特别是在试车期间可能在线或离线带入氧气[18]。氧气将与大量烃中存在的烃自由基反应，产生过氧自由基，使自由基聚合反应得到蔓延。这种随之而来的蔓延反应程度将极大地决定结垢的严重性。另外，虽然在丁二烯爆米花增长过程中不需要氧气，但氧气与丁二烯爆米花聚合的引发紧密相关；当丁二烯扩散到聚合物中时，它与内部的自由基反应，发生爆米花增长，并最终引起碳-碳键分裂，从而产生更多爆米花进一步增长的空间[18]。

常规观点认为在丁二烯体积分数低于70%的地方没有爆米花状聚合风险，总是认为爆米花状聚合物结垢是丁二烯装置所独有的。近年来经试验验证，在乙烯装置脱丁烷塔塔顶存在爆米花状聚合问题[19, 20]，乙烯生产者应关注这种聚合反应所带来的风险。

（1）增殖聚合[19, 20]

爆米花状聚合物是由增殖聚合形成的，增殖聚合是自由基聚合系统中遇到的一种异常反应。增殖聚合的引发与过氧化物和腐蚀副产物（特别是Fe_2O_3）的存在紧密关联。一旦存在一个活泼的爆米花状种子，它不需要外界的催化作用就可生长。当爆米花状聚合物在气相或液相中接触丁二烯单体时，它就会增殖。因此，一旦发生爆米花状聚合结垢，可能留有残余的活性种子而发生后续的影响脱丁烷塔正常运行的事件。

丁二烯聚合物结垢可以以多种形式表现出来，通常这种聚合物被称为片状、橡胶状、玻璃状、琥珀状或爆米花状聚合物。由于聚丁二烯有多种同分异构体（如顺1,4-丁二烯、反1,4-丁二烯、等规1,2-丁二烯、间规1,2-丁二烯，见图9-13），所以基于垢物的聚丁二烯物理现象是多样的。因为爆米花状聚合物的形成速率、高度交联、损害设备的能力以及不可预测的自燃特性，爆米花状聚合物在聚合物形貌中是独特的。

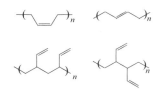

图9-13　聚丁二烯化学结构简图[19]

爆米花状聚合物并非是丁二烯所独有的。几种共轭二烯烃可能发生增殖聚合，包括苯乙烯、异戊二烯、间戊二烯、丙烯酸甲酯，一些单体还需要交联剂。与常规线性聚合相比，通过增殖聚合所得到的聚合物拥有非常大的体积。增殖聚合通过产生种子现象以恒定加速度增殖，母爆米花状种子产生后代爆米花状种子。爆米花状聚合物的增长最终产生了低活性玻璃状聚合物。

爆米花状聚合物结垢可能在丁二烯体积分数低于70%的区域发生。爆米花状聚合物还可能在更低丁二烯浓度下增殖，已有研究表明高温可补偿低丁二烯浓度[20]。碳五双烯烃（异戊二烯和间戊二烯）有助于爆米花状聚合物结垢。

（2）爆米花状聚合物的鉴别[19, 20]

晶状聚合物样品看起来像爆米花的白色聚合物，但不是所有的晶状丁二烯聚合物是爆米花状聚合物。鉴别爆米花状聚合物的唯一方法是试验。

一种试验方法是把回收的聚合物作为一种种子放入苯乙烯中，把它加热至60℃，记录聚合速率随时间的变化。同时与一种含有已知爆米花状聚合物（被储存在惰性气体中）的苯乙烯溶液比较，作为这种试验的参考基准。如果试验种子的聚合物形成速率等于或大于基准速率，那么可确定这种聚合物是爆米花状聚合物。

黄色或棕色爆米花状聚合物不是钝化氧化爆米花状聚合物的标示。黄色可能是由掺入爆米花状聚合物的过氧化物所造成的，这说明爆米花状聚合物有很高的活性，存在的锈扮演了过氧化物的作用。一旦有爆米花状聚合物种子，并且温度足够高，爆米花状聚合物可能在较低1,3-丁二烯浓度（体积分数约45%）的位置增长。

参 考 文 献

[1] 季厚平. 高低压脱丙烷系统流程探讨 [J]. 乙烯工业，1997，9（4）：56-63.

[2] 王学明. 双塔脱丙烷工艺技术 [J]. 乙烯工业，2002，14（2）：53-58.

[3] 赵唯，辛江，吴德娟，等. 一种高低压脱丙烷塔改造方案 [J]. 当代化工，2019，48（8）：1862-1964，1869.

[4] 张葛. 乙烯装置双塔脱丙烷系统的优化 [J]. 炼油与化工，2004，15（4）：30-31，34.

[5] 张显军. 乙烯装置高低压脱丙烷塔的优化操作 [J]. 山东化工，2014，43（6）：135-137，140.

[6] 方琦，徐田根. 双塔脱丙烷操作工艺调优 [J]. 乙烯工业，1999，11（3）：52-54.

[7] 于洋. 高压脱丙烷塔再沸器结焦原因分析及对策 [J]. 乙烯工业，2018，30（2）：16-19.

[8] 张晓，张勇，朱景刚，等. 乙烯装置高压脱丙烷塔再沸器结垢及预防措施 [J]. 当代化工，2018，47（3）：596-599.

[9] 李鹏，赵百仁，王振维，等. 裂解原料对前脱丙烷塔釜温的影响分析及系统优化 [J]. 乙烯工业，2012，24（4）：11-15.

[10] Jessica M Hancock, Van Zijl A W, Ian Robson, et al. A chemist's perspective on organic fouling in ethylene operations [J]. Hydrocarbon Processing, 2014, 93（6）: 61-66.

[11] 卢光明，钟自强. 丙烯精馏塔的工艺操作模拟分析 [J]. 新疆石油科技，1999，9（1）：73-77.

[12] 孙卫国，李凭力，邸士标，等. 丙烯精馏塔过程模拟 [J]. 石化技术与应用，2007，25（2）：147-151.

[13] 陈丽，高维平，杨莹，等. 乙烯装置中丙烯精馏塔节能改造研究 [J]. 吉林化工学院学报，2002，19（4）：1-4.

[14] 张振华，赵俊峰，张明建. 丙烯精馏塔的优化操作 [J]. 乙烯工业，2007，19（2）：9-13.

[15] 郝宝林. 脱丁烷塔聚合发生的原因及应对措施 [J]. 乙烯工业，2017，29（2）：32-35.

[16] 彭志荣，刘军. 脱丁烷塔再沸器运行周期短的原因分析及对策 [J]. 乙烯工业，2020，32（1）：44-46.

[17] 张力军. 乙烯装置脱丁烷塔工艺优化分析 [J]. 炼油与化工，2019，30（4）：36-37.

[18] Jérôme Vachon, Jessica M Hancock, Ian Robson. A chemist's perspective on organic fouling in ethylene operations: update [J]. Hydrocarbon Processing, 2015, 94（10）: 49-53.

[19] Jessica M Hancock, Debby Rossana. Popcorn in light ends [J]. Hydrocarbon Engineering, 2014, 19（12）: 25-28.

[20] Korf S J, Seifert S S. The identification of butadiene popcorn polymer [C]//Ethylene producers' conference, AIChE Spring national meeting, San Antonio, Texas, USA, April 28-May 2, 2013: 395-418.

第10章

制冷系统

三套乙烯装置的制冷系统都采用甲烷-乙烯-丙烯三元单组分复叠制冷循环，包括甲烷制冷、乙烯制冷和丙烯制冷系统，其示意图见图10-1~图10-3，以供给深冷分离系统所需要的-101℃以下的低温冷剂，并给制冷系统及分离系统提供不同温度级位的冷剂和热剂。

EP1装置的乙烯和丙烯制冷系统都是闭式循环的，而甲烷制冷系统是开式循环的；EP2和EP3装置的丙烯制冷系统都是闭式循环的，乙烯制冷系统都是开式热泵循环的，而甲烷制冷系统利用裂解气中的甲烷各分别通过节流阀或/和膨胀机来获取所需的低温冷量。每套乙烯装置有两种复叠换热器（见表10-1）：一种是乙烯-丙烯复叠换热器，它既是丙烯的蒸发器（向乙烯供冷），又是乙烯的冷凝器（向丙烯排热）；另一种是甲烷-乙烯复叠换热器，它既是乙烯的蒸发器（向甲烷物流或含有甲烷的裂解气物流供冷），又是甲烷物流或含有甲烷的裂解气物流的冷凝器（向乙烯排热）。

表10-1 三套乙烯装置的复叠换热器情况

项目	EP1装置	EP2装置	EP3装置
乙烯-丙烯复叠换热器	E4520 E4521	E4517 E4518 E4519 E4514	E444X E445X E446X E447X E448X
甲烷-乙烯复叠换热器	E309X E304X E310X E330X	E304X E303X E302X E3420	E304X E303X E313X E3420

本章通过模拟计算分析制冷系统，针对不同的制冷工艺，相应分析其模拟计算结果。

10.1 丙烯制冷系统的模拟

丙烯制冷系统的工质都是采用乙烯装置自产的丙烯体积分数不低于99.6%的液相丙烯。液相丙烯被注入丙烯收集罐V555中，供丙烯制冷系统循环使用。丙烯制冷系统通过压缩、冷凝、节流、蒸发及段间闪蒸形成闭式循环，提供三个或四个温度级位的冷剂。

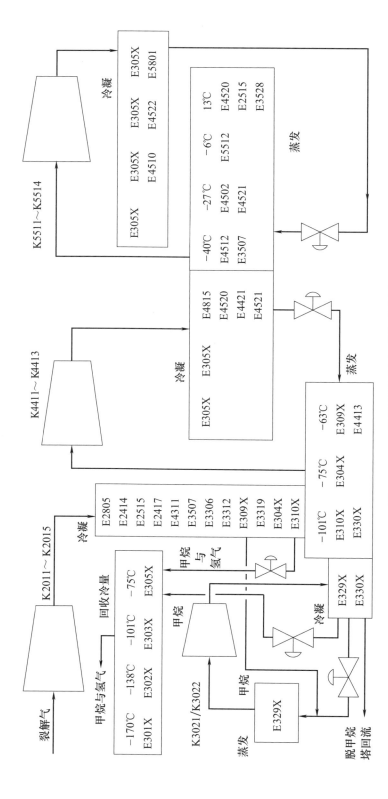

图 10-1 EP1装置复叠制冷系统示意图

E2805—裂解气压缩机五段出口冷却器；E2414—裂解气干燥器进料预冷器；E2515—裂解气汽化器；E2417—裂解气干燥器出口预冷器；
E2414—裂解气干燥器进料预冷器；E2515—乙烷汽化器；E3306—乙烷冷凝器；E3507—脱甲烷塔进料线再沸器；E3312—脱甲烷塔裂解气再沸器；E309X—脱甲烷塔进料丙烯预冷器；
E4311—乙烯精馏塔侧线再沸器；E3507—脱甲烷塔进料线再沸器；E3306—乙烷冷凝器；E310X—甲烷塔进料高压冷凝器；E301X—1号冷箱；E302X—2号冷箱；E303X—3号冷箱；E305X—
E3319—脱甲烷塔侧线再沸器；E304X—4号冷箱；E304X—4号冷箱；E302X—乙烯制冷压缩机三段出口冷却器；
5号冷箱；E329X—乙烯冷剂冷却器；E4311—乙烯精馏塔侧线再沸器；E3319—脱甲烷塔进料线再沸器；E4413—乙烯精馏塔尾气冷凝器；E4815—乙烯制冷压缩机三段出口冷却器；
E4520—乙烯冷剂冷却器；E329X—甲烷塔逆流冷凝器；E4421—乙烯冷剂冷却器；E4521—乙烯精馏塔开工冷凝器；E4512—乙烯精馏塔冷凝器；E5512—低压脱
丙烷塔冷凝器；E3528—氢气干燥器进料冷却器；E4510—乙烯精馏塔进料冷却器；E4522—乙烯产品加热器；E5801—丙烯冷剂冷凝器；K2011~K2015—裂
解气压缩机一段~五段；K3021/K3022—甲烷制冷压缩机一段~三段；K4411~K4413—乙烯制冷压缩机一段~三段；K5511~K5514—丙烯制冷压缩机一段~四段

乙烯装置分离
全流程模拟

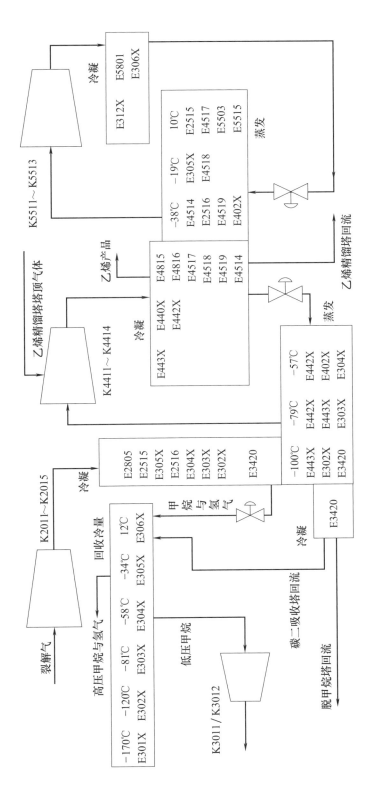

图10-2　EP2装置复叠制冷系统示意图

E2805—裂解气压缩机五段出口冷却器；E2515—裂解气干燥器出口冷却器；E2516—裂解气冷箱；E305X—5号冷箱；E305X—裂解气干燥器进料丙烯预冷器；E304X—4号冷箱；E303X—3号冷箱；E302X—2号冷箱；E301X—1号冷箱；E306X—脱甲烷塔顶冷凝器；E443X—丙烯过冷器；E442X—乙烯精箱；E303X—丙烯逆流换热器；E402X—脱乙烷塔顶逆流换热器；E306X—丙烯冷剂逆流换热器；E4815—乙烯制冷压缩机三段出口冷却器；E4816—乙烯制留塔顶逆流换热器；E440X—乙烯精馏塔塔顶逆流换热器；E4517—乙烯产品丙烯冷却器；E4518—乙烯产品丙烯冷凝器；E4519—乙烯产品丙烯过冷器；E5503—脱冷压缩机四段出口冷却器；E4514—乙烯冷凝器；E5801—丙烯冷剂冷凝器；E312X—脱甲烷塔顶冷凝器；K2011~K2015—裂解气压缩机一段~五段；K3011/丙烯塔塔顶冷凝器；E5515—碳三汽提塔冷凝器；K4411~K4414—乙烯制冷压缩机一段~四段；K5511~K5513—丙烯制冷压缩机一段~三段；K3012—甲烷增压压缩机一段~二段

第10章　219
制冷系统

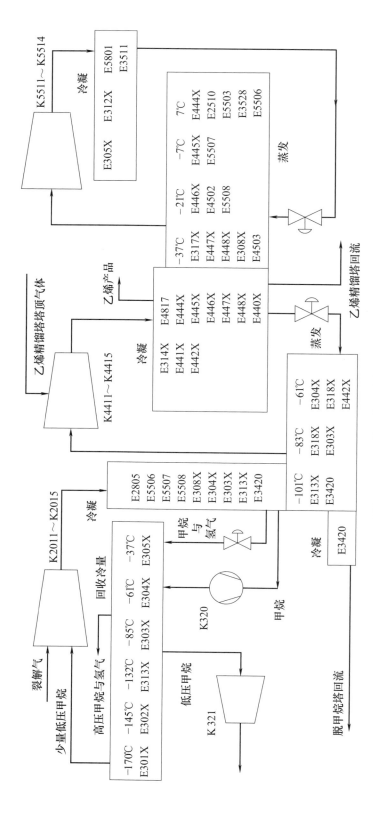

图10-3 EP3装置复叠制冷系统示意图

E2805—裂解气压缩机五段出口冷却器；E5506/E5507—尾气精馏塔冷凝器；E5508—高压前脱丙烷塔1/2号回流冷却器；E308X—预脱甲烷塔进料冷却器；E3511—高压前脱丙烷塔冷凝器；E301X—1号冷箱；E302X—2号冷箱；E305X—5号冷箱；E304X—4号冷箱；E303X—3号冷箱；E313X—脱甲烷精馏冷凝器；E3420—脱甲烷塔顶冷凝器；E441X—乙烯精馏塔顶逆流侧线换热器；E4817—乙烯产品水冷却器；E318X—脱甲烷塔进料接触塔顶冷凝器；E442X—乙烯精馏塔顶逆流冷凝器；E445X—2号乙烯冷剂冷却器；E448X—乙烯产品逆流过冷器；E444X—1号乙烯冷剂冷却器；E446X—3号乙烯冷剂冷却器；E447X—乙烯冷剂逆流冷凝器；E5503—脱丙烷塔冷凝器；E3528—氢气干燥器进料冷却器；E4503—脱乙烷塔塔底冷却器；E4502—脱乙烷塔顶过冷器；E2510—碱洗塔塔顶冷凝器；E5801—丙烯冷剂逆流过冷器；E3511—预脱甲烷塔逆流塔再沸器；K2011~K2015—裂解气压缩机一段～五段；E317X—脱甲烷塔塔底冷却器；E312X—脱甲烷塔逆流进料冷却器；K4411~K4415—乙烯制冷压缩机一段～五段；K5511~K5514—丙烯制冷压缩机一段～四段；K320/K321—甲烷膨胀机一段～四段

220 乙烯装置分离
全流程模拟

10.1.1 工艺描述

10.1.1.1 EP1装置的四级节流四段压缩流程

EP1装置的丙烯制冷系统工艺流程简图见图10-4,该系统有-40℃、-27℃、-6℃和13℃四个分隔温度。在与这些温度相对应的压力下,通过汽化丙烯来提供冷量。丙烯汽化物被四段压缩至1.65MPa,先通过丙烯冷剂冷凝器E5801被CW全凝至37℃,然后进入丙烯收集罐V555。V555罐底液相丙烯被5号冷箱E305X过冷至31℃后,分成四股:三股去13℃级位用户蒸发供冷,丙烯汽化物进入丙烯制冷压缩机四段吸入罐V554;剩余一股直接节流膨胀流入V554罐。这三个13℃级位用户分别是:裂解气干燥器进料丙烯预冷器E2515、乙烯冷剂冷却器E4520、氢气干燥器进料冷却器E3528。

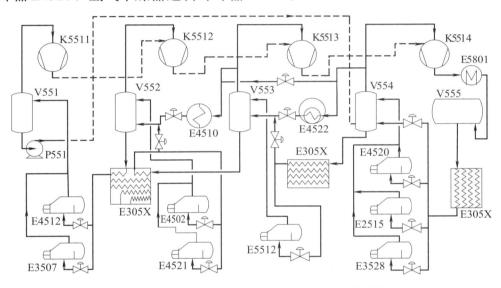

图10-4　EP1装置丙烯制冷系统工艺流程简图

E305X—5号冷箱;E3507—脱甲烷塔进料预冷器;E4512—乙烯精馏塔冷凝器;E4502—脱乙烷塔冷凝器;E4521—乙烯冷剂开工冷凝器;E4510—乙烯精馏塔塔底再沸器;E5512—低压脱丙烷塔冷凝器;E4522—乙烯产品加热器;E3528—氢气干燥器进料冷却器;E2515—裂解气干燥器进料丙烯预冷器;E4520—乙烯冷剂冷却器;E5801—丙烯冷剂冷凝器;K5511—丙烯制冷压缩机一段;K5512—丙烯制冷压缩机二段;K5513—丙烯制冷压缩机三段;K5514—丙烯制冷压缩机四段;P551—丙烯冷剂排放泵;V551—丙烯制冷压缩机一段吸入罐;V552—丙烯制冷压缩机二段吸入罐;V553—丙烯制冷压缩机三段吸入罐;V554—丙烯制冷压缩机四段吸入罐;V555—丙烯收集罐

V554罐顶13℃丙烯气体分成三股:一股少量气体进入乙烯产品加热器E4522被冷凝流入丙烯制冷压缩机三段吸入罐V553;另一股少量气体补入乙烯

精馏塔塔底再沸器E4510壳程入口，与V553罐顶少量-6℃丙烯气体混合，提高E4510的热虹吸能力；其余气体进入丙烯制冷压缩机四段K5514入口。V554罐底液相丙烯被5号冷箱E305X过冷至6.5℃后，分成两股：一股去-6℃级位的低压脱丙烷塔冷凝器E5512用户蒸发供冷，丙烯汽化物进入V553罐；另一股直接节流膨胀流入V553罐。

V553罐顶少量-6℃丙烯气体与来自V554罐顶少量13℃丙烯气体混合进入E4510被冷凝流入丙烯制冷压缩机二段吸入罐V552，其余丙烯气体进入丙烯制冷压缩机三段K5513入口。V553罐底液相丙烯被5号冷箱E305X过冷至-26.2℃后，分成三股：两股各分别去-27℃级位的乙烯冷剂开工冷凝器E4521和脱乙烷塔冷凝器E4502两个用户蒸发供冷，丙烯汽化物都进入V552罐；另一股直接节流膨胀流入V552罐。

V552罐顶丙烯气体全部进入丙烯制冷压缩机二段K5512入口。V552罐底液相丙烯被5号冷箱E305X过冷至-34.8℃后，分成两股，各分别去-40℃级位的乙烯精馏塔冷凝器E4512和脱甲烷塔进料预冷器E3507两个用户蒸发供冷，丙烯汽化物都进入丙烯制冷压缩机一段吸入罐V551。

V551罐顶丙烯气体全部进入丙烯制冷压缩机一段K5511入口。V551罐底通常无液位，若V551罐底累积有液相丙烯，就利用丙烯冷剂排放泵P551将其送入V554罐。

10.1.1.2　EP2装置的三级节流三段压缩流程

EP2装置的丙烯制冷系统工艺流程简图见图10-5，该系统有-38℃、-19℃和10℃三个分隔温度。在与这些温度相对应的压力下，通过汽化丙烯来提供冷量。丙烯汽化物被三段压缩至1.68MPa，先通过丙烯冷剂冷凝器E5801被CW全凝至40℃，然后进入丙烯收集罐V555。V555罐底液相丙烯被丙烯冷剂换热器E306X过冷至37℃后，分成五股：四股去10℃级位用户蒸发供冷，来自四个用户的丙烯汽化物汇合，一部分气体节流膨胀流入脱甲烷塔逆流再沸器E312X被冷凝，然后进入丙烯制冷压缩机二段吸入罐V552，其余气体进入丙烯制冷压缩机三段吸入罐V553；剩余一股直接节流膨胀流入V553罐。这四个10℃级位用户分别是：裂解气干燥器进料丙烯预冷器E2515、乙烯产品丙烯冷却器E4517、脱丙烷塔冷凝器E5503和碳三汽提塔冷凝器E5515。

V553罐顶丙烯气体进入丙烯制冷压缩机三段K5513入口。V553罐底液相丙烯分成三股：两股各分别去-19℃级位的5号冷箱E305X和乙烯产品丙烯冷凝器E4518两个用户蒸发供冷，丙烯汽化物都进入V552罐；另一股直接节流膨胀流入V552罐。

V552罐顶丙烯气体全部进入丙烯制冷压缩机二段K5512入口。V552罐底液相丙烯分成五股：四股去-38℃级位用户蒸发供冷，丙烯汽化物进入丙烯制冷压缩机一段吸入罐V551；剩余一股直接节流膨胀流入V551。这四个-38℃级位用户分别是：5号冷箱E305X、裂解气干燥器出口丙烯预冷器E2516、乙烯冷凝器E4514和乙烯产品丙烯过冷器E4519。

V551罐顶丙烯气体全部进入丙烯制冷压缩机一段K5511入口。V551罐底通常无液位，若罐底累积有液相丙烯，就利用丙烯冷剂排放泵P551将其送入V552罐。

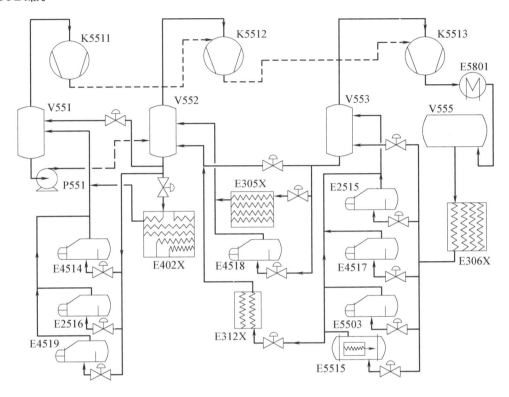

图10-5　EP2装置丙烯制冷系统工艺流程简图

E305X—5号冷箱；E306X—丙烯冷剂换热器；E402X—脱乙烷塔塔顶逆流换热器；E2516—裂解气干燥器出口丙烯预冷器；E4514—乙烯冷凝器；E4519—乙烯产品丙烯过冷器；E312X—脱甲烷塔逆流再沸器；E4518—乙烯产品丙烯冷凝器；E4517—乙烯产品丙烯冷却器；E5503—脱丙烷塔冷凝器；E5515—碳三汽提塔冷凝器；E2515—裂解气干燥器进料丙烯预冷器；E5801—丙烯冷剂冷凝器；K5511—丙烯制冷压缩机一段；K5512—丙烯制冷压缩机二段；K5513—丙烯制冷压缩机三段；P551—丙烯冷剂排放泵；V551—丙烯制冷压缩机一段吸入罐；V552—丙烯制冷压缩机二段吸入罐；V553—丙烯制冷压缩机三段吸入罐；V555—丙烯收集罐

10.1.1.3　EP3装置的四级节流四段压缩流程

EP3装置的丙烯制冷系统工艺流程简图见图10-6，该系统有-37℃、-21℃、-7℃和7℃四个分隔温度。在与这些温度相对应的压力下，通过汽化丙烯来提供冷量。丙烯汽化物被四段压缩至1.73MPa，先通过丙烯冷剂冷凝器E5801被CW全凝至39℃，然后进入丙烯收集罐V555。V555罐底液相丙烯分成两股：一股被5号冷箱E305X过冷至-30℃后，与来自丙烯制冷压缩机二段吸入罐V552罐底的液体汇合；另一股先被预脱甲烷塔再沸器E3511过冷至19.5℃，然后分成五股，一股直接节流膨胀流入丙烯制冷压缩机三段吸入罐V553，另四股各分别去7℃级位的碱洗塔塔顶过冷器E2510、脱丙烷塔冷凝器E5503、高压前脱丙烷塔1号回流冷却器E5506和氢气干燥器进料冷却器E3528四个用户蒸发供冷，丙烯汽化物都进入丙烯制冷压缩机四段吸入罐V554。

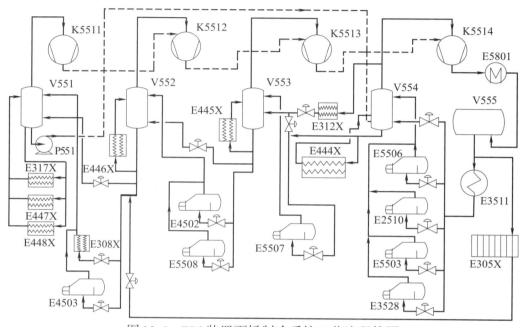

图10-6　EP3装置丙烯制冷系统工艺流程简图

E305X—5号冷箱；E3511—预脱甲烷塔再沸器；E4503—脱乙烷塔塔顶过冷器；E308X—预脱甲烷塔进料冷却器；E317X—脱甲烷塔塔底冷却器；E447X—乙烯冷剂冷凝器；E448X—乙烯产品逆流过冷器；E446X—3号乙烯冷剂冷却器；E4502—脱乙烷塔冷凝器；E5508—高压前脱丙烷塔冷凝器；E445X—2号乙烯冷剂冷却器；E5507—高压前脱丙烷塔2号回流冷却器；E312X—脱甲烷塔逆流再沸器；E444X—1号乙烯冷剂冷却器；E2510—碱洗塔塔顶过冷器；E3528—氢气干燥器进料冷却器；E5503—脱丙烷塔冷凝器；E5506—高压前脱丙烷塔1号回流冷却器；E5801—丙烯冷剂冷凝器；K5511—丙烯制冷压缩机一段；K5512—丙烯制冷压缩机二段；K5513—丙烯制冷压缩机三段；K5514—丙烯制冷压缩机四段；P551—丙烯冷剂排放泵；V551—丙烯制冷压缩机一段吸入罐；V552—丙烯制冷压缩机二段吸入罐；V553—丙烯制冷压缩机三段吸入罐；V554—丙烯制冷压缩机四段吸入罐；V555—丙烯收集罐

V554罐顶少量7℃丙烯气体进入脱甲烷塔逆流再沸器E312X被冷凝流入丙烯制冷压缩机三段吸入罐V553，其余丙烯气体进入丙烯制冷压缩机四段K5514入口。V554罐底液相丙烯分成三股：一股通过1号乙烯冷剂冷却器E444X自然蒸发丙烯汽化物返回V554罐；一股去-7℃级位的高压前脱丙烷塔2号回流冷却器 E5507 蒸发供冷，丙烯汽化物进入 V553 罐；剩余一股直接节流膨胀流入 V553 罐。

V553 罐顶丙烯气体全部进入丙烯制冷压缩机三段 K5513 入口。V553 罐底液相丙烯分成四股：一股通过 2 号乙烯冷剂冷却器 E445X 自然蒸发丙烯汽化物返回 V553 罐；两股去 −21℃ 级位的脱乙烷塔冷凝器 E4502 和高压前脱丙烷塔冷凝器 E5508 两个用户蒸发供冷，丙烯汽化物进入丙烯制冷压缩机二段吸入罐 V552；剩余一股直接节流膨胀流入 V552 罐。

V552 罐顶丙烯气体全部进入丙烯制冷压缩机二段 K5512 入口。V552 罐底有一股液相丙烯通过 3 号乙烯冷剂冷却器 E446X 自然蒸发丙烯汽化物返回 V553，其余罐底液体先与来自 5 号冷箱 E305X 的物流混合，然后分成三股：两股各分别去 −37℃ 级位的脱乙烷塔塔顶过冷器 E4503 和预脱甲烷塔进料冷却器 E308X 两个用户蒸发供冷，丙烯汽化物都进入丙烯制冷压缩机一段吸入罐 V551；剩余一股直接节流膨胀流入 V551 罐。

V551 罐顶丙烯气体全部进入丙烯制冷压缩机一段 K5511 入口。V551 罐底有一定的液位，罐底三股物流各分别进入脱甲烷塔塔底冷却器 E317X、乙烯冷剂冷凝器 E447X 和乙烯产品逆流过冷器 E448X 三个用户自然蒸发，它们的丙烯汽化物都返回 V551 罐。若 V551 罐液位较高，就利用丙烯冷剂排放泵 P551 将多余丙烯液体送入 V554 罐。

10.1.2　工艺流程特点

三套乙烯装置的丙烯制冷系统都是闭式循环的，采用多级节流的方式给工艺用户提供三个或四个温度级位的冷剂。各段间出口气体无冷却设施，直接进入下段压缩机入口，末段压缩机出口气体通过丙烯冷剂冷凝器 E5801 被 CW 冷凝，本书规定 E5801 壳程出口丙烯温度都为 39.0℃；由于都要求丙烯气体通过 E5801 一次性全凝[1]，所以末段压缩机出口压力都不低于 1.65MPa，液相丙烯都储存于丙烯收集罐 V555 中。虽然三套乙烯装置的丙烯制冷系统流程在这些方面有些类似，但各有独特之处。

① 丙烯制冷压缩机一段吸入罐 V551 贮存液体方式不同。EP1 和 EP2 装置的 V551 罐底都不需贮存液体；而 EP3 装置的 V551 罐底需贮存液体，并维持一定液位，以便于 V551 罐的三台热虹吸换热器正常运行。

② 丙烯制冷系统除 V551 罐贮存液体的要求不同外，其它吸入罐都需保持一定液位，但处理罐底液体的方式不同。EP1 装置的丙烯制冷压缩机二段、三段和四段吸入罐罐底液体都过冷，过冷后的罐底液体节流膨胀后去蒸发器供给用户冷量，蒸发气体流入下游罐中；EP2 装置的丙烯制冷压缩机二段、三段吸入罐罐底液体都不过冷，EP3 装置的丙烯制冷压缩机二段、三段和四段吸入罐

罐底液体也都不过冷，这些罐底液体直接节流膨胀后去蒸发器供给用户冷量，蒸发气体流入下游罐中。而且EP3装置的丙烯制冷压缩机二段、三段和四段吸入罐都各分别带有一台热虹吸换热器，这使得该乙烯装置的每个丙烯制冷压缩机吸入罐都是热虹吸分离罐。

③ 用丙烯气体或液体作热剂的方式稍有不同。EP1装置用-6.0℃丙烯气体作乙烯精馏塔C403塔底再沸热源；用13.0℃丙烯气体作汽化液相乙烯产品的加热热源。EP2装置用10.0℃丙烯气体作脱甲烷塔C301塔底再沸热源。EP3装置用39.0℃丙烯液体各分别作预脱甲烷塔C300塔底再沸热源和5号冷箱E305X的加热热源；用7.0℃丙烯气体作C301塔底再沸热源。

④ V555罐底丙烯液体过冷后，其分级节流的方式不同。EP1和EP2装置都是逐级节流供给工艺用户冷量，而EP3装置稍有不同。EP3装置的V555罐底一部分丙烯液体单独深度过冷后，越级节流给-37.0℃工艺用户提供冷量；其余过冷的丙烯液体逐级节流供给工艺用户冷量。

10.1.3　模拟说明

一套乙烯装置的丙烯制冷系统只有一个模型，本书共建立三个模型来模拟计算研究丙烯制冷系统，这三个模型与相应乙烯装置的全流程分离系统模型的物流不相连，它们通过循环热流相关联。

图10-4~图10-6是丙烯制冷系统模拟的基础。每套乙烯装置两个工况的丙烯制冷压缩机模拟都不考虑其同段多变效率与出口压力的差异。丙烯制冷压缩机的多变过程模拟模型采用离心式压缩机的ASME方法，它们每段的多变效率及出口压力见表10-2。

表10-2　丙烯制冷压缩机的规定参数

项目	EP1装置	EP2装置	EP3装置
一段出口压力/MPa	0.226	0.286	0.282
二段出口压力/MPa	0.474	0.752	0.460
三段出口压力/MPa	0.835	1.68	0.710
四段出口压力/MPa	1.650	—	1.730
一段多变效率/%	84.0	83.5	83.0
二段多变效率/%	83.0	82.1	83.5
三段多变效率/%	82.0	83.2	83.0
四段多变效率/%	81.0	—	81.0

为便于丙烯制冷系统模型计算，将EP2装置的丙烯制冷压缩机三段K5513出口物流及EP1和EP3装置的丙烯制冷压缩机四段K5514出口物流断开，这样丙烯冷剂冷凝器E5801壳程入口物流为该系统进料物流，EP2装置的K5513出

口物流及EP1和EP3装置的K5514出口物流为该系统出口物流。通过多次给该系统进料物流赋初值迭代计算，该系统进料物流与出口物流的压力和组成相同、温度相近，可使该系统出口物流的计算流量几乎等于其给定的进料物流流量，视为该模型收敛的结果。为便于判断该模型迭代计算的收敛结果，在丙烯制冷压缩机一段吸入罐V551罐底增加一个液相丙烯采出物流，手动调节该系统的进料流量，使得V551罐底采出物流流量接近为零。

规定E5801壳程出口丙烯全凝，三套乙烯装置的E5801壳程出口温度为39.0℃。

EP1装置规定乙烯冷剂开工冷凝器E4521的换热量为零。规定5号冷箱E305X将39.0℃液相丙烯过冷至29.0℃；将13.0℃液相丙烯过冷至-6.5℃；将-6.0℃液相丙烯过冷至-26.2℃；将-27.0℃液相丙烯过冷至-34.8℃；将这四股液相丙烯的模拟计算冷量输入给深冷分离系统模型的E305X。将全流程分离系统模型计算出的脱甲烷塔进料预冷器、乙烯精馏塔冷凝器、脱乙烷塔冷凝器、乙烯精馏塔塔底再沸器、低压脱丙烷塔冷凝器、氢气干燥器进料冷却器和裂解气干燥器进料丙烯预冷器的热流值各分别输入给丙烯制冷系统模型的E3507、E4512、E4502、E4510、E5512、E3528和E2515。将乙烯制冷系统模型计算出的乙烯冷剂冷却器的热流值输入给丙烯制冷系统模型的E4520。断开乙烯产品加热器E4522的循环热流，将深冷分离系统模型计算出的乙烯产品加热器的热流值输入给丙烯制冷系统模型的E4520。深冷分离系统模型与丙烯制冷系统模型迭代模拟计算，直至深冷分离系统模型前后两次模拟计算出的E4520循环热流值几乎相等。

EP2装置将全流程分离系统模型计算出的5号冷箱、丙烯冷剂换热器、裂解气干燥器进料丙烯预冷器、裂解气干燥器出口丙烯预冷器、脱甲烷塔逆流再沸器、脱丙烷塔冷凝器和碳三汽提塔冷凝器的热流值各分别输入给丙烯制冷系统模型的E305X、E306X、E2515、E2516、E312X、E5503和E5515。将乙烯制冷系统模型计算出的乙烯冷凝器、乙烯产品丙烯冷却器、乙烯产品丙烯冷凝器和乙烯产品丙烯过冷器的热流值各分别输入给丙烯制冷系统模型的E4514、E4517、E4518和E4519。断开脱乙烷塔塔顶逆流换热器E402X的循环热流，将乙烯制冷系统模型计算出的脱乙烷塔塔顶逆流换热器的乙烯冷剂流股热流值输入给脱乙烷系统模型的E402X，将脱乙烷系统模型计算出的脱乙烷塔塔顶逆流换热器的丙烯冷剂流股热流值输入给丙烯制冷系统模型的E402X。

EP3装置将全流程分离系统模型计算出的碱洗塔塔顶过冷器、5号冷箱、预脱甲烷塔进料冷却器、预脱甲烷塔再沸器、脱甲烷塔逆流再沸器、脱甲烷塔塔底冷却器、氢气干燥器进料冷却器、脱丙烷塔冷凝器、高压前脱丙烷塔1号回流冷却器、高压前脱丙烷塔2号回流冷却器、高压前脱丙烷塔冷凝器、脱乙烷塔冷凝器和脱乙烷塔塔顶过冷器的热流值各分别输入给丙烯制冷系统模型的

E2510、E305X、E308X、E3511、E312X、E317X、E3528、E5503、E5506、E5507、E5508、E4502和E4503。将乙烯制冷系统模型计算出的1号乙烯冷剂冷却器、2号乙烯冷剂冷却器、3号乙烯冷剂冷却器、乙烯冷剂冷凝器和乙烯产品逆流过冷器的热流值各分别输入给丙烯制冷系统模型的E444X、E445X、E446X、E447X和E448X。

10.1.4　模拟结果分析

（1）丙烯制冷压缩机一段K5511

丙烯制冷压缩机一段系统带−40~−37℃级位的工艺用户，其主要参数的模拟计算结果见表10-3。EP1装置的一段工艺用户所获总冷量等于脱甲烷塔进料预冷器E3507和乙烯精馏塔冷凝器E4512的换热量之和，EP2装置的一段工艺用户所获总冷量等于裂解气干燥器出口丙烯预冷器E2516、乙烯冷凝器E4514、乙烯产品丙烯过冷器E4519和脱乙烷塔塔顶逆流换热器E402X的换热量之和，EP3装置的一段工艺用户所获总冷量等于预脱甲烷塔进料冷却器E308X、脱甲烷塔塔底冷却器E317X、脱乙烷塔塔顶过冷器E4503、乙烯冷剂冷凝器E447X和乙烯产品逆流过冷器E448X的换热量之和。

表10-3　丙烯制冷压缩机一段系统主要参数模拟计算结果

项目	EP1	EP2	EP3	EP1	EP2	EP3
	工况一			工况二		
一段入口温度/℃	−39.95	−40.38	−37.58	−39.95	−40.38	−37.58
一段入口压力/MPa	0.145	0.134	0.149	0.145	0.134	0.149
一段入口绝热指数	1.205	1.2035	1.2038	1.205	1.2035	1.2038
一段入口压缩因子	0.958	0.9615	0.9584	0.959	0.9615	0.9584
一段出口温度/℃	−20.27	−6.26	−8.66	−20.27	−6.26	−8.66
一段出口压力/MPa	0.226	0.286	0.282	0.226	0.286	0.282
一段出口压缩因子	0.947	0.9416	0.9410	0.947	0.9416	0.9410
一段平均多变体积指数	1.184	1.1804	1.1803	1.184	1.1804	1.1803
一段吸气量/m³·h⁻¹	168195	101986	60446	165683	100102	63592
一段吸气量/t·h⁻¹	552.318	309.082	201.929	544.068	303.371	212.438
一段压缩比	1.559	2.134	1.893	1.559	2.134	1.893
一段所需的功率/kW	3822.2	3773.3	2084.5	3765.1	3703.6	2193.0
E3507换热量/MW	8.9083	—	—	9.1219	—	—
E4512换热量/MW	54.6610	—	—	53.4980	—	—
E2516换热量/MW	—	5.3450	—	—	5.6389	—
E4514换热量/MW	—	14.9676	—	—	14.9171	—
E4519换热量/MW	—	2.0907	—	—	2.0907	—
E402X换热量/MW	—	10.6189	—	—	9.7654	—

项目	EP1	EP2	EP3	EP1	EP2	EP3
		工况一			工况二	
E308X换热量/MW	—	—	5.1879	—	—	6.4063
E317X换热量/MW	—	—	1.2833	—	—	1.3350
E4503换热量/MW	—	—	2.3307	—	—	2.3717
E447X换热量/MW	—	—	12.5009	—	—	13.1413
E448X换热量/MW	—	—	0.1044	—	—	0.1180
一段工艺用户所获总冷量/MW	63.5693	33.0222	21.4072	62.6199	32.4121	23.3723

在表10-3中，三套乙烯装置在同一工况下，丙烯制冷压缩机一段进出口的热力学参数相近，但一些性能参数稍有差异。在工况一下，EP2装置的一段吸气体积、一段吸气质量、一段所需功率和一段工艺用户所获总冷量各分别比EP1装置少39.36%、44.04%、1.28%和48.05%；EP3装置的一段吸气体积、一段吸气质量、一段所需功率和一段工艺用户所获总冷量各分别比EP1装置少64.06%、63.44%、45.46%和66.32%。在工况二下，随着裂解原料变轻，EP2装置的这种减少趋势变得稍强，而EP3装置的这种减少趋势变得稍弱。仅从这点看，似乎EP2装置更适合工况二，而EP3装置更适合工况一。

随着裂解原料变轻，同一乙烯装置工况二的绝热指数、压缩因子、平均多变体积指数等热力学参数基本上与工况一相同，一些性能参数变化一致。EP1和EP2装置在工况二下一段吸气体积、一段吸气质量、一段所需功率和一段工艺用户所获总冷量都比工况一下降1.49%~1.85%，而EP3装置在工况二下一段吸气体积、一段吸气质量和一段所需功率都比工况一上升5.20%，其一段工艺用户所获总冷量比工况一增加9.18%。仅从这点看，EP1装置更适合工况二；同时更进一步表明EP2装置更适合工况二，而EP3装置更适合工况一。

（2）丙烯制冷压缩机二段K5512

丙烯制冷压缩机二段系统带-27~-19℃级位的工艺用户，其主要参数的模拟计算结果见表10-4。EP1装置的二段工艺用户所获总冷量等于脱乙烷塔冷凝器E4502和乙烯冷剂开工冷凝器E4521的换热量之和，EP2装置的二段工艺用户所获总冷量等于5号冷箱E305X和乙烯产品丙烯冷凝器E4518的换热量之和，EP3装置的二段工艺用户所获总冷量等于3号乙烯冷剂冷却器E446X、E4502和高压前脱丙烷塔冷凝器E5508的换热量之和。

在表10-4中，三套乙烯装置在同一工况下，丙烯制冷压缩机二段进出口的热力学参数变化不大，但一些性能参数稍有差异。在工况一下，EP2装置的二段吸气体积、二段吸气质量、二段所需功率和二段工艺用户所获总冷量各分别比EP1装置少50.06%、38.96%、1.56%和53.03%；EP3装置的二段吸气体积、二段吸气质量和二段所需功率比EP1装置少40.32%、26.25%和52.03%，而二段工艺用户所获总冷量却比EP1装置多1.30倍。在工况二下，随着裂解原料变轻，EP2装置的这种减少趋势变得稍强，而EP3装置的这种减少或增多趋势变得稍弱。仅从这点看，似乎EP2装置更适合工况二，而EP3装置更适合工况一。

表10-4　丙烯制冷压缩机二段系统主要参数模拟计算结果

项目	EP1	EP2	EP3	EP1	EP2	EP3
	工况一			工况二		
二段入口温度/℃	−21.94	−10.74	−16.68	−22.06	−10.34	−16.51
二段入口压力/MPa	0.226	0.286	0.282	0.226	0.286	0.282
二段入口绝热指数	1.202	1.2006	1.2062	1.202	1.2002	1.2060
二段入口压缩因子	0.946	0.9388	0.9358	0.946	0.9391	0.9359
二段出口温度/℃	12.88	36.59	6.31	12.75	37.00	6.48
二段出口压力/MPa	0.474	0.752	0.460	0.474	0.752	0.460
二段出口压缩因子	0.918	0.8943	0.9154	0.918	0.8947	0.9155
二段平均多变体积指数	1.156	1.1379	1.1499	1.156	1.1379	1.1499
二段吸气量/m³·h⁻¹	149742	74861.9	89372	150845	70917.1	90962
二段吸气量/t·h⁻¹	720.755	439.929	531.589	726.480	415.990	540.662
二段压缩比	2.097	2.629	1.631	2.097	2.629	1.631
二段所需的功率/kW	9019.1	7609.4	4326.3	9085.6	7208.3	4403.3
E4502换热量/MW	14.4527	—	18.4195	14.7045	—	18.1837
E4521换热量/MW	0.0000	—	—	0.0000	—	—
E305X丙烯冷剂供冷量换热量/MW	—	2.5415	—	—	2.5915	—
E4518换热量/MW	—	4.2474	—	—	4.2474	—
E446X换热量/MW	—	—	2.4395	—	—	2.5280
E5508换热量/MW	—	—	12.3434	—	—	12.2585
二段工艺用户所获总冷量/MW	14.4527	6.7889	33.2024	14.7045	6.8389	32.9702

随着裂解原料变轻，同一乙烯装置工况二的绝热指数、压缩因子、平均多变体积指数等热力学参数变化很小，一些性能参数变化一致。EP1装置在工况二下二段吸气体积、二段吸气质量和二段所需功率各分别比工况一上升0.74%、0.79%和0.74%，其二段工艺用户所获总冷量比工况一增加1.74%；EP3装置在工况二下二段吸气体积、二段吸气质量和二段所需功率各分别比工况一上升1.78%、1.71%和1.78%，其二段工艺用户所获总冷量比工况一减少0.70%；而EP2装置在工况二下二段吸气体积、二段吸气质量和二段所需功率各分别比工况一下降5.27%、5.44%和5.27%，其二段工艺用户所获总冷量比工况一增加0.74%。仅从这点看，EP1装置和EP3装置更适合工况一；同时更进一步表明EP2装置更适合工况二。

（3）丙烯制冷压缩机三段K5513

丙烯制冷压缩机三段系统带−7~10℃级位的工艺用户，其主要参数的模拟计算结果见表10-5。EP1装置的三段工艺用户所获总冷量等于低压脱丙烷塔冷凝器E5512的换热量，EP2装置的三段工艺用户所获总冷量等于裂解气干燥器进料丙烯预冷器E2515、乙烯产品丙烯冷却器E4517、脱丙烷塔冷凝器E5503和碳三汽提塔冷凝器E5515的换热量之和，EP3装置的三段工艺用户所获总冷量等于2号乙烯冷剂冷却器E445X和高压前脱丙烷塔2号回流冷却器E5507的换热量之和。

表10-5 丙烯制冷压缩机三段系统主要参数模拟计算结果

项目	EP1	EP2	EP3	EP1	EP2	EP3
	工况一			工况二		
三段入口温度/℃	12.74	25.45	3.90	12.77	25.89	4.00
三段入口压力/MPa	0.474	0.752	0.460	0.474	0.752	0.460
三段入口绝热指数	1.202	1.2242	1.2106	1.202	1.2235	1.2104
三段入口压缩因子	0.918	0.8817	0.9132	0.918	0.8822	0.9133
三段出口温度/℃	41.28	68.51	25.30	41.31	68.94	25.41
三段出口压力/MPa	0.835	1.680	0.710	0.835	1.680	0.710
三段出口压缩因子	0.887	0.8120	0.8887	0.887	0.8128	0.8888
三段平均多变体积指数	1.120	1.0697	1.1221	1.120	1.0700	1.1221
三段吸气量/$m^3 \cdot h^{-1}$	78933	51171.2	79514	79132	47955.2	71756
三段吸气量/$t \cdot h^{-1}$	726.774	739.865	647.053	723.190	691.942	660.092
三段压缩比	1.762	2.234	1.543	1.762	2.234	1.543
三段所需的功率/kW	7538.2	10754.1	4863.0	7502.0	10079.1	4963.5
E5512换热量/MW	8.2984	—	—	7.4021	—	—
E2515换热量/MW	—	10.2227	—	—	9.6522	—
E4517换热量/MW	—	0.6401	—	—	0.6401	—
E5515换热量/MW	—	1.8285	—	—	1.7454	—
E5503换热量/MW	—	15.9143	—	—	14.3114	—
E5507换热量/MW	—	—	4.8506	—	—	5.1137
E445X换热量/MW	—	—	2.4031	—	—	2.4903
三段工艺用户所获总冷量/MW	8.2984	28.6056	7.2537	7.4021	26.3491	7.604

在表10-5中，EP1和EP3装置在同一工况下，丙烯制冷压缩机三段进出口的热力学参数变化不大；由于EP2装置的丙烯制冷压缩机三段进出口压力与其它两套装置相差较大，所以EP2装置在同一工况下，其丙烯制冷压缩机三段进出口的热力学参数与其它两套装置差异较大。三套乙烯装置在同一工况下，丙烯制冷压缩机三段进出口的一些性能参数差异都较大。在工况一下，EP2装置的三段吸气体积比EP1装置少35.17%，三段吸气质量、三段所需功率和三段工艺用户所获总冷量各分别比EP1装置多1.80%、42.66%和2.45倍；EP3装置的三段吸气体积比EP1装置稍多0.74%，三段吸气质量、三段所需功率和三段工艺用户所获总冷量比EP1装置少10.97%、35.49%和12.59%。在工况二下，随着裂解原料变轻，EP2和EP3装置的这种变化趋势不一，EP2装置的三段吸气体积和三段吸气质量各分别比EP1装置少39.40%和4.32%，三段所需功率和三

段工艺用户所获总冷量各分别比EP1装置多34.35%和2.56倍；EP3装置的三段吸气体积、三段吸气质量和三段所需功率各分别比EP1装置少9.32%、8.73%和33.84%，三段工艺用户所获总冷量比EP1装置多2.73%。

随着裂解原料变轻，同一乙烯装置工况二的绝热指数、压缩因子、平均多变体积指数等热力学参数变化很小，一些性能参数变化有所不同。EP1装置在工况二下三段吸气体积比工况一多0.25%，三段吸气质量、三段所需功率和三段工艺用户所获总冷量各分别比工况一少0.49%、0.48%和10.80%；EP2装置在工况二下三段吸气体积、三段吸气质量、三段所需功率和三段工艺用户所获总冷量都各分别比工况一下降6.28%、6.48%、6.28%和7.89%；EP3装置在工况二下三段吸气体积比工况一减少9.76%，三段吸气质量、三段所需功率和三段工艺用户所获总冷量各分别比工况一上升2.02%、2.07%和4.83%。仅从这点看，EP2装置比EP1装置更适合工况二，而EP3装置更适合工况一。

（4）丙烯制冷压缩机四段K5514

EP2装置的丙烯制冷压缩机只有三段，虽然其三段系统工艺用户相当于EP1和EP3装置的四段工艺用户，但还是把它们归入三段工艺用户讨论。EP1和EP3装置丙烯制冷压缩机四段系统带7~13℃级位的工艺用户，其主要参数的模拟计算结果见表10-6。EP1装置的四段工艺用户所获总冷量等于裂解气干燥器进料丙烯预冷器E2515、氢气干燥器进料冷却器E3528和乙烯冷剂冷却器E4520的换热量之和，EP3装置的四段工艺用户所获总冷量等于碱洗塔塔顶过冷器E2510、氢气干燥器进料冷却器E3528、1号乙烯冷剂冷却器E444X、脱丙烷塔冷凝器E5503和高压前脱丙烷塔1号回流冷却器E5506的换热量之和。

表10-6　丙烯制冷压缩机四段系统主要参数模拟计算结果

项目	EP1	EP3	EP1	EP3
	工况一		工况二	
四段入口温度/℃	36.92	18.56	36.96	18.97
四段入口压力/MPa	0.835	0.710	0.835	0.710
四段入口绝热指数	1.218	1.2287	1.218	1.2280
四段入口压缩因子	0.882	0.8807	0.882	0.8812
四段出口温度/℃	74.20	67.12	74.24	67.53
四段出口压力/MPa	1.650	1.730	1.650	1.730
四段出口压缩因子	0.826	0.8026	0.826	0.8035
四段平均多变体积指数	1.076	1.0738	1.076	1.0741
四段吸气量/m³·h⁻¹	55459	73049	55553	72542
四段吸气量/t·h⁻¹	857.245	1021.94	858.535	1012.82
四段压缩比	1.976	2.437	1.976	2.437
四段所需的功率/kW	11113.0	16424.9	11132.0	16312.4
E4520换热量/MW	1.6538	—	1.7353	—

项目	EP1	EP3	EP1	EP3
	工况一		工况二	
E2515换热量/MW	6.3163	—	6.0356	—
E3528换热量/MW	0.4275	0.4297	0.4897	0.4922
E2510换热量/MW	—	12.0701	—	11.4071
E5503换热量/MW	—	9.5021	—	8.3679
E5506换热量/MW	—	7.4898	—	7.7759
E444X换热量/MW	—	1.3768	—	1.4936
四段工艺用户所获总冷量/MW	8.3976	30.8685	8.2606	29.5367

在表10-6中，EP1和EP3装置在同一工况下，丙烯制冷压缩机四段进出口的热力学参数稍有差异，而一些性能参数变化较大。在工况一下，EP3装置的四段吸气体积、四段吸气质量、四段所需功率和四段工艺用户所获总冷量分别比EP1装置多31.72%、19.21%、47.80%和2.68倍。在工况二下，随着裂解原料变轻，EP3装置的这种增多趋势稍变弱。似乎EP3装置比EP1装置更适合工况二。

随着裂解原料变轻，同一乙烯装置工况二的绝热指数、压缩因子、平均多变体积指数等热力学参数变化很小，一些性能参数变化基本一致。EP1装置在工况二下四段吸气体积、四段吸气质量和四段所需功率各分别比工况一稍多0.17%、0.15%和0.17%，其四段工艺用户所获总冷量比工况一稍少1.63%；EP3装置在工况二下四段吸气体积、四段吸气质量、四段所需功率和四段工艺用户所获总冷量都各分别比工况一少0.69%、0.89%、0.68%和4.31%。仅从这点看，EP1和EP3装置都表现得不明显，它们的工况适应性都强。

（5）其它结果分析

表10-7列出丙烯制冷压缩机的总功率和丙烯冷剂所需要的各部分冷量。EP1装置丙烯冷剂所需要的总冷量等于丙烯冷剂冷凝器E5801、乙烯精馏塔塔底再沸器E4510、5号冷箱E305X和乙烯产品加热器E4522的换热量之和；EP2装置丙烯冷剂所需要的总冷量等于E5801、丙烯冷剂换热器E306X和脱甲烷塔逆流再沸器E312X的换热量之和；EP3装置丙烯冷剂所需要的总冷量等于E5801、E305X、E312X和预脱甲烷塔再沸器E3511的换热量之和。

表10-7　丙烯制冷压缩系统其它主要参数模拟计算结果

项目	EP1	EP2	EP3	EP1	EP2	EP3
	工况一			工况二		
丙烯制冷压缩机总功率/kW	31437.4	22136.8	27698.7	31520.9	20991.0	27872.2
E5801换热量/MW	88.7732	74.1977	101.3273	88.9253	69.5524	100.6490
E4522换热量/MW	0.9597	—	—	1.2583	—	—
E4510换热量/MW	16.9016	—	—	14.6594	—	—

项目	EP1	EP2	EP3	EP1	EP2	EP3
	工况一			工况二		
E3511换热量/MW	—	—	10.1769	—	—	10.5497
E305X丙烯冷剂所获冷量/MW	19.1512	—	4.5155	19.2939	—	5.0497
E306X丙烯冷剂所获冷量/MW		1.6836			1.8321	
E312X丙烯冷剂所获冷量/MW	—	14.3000	4.9739	—	14.8541	4.9778
丙烯冷剂所需要的总冷量/MW	125.7857	90.1813	120.9936	124.1369	86.2386	121.2262

在表10-7中，三套乙烯装置在同一工况下，丙烯制冷压缩机的总功率按EP2、EP3和EP1装置顺序依次升高，丙烯冷剂所需要的总冷量也遵循此变化。在工况一下，EP2装置的丙烯制冷压缩机总功率比EP1装置低29.58%，除E5801外丙烯冷剂所需要的工艺总冷量比EP1装置相应减少56.82%；EP3装置的丙烯制冷压缩机总功率比EP1装置低11.89%，除E5801外丙烯冷剂所需要的工艺总冷量比EP1装置相应减少46.87%。在工况二下，随着裂解原料变轻，EP2装置的丙烯制冷压缩机总功率减少趋势变得稍强，而EP3装置的这种减少趋势变得稍弱。仅从这点看，似乎EP2装置更适合工况二，而EP3装置更适合工况一。

随着裂解原料变轻，同一乙烯装置工况二的丙烯制冷压缩机总功率和丙烯冷剂所需要的总冷量变化各异。在工况二下，EP1装置的丙烯制冷压缩机总功率比工况一稍高0.27%，除E5801外丙烯冷剂所需要的工艺总冷量比工况一相应减少4.87%；EP2装置的丙烯制冷压缩机总功率比工况一稍少5.18%，除E5801外丙烯冷剂所需要的工艺总冷量比工况一相应稍高4.40%；EP3装置的丙烯制冷压缩机总功率和除E5801外丙烯冷剂所需要的工艺总冷量都各分别比工况一稍高0.63%和4.63%。从这点看，EP2装置更适合工况二，同时更进一步表明EP3装置更适合工况一，而EP1装置表现不明显。

总的来说，EP1和EP3装置的工况一较优，而EP2装置的工况二较优。

（6）气相乙烯产品输出量的变化

当气相乙烯产品输出量发生变化时，会严重影响三套乙烯装置的丙烯制冷系统[2,3]，影响EP1、EP2和EP3装置的模拟计算结果各分别列在表10-8、表10-9和表10-10中。

表10-8　EP1装置的丙烯制冷系统变化情况

项目	工况一		工况二	
输出的气相乙烯百分比/%	60	100	60	100
K5511一段功率/kW	3822.2	3822.2	3765.1	3765.1
K5512二段功率/kW	9019.1	8951.9	9085.6	9042.1
K5513三段功率/kW	7483.1	7427.2	7538.2	7502.0

项目	工况一		工况二	
K5514四段功率/kW	11113.0	10153.3	11132.0	10178.2
丙烯制冷压缩机总功率/kW	31437.4	30354.6	31520.9	30487.4
K5514四段吸气量/t·h⁻¹	857.245	774.540	858.535	776.105
E5801换热量/MW	88.7732	81.1944	88.9253	81.3906
E305X丙烯冷剂所获冷量/MW	19.1512	18.1436	19.2939	18.2904
E305X换热量/MW	23.7544	22.7464	24.1238	23.1202
E4522换热量/MW	0.9597	8.4651	1.2583	8.7591

表 10-9 EP2装置的丙烯制冷系统变化情况

项目	工况一		工况二	
输出的气相乙烯百分比/%	60	100	60	100
K5511一段功率/kW	3773.3	3534.4	3703.6	3464.6
K5512二段功率/kW	7609.4	6315.7	7208.3	5914.5
K5513三段功率/kW	10754.1	9319.2	10079.1	8644.2
丙烯制冷压缩机总功率/kW	22136.8	19169.3	20991.0	18023.3
K5513三段吸气量/t·h⁻¹	739.865	640.965	691.942	593.045
E5801换热量/MW	74.1977	64.3003	69.5524	59.6531
E4517换热量/MW	0.6401	0.0000	0.6401	0.0000
E4518换热量/MW	4.2474	0.0000	4.2474	0.0000
E4519换热量/MW	2.0907	0.0000	2.0907	0.0000

表 10-10 EP3装置的丙烯制冷系统变化情况

项目	工况一		工况二	
输出的气相乙烯百分比/%	60	100	60	100
K5511一段功率/kW	2084.5	1456.6	2193.0	1522.6
K5512二段功率/kW	4326.3	3738.9	4403.3	3777.0
K5513三段功率/kW	4863.0	4237.4	4963.5	4297.0
K5514四段功率/kW	16424.9	14674.6	16312.4	14498.3
丙烯制冷压缩机总功率/kW	27698.7	24107.5	27872.2	24094.9
K5514四段吸气量/t·h⁻¹	1021.94	917.00	1012.82	904.37
E5801换热量/MW	101.3273	90.5042	100.6490	89.4292
E444X换热量/MW	1.3768	1.4665	1.4936	1.8480
E445X换热量/MW	2.4031	2.0058	2.4903	2.0757
E446X换热量/MW	2.4395	2.0362	2.5280	2.1072
E447X换热量/MW	12.5009	6.0488	13.1413	6.2594
E448X换热量/MW	0.1044	0.0000	0.1180	0.0000

在表10-8中，当EP1装置气相乙烯产品输出量从60%升到100%时，在两种工况下丙烯制冷压缩机一段功率不变，E4522的换热量大幅度增加，而丙烯制冷压缩机二段、三段和四段功率都下降，其总功率下降3.28%~3.44%，四段

吸入质量下降9.60%~9.65%，E5801和E305X的换热量降低约4.16%~5.26%。除E4522的换热量外，其余变化都在10%以内。

在表10-9中，当EP2装置气相乙烯产品输出量从60%升到100%时，在两种工况下乙烯产品丙烯冷却器E4517、乙烯产品丙烯冷凝器E4518和乙烯产品丙烯过冷器E4519的换热量变为0，丙烯制冷压缩机一段功率减少6.33%~6.45%，其二段、三段和总功率各分别下降17.00%~17.95%、13.34%~14.24%和13.40%~14.14%，三段吸入质量下降13.37%~14.29%，E5801的换热量降低13.34%~14.23%。除K5511一段功率和E4517、E4518、E4519的换热量外，其余变化都超过10%，但都在20%以内。

在表10-10中，当EP3装置气相乙烯产品输出量从60%升到100%时，在两种工况下各项参数的变化趋势一致，但有些变化量差异较大，如乙烯产品逆流过冷器E448X的换热量变为0。在工况一下，1号乙烯冷剂冷却器E444X的换热量上升6.52%，乙烯冷剂冷凝器E447X的换热量减少51.61%，丙烯制冷压缩机一段功率减少30.12%，其余二段功率、三段功率、四段功率、总功率、四段吸气质量、E5801换热量、2号乙烯冷剂冷却器E445X换热量和3号乙烯冷剂冷却器E446X换热量都下降未超过20.0%。在工况二下，E444X的换热量上升23.73%，E447X的换热量减少52.37%，丙烯制冷压缩机一段功率减少30.57%，其余二段功率、三段功率、四段功率、总功率、四段吸气质量、E5801换热量、E445X换热量和E446X换热量也都下降未超过20.0%。除K5511一段功率和E4517、E4518、E4519的换热量外，其余变化都超过10%，但都在20%以内。

10.2　乙烯制冷系统的模拟

乙烯制冷系统的工质都是采用乙烯装置自产的乙烯体积分数不低于99.95%的液相乙烯或气相乙烯产品。液相乙烯被注入乙烯冷剂缓冲罐V444中，供乙烯制冷系统循环使用。EP1装置的乙烯制冷系统通过压缩、冷凝、节流、蒸发及段间闪蒸形成闭式循环，提供三个温度级位的冷剂。EP2和EP3装置的乙烯制冷系统与乙烯精馏系统通过压缩、冷凝、节流、蒸发形成开式热泵循环，也提供三个温度级位的冷剂。

10.2.1　工艺描述

10.2.1.1　EP1装置的三级节流三段压缩流程

EP1装置的乙烯制冷系统工艺流程简图见图10-7，该系统有-101℃、-75℃

和−63℃三个分隔温度。在与这些温度相对应的压力下，通过汽化乙烯来提供冷量。乙烯汽化物被三段压缩至2.75MPa，先通过乙烯制冷压缩机三段出口冷却器E4815被CW冷却至37℃，再依次通过乙烯冷剂冷却器E4520、乙烯冷剂冷凝器E4421和乙烯冷剂开工冷凝器E4521被冷凝至−19.6℃，然后进入乙烯冷剂缓冲罐V444。

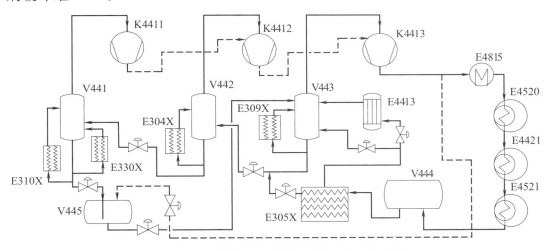

图10-7　EP1装置乙烯制冷系统工艺流程简图

E304X—4号冷箱；E305X—5号冷箱；E309X—脱甲烷塔进料冷凝器；E310X—脱甲烷塔进料高压冷凝器；E330X—脱甲烷塔回流冷凝器；E4413—乙烯精馏塔尾气冷凝器；E4815—乙烯制冷压缩机三段出口冷却器；E4520—乙烯冷剂冷却器；E4421—乙烯冷剂冷凝器；E4521—乙烯冷剂开工冷凝器；K4411—乙烯制冷压缩机一段；K4412—乙烯制冷压缩机二段；K4413—乙烯制冷压缩机三段；V441—乙烯制冷压缩机一段吸入罐；V442—乙烯制冷压缩机二段吸入罐；V443—乙烯制冷压缩机三段吸入罐；V444—乙烯冷剂缓冲罐；V445—乙烯排放罐

V444罐底液相乙烯通过5号冷箱E305X被分成两股，一股少量乙烯被E305X过冷至−38℃，其余一股乙烯被E305X过冷至−70℃。−38℃液相乙烯分成两股：一股去−63℃级位的乙烯精馏塔尾气冷凝器E4413蒸发供冷，乙烯汽化物流入乙烯制冷压缩机三段吸入罐V443；剩余一股直接节流膨胀流入V443罐。−70℃液相乙烯直接节流膨胀与V443罐底液相乙烯混合。

V443罐顶乙烯气体进入乙烯制冷压缩机三段K4413入口。V443罐底液相乙烯分成两股：一股通过脱甲烷塔进料冷凝器E309X自然蒸发乙烯汽化物返回V443罐；另一股与来自E305X的−70℃以下乙烯物流混合后，直接节流膨胀流入乙烯制冷压缩机二段吸入罐V442。

V442罐顶乙烯气体全部进入乙烯制冷压缩机二段K4412入口。V442罐底液相乙烯分成两股：一股通过4号冷箱E304X自然蒸发乙烯汽化物返回V442罐；另一股直接节流膨胀流入乙烯制冷压缩机一段吸入罐V441。

V441罐顶乙烯气体全部进入乙烯制冷压缩机一段K4411入口。V441罐底有一定的液位，罐底两股物流各分别进入脱甲烷塔进料高压冷凝器E310X和脱甲烷塔回流冷凝器E330X两个用户自然蒸发，它们的乙烯汽化物都返回V441罐。若V441罐液位较高，就利用乙烯排放罐V445将多余乙烯液体压入V443罐。

10.2.1.2　EP2装置的一级节流四段压缩流程

EP2装置的乙烯制冷系统工艺流程简图见图8-7，该系统有-101℃、-80℃和-57℃三个分隔温度，它与乙烯精馏塔C403构成开式热泵系统。在与这些温度相对应的压力下，通过汽化乙烯来提供冷量。乙烯汽化物都被过热并经前三段压缩至2.0MPa，先通过乙烯制冷压缩机三段出口冷却器E4815被CW冷却至35℃，然后分成两股：一股150.0t·h⁻¹气相乙烯作为乙烯产品通过乙烯制冷压缩机四段K4414被压缩至4.0MPa，然后通过乙烯制冷压缩机四段出口冷却器E4816被冷却至35℃输出；另一股返回乙烯精馏塔塔顶逆流换热器E442X被继续冷却。自E442X出来的这股乙烯物流分出一小部分在乙烯冷凝器E4514中被-38.0℃液相丙烯冷剂冷却，其中约10.0%乙烯物流进入E442X中被过冷至-50.0℃，作为C403塔的少部分回流；大部分乙烯物流进入乙烯精馏塔塔底逆流换热器E440X中冷凝，被C403塔底液体冷凝的凝液分成两股：大部分流股在E442X中被过冷至-50.0℃，作为C403塔的大部分回流，剩下的流股流入乙烯冷剂缓冲罐V444。

V444罐底液相乙烯分成两股：一股被分为两部分，各分别节流膨胀去-57℃级位的脱乙烷塔塔顶逆流换热器E402X和4号冷箱E304X两个用户蒸发供冷，它们的乙烯汽化物先与C403塔顶气体和V444罐顶气体混合，然后经E442X被加热至20.0℃，再流入乙烯制冷压缩机三段K4413入口；另一股被乙烯过冷器E443X过冷至-69.0℃后，各分别去-80℃和-101℃级位的用户蒸发供冷。

来自E443X的一部分液体乙烯节流膨胀去-80℃级位的3号冷箱E303X用户蒸发供冷，其乙烯汽化物先返回E443X过热，然后流入E442X继续被过热至20.0℃，再流入乙烯制冷压缩机二段K4412入口。

来自E443X的一股液体乙烯分为两部分，各分别节流膨胀去-101℃级位的2号冷箱E302X和脱甲烷塔冷凝器E3420两个用户蒸发供冷，它们的乙烯汽化物先返回E443X过热，然后直接流入乙烯制冷压缩机一段K4411入口。

在异常情况下，K4414出口的中压气相乙烯经E4816冷却至35℃后，其中40%气相乙烯可依次通过乙烯产品丙烯冷却器E4517、乙烯产品丙烯冷凝器E4518和乙烯产品丙烯过冷器E4519冷凝进入乙烯球罐T401。同时依特殊情况，可启动乙烯产品泵P404，T401罐中液相乙烯通过P401泵进入乙烯产品汽化器E4923被LS加热至35℃，作为气相乙烯产品输出。

10.2.1.3　EP3装置的三级节流五段压缩流程

EP3装置的乙烯制冷系统工艺流程简图见图8-8，该系统有-101℃、-83℃和-61℃三个分隔温度，它与乙烯精馏塔C403构成开式热泵系统。在与这些温度相对应的压力下，通过汽化乙烯来提供冷量。乙烯汽化物被四段压缩至1.89MPa，乙烯制冷压缩机四段K4414出口的气相乙烯分成两股：一股150.0t·h⁻¹气相乙烯作为乙烯产品通过乙烯制冷压缩机五段K4415被压缩至4.0MPa，通过乙烯制冷压缩机五段出口冷却器E4817被冷却至35℃输出；另一股气相乙烯依次通过1号乙烯冷剂冷却器E444X、2号乙烯冷剂冷却器E445X和3号乙烯冷剂冷却器E446X各分别被7℃、-7℃和-21℃液体丙烯冷剂冷却后，其中少部分继续通过乙烯冷剂冷凝器E447X被-37℃液体丙烯冷剂冷凝成液体乙烯，大部分流入乙烯精馏塔塔底逆流换热器E440X被冷凝为液体乙烯，这两部分混合流入乙烯冷剂缓冲罐V444。

V444罐底液相乙烯分成两部分，一部分液体流入脱甲烷塔塔底蒸发器E314X被过冷，另一部分液体被乙烯输运泵P406送入乙烯产品逆流过冷器E448X被-37℃液体丙烯冷却，流入乙烯球罐T401作为液相乙烯产品。被E314X过冷后的液相乙烯分成四股：两股液体各分别去-61℃级位的脱甲烷塔进料接触塔塔顶冷凝器E318X和4号冷箱E304X用户蒸发供冷，它们的乙烯汽化物进入乙烯制冷压缩机三段吸入罐V443；一股液体节流膨胀作为C403塔的部分回流；剩余一股液体直接节流膨胀流入V443罐。

V443罐顶乙烯气体与C403塔顶的乙烯气体混合进入乙烯制冷压缩机三段K4413入口。V443罐底液相乙烯分成三股：两股液体各分别去-83℃级位的E318X和3号冷箱E303X用户蒸发供冷，它们的乙烯汽化物进入乙烯制冷压缩机二段吸入罐V442；剩余一股液体直接节流膨胀流入V442罐。

V442罐顶乙烯气体直接进入乙烯制冷压缩机二段K4412入口。V442罐底液相乙烯分成三股：两股液体各分别去-101℃级位的尾气精馏冷凝器E313X和脱甲烷塔冷凝器E3420用户蒸发供冷，它们的乙烯汽化物进入乙烯制冷压缩机一段吸入罐V441；剩余一股液体直接节流膨胀流入V441罐。

V441罐顶乙烯气体全部进入乙烯制冷压缩机一段K4411入口。V441罐底通常无液位，若V441罐底累积有液相乙烯，就利用乙烯冷剂排放泵P441先将其送入乙烯排放罐V445，然后排至V443罐。

在异常情况下，K4415出口的中压气相乙烯经E4817冷却至35℃后，其中40%气相乙烯可与K4414出口气相乙烯混合，变为输出部分液相乙烯产品。同时依特殊情况，可启动乙烯产品泵P404，T401罐中液相乙烯通过P404泵进入乙烯产品汽化器E4923被LS加热至35℃，作为气相乙烯产品输出。

10.2.2　工艺流程特点

由于三套乙烯装置的分离技术不同，所以它们相应的乙烯制冷系统工艺流程有较大差异。虽然三套乙烯装置的乙烯制冷系统工艺流程差异较大，但它们都采用节流的方式给工艺用户提供−101℃的低冷级位和其它两个温度稍有不同的较高冷级位的冷剂。EP1装置的乙烯制冷系统是闭式循环的，各段间出口气体无冷却设施，直接进入下段压缩机入口，末段压缩机出口气体通过乙烯制冷压缩机三段出口冷却器E4815被CW冷却至37.0℃；三个吸入罐都维持一定液位，便于四个工艺用户通过热虹吸效应来蒸发冷剂吸收冷量。EP2和EP3装置的乙烯制冷系统与乙烯精馏塔C403构成开式热泵循环，与EP1装置截然不同。

由于乙烯精馏塔热泵压缩机的工质与乙烯制冷压缩机的工质相同，所以乙烯精馏塔热泵压缩机可与乙烯制冷压缩机共用一台机组[4~7]；EP2和EP3装置都采用这种共用一台机组的形式，统称为乙烯制冷压缩机。虽然EP2和EP3装置的乙烯制冷系统都是开式热泵循环的，C403塔顶气体都是先过热后进入乙烯制冷压缩机三段K4413入口，但两者工艺流程差异较大，主要体现在以下几个方面。

① 从C403塔取冷量的方式稍有不同。EP2装置用K4413出口预冷过的乙烯气体从C403塔底取走冷量。EP3装置直接用K4413出口的热乙烯气体从C403塔中下部取走部分冷量；用乙烯制冷压缩机四段K4414出口预冷过的乙烯气体从C403塔底取走部分冷量。

② 乙烯热泵系统不足的冷量补充方式也不同。EP2装置乙烯热泵系统不足的冷量由−38.0℃液相丙烯冷剂一次性供给，所需冷量不超过24.0MW；EP3装置乙烯热泵系统不足的冷量由7.0℃、−7.0℃、−21.0℃和−38.0℃液相丙烯冷剂依次供给，所需冷量不超过26.0MW。

③ 乙烯制冷压缩机入口分离罐的设置截然不同。EP2装置的工艺用户蒸发出的气相乙烯都过热，过热度超过30℃以上[8]，可确保进入压缩机入口的乙烯气体中没有液滴，从而不需要设置压缩机入口分离罐。EP3装置各分别在乙烯制冷压缩机一段、二段和三段入口设有分离罐，用于工艺用户的蒸发物流及节流膨胀物流的气液分离，每个吸入罐罐顶气体直接进入压缩机相应段入口；乙烯制冷压缩机一段吸入罐V441罐底不储存液体，其它两个吸入罐需保持一定液位。

④ 气相乙烯产品的采出方式及其液化方式稍有不同。EP2装置单独设置K4414压缩乙烯气体送出中压气相乙烯产品，液化气相乙烯产品的三个丙烯冷剂换热器可在正常情况下处于备用状态。EP3装置单独设置乙烯制冷压缩机五段K4415压缩乙烯气体送出中压气相乙烯产品，而液化气相乙烯产品的四个丙烯冷剂换热器需在正常情况下处于约83.5%负荷运行状态。

10.2.3 模拟说明

一套乙烯装置的乙烯制冷系统只有一个模型，本书共建立三个模型来模拟计算研究乙烯制冷系统。EP1装置的乙烯制冷系统模型与其全流程分离系统模型断开，通过循环热流数据相关联。EP2和EP3装置的乙烯制冷系统模型包含在乙烯精馏及其开式热泵系统模型中，也包含在相应装置的全流程分离系统模型中。

图10-7、图8-7和图8-8是乙烯制冷系统模拟的基础。每套乙烯装置两个工况的乙烯制冷压缩机模拟都不考虑其同段多变效率与出口压力的差异。乙烯制冷压缩机的多变过程模拟模型采用离心式压缩机的ASME方法，它们每段的多变效率及出口压力见表10-11。

表 10-11　乙烯制冷压缩机的规定参数

项目	EP1装置	EP2装置	EP3装置
一段出口压力/MPa	0.42	0.31	0.28
二段出口压力/MPa	0.67	0.80	0.73
三段出口压力/MPa	2.75	2.00	1.28
四段出口压力/MPa	—	4.00	1.89
五段出口压力/MPa	—	—	4.00
一段多变效率/%	71.0	70.7	73.0
二段多变效率/%	74.0	73.8	75.0
三段多变效率/%	75.0	83.6	83.0
四段多变效率/%	—	76.2	83.0
五段多变效率/%	—	—	75.0

为便于EP1装置的乙烯制冷系统模型计算，将EP1装置的乙烯制冷压缩机三段K4413出口物流断开，这样乙烯制冷压缩机三段出口冷却器E4815壳程入口物流为该系统进料物流，EP1装置的K4413出口物流为该系统出口物流。通过多次给该系统进料物流赋初值迭代计算，该系统进料物流与出口物流的压力和组成相同、温度相近，可使该系统出口物流的计算流量几乎等于其给定的进料物流流量，视为该模型收敛的结果。为便于判断该模型迭代计算的收敛结果，在乙烯制冷压缩机一段吸入罐V441罐底增加一个液相乙烯采出物流，手动调节该系统的进料流量，使得V441罐底采出物流流量接近为零。规定5号冷箱E305X将−19.6℃液相乙烯过冷为两股分别为−38.0℃和−70.0℃的冷剂；将这两股液相乙烯的模拟计算冷量输入给深冷分离系统模型的E305X。规定E4815壳程出口温度为37.0℃；乙烯冷剂冷却器E4520管程出口温度为16.0℃；乙烯冷剂冷凝器E4421管程出口温度为−19.6℃；乙烯冷剂开工冷凝器E4521的换热

量为零；将乙烯冷剂冷却器模拟计算的冷量输入给丙烯制冷系统模型的 E4520。将全流程分离系统模型计算出的脱甲烷塔回流冷凝器、脱甲烷塔进料高压冷凝器、4 号冷箱、脱甲烷塔进料冷凝器和乙烯精馏塔尾气冷凝器的热流值各分别输入给乙烯制冷系统模型的 E330X、E310X、E304X、E309X 和 E4413。将乙烯制冷系统模型计算出的乙烯冷剂冷凝器的热流值记为 Q_{E4421}，深冷分离系统模型计算出的乙烯精馏塔侧线再沸器的热流值记为 Q_{E4311}，可得到乙烯精馏系统模型的乙烯精馏塔侧线再沸热量 $Q_{C403 侧} = Q_{E4421} + Q_{E4311}$，将 $Q_{C403 侧}$ 输入给乙烯精馏系统模型，进而将乙烯精馏系统模型计算出的乙烯精馏塔塔底再沸热量输入给丙烯制冷系统模型的 E4510。

EP2 装置规定乙烯制冷压缩机三段出口冷却器 E4815 和四段出口冷却器 E4816 壳程出口温度都为 35.0℃；乙烯产品丙烯冷却器 E4517 管程出口温度为 18.0℃；乙烯产品丙烯冷凝器 E4518 管程出口温度为 -3.0℃；乙烯产品丙烯过冷器 E4519 管程出口温度为 -34.5℃；乙烯冷凝器 E4514 管程出口温度为 -30.4℃。将全流程分离系统模型计算出的 2 号冷箱、3 号冷箱、4 号冷箱、脱甲烷塔冷凝器和乙烯精馏塔塔底逆流换热器的热流值各分别输入给乙烯制冷系统模型的 E302X、E303X、E304X、E3420 和 E440X。将乙烯制冷系统模型计算出的乙烯冷凝器、乙烯产品丙烯冷却器、乙烯产品丙烯冷凝器和乙烯产品丙烯过冷器的热流值各分别输入给丙烯制冷系统模型的 E4514、E4517、E4518 和 E4519。断开脱乙烷塔塔顶逆流换热器 E402X 的循环热流，将乙烯制冷系统模型计算出的脱乙烷塔塔顶逆流换热器的乙烯冷剂流股热流值输入给脱乙烷系统模型的 E402X。

EP3 装置规定乙烯精馏塔 C403 在工况一和工况二下侧线再沸热量各分别为 21.2364MW 和 21.6318MW，将乙烯精馏塔侧线逆流换热器的热流值输入给乙烯制冷系统模型的 E441X；先将乙烯制冷系统模型计算出的脱甲烷塔进料接触塔塔顶冷凝器 -61℃液相乙烯冷剂的热流值输入给深冷分离系统模型的 E318X，然后将深冷分离系统模型计算出的脱甲烷塔进料接触塔塔顶冷凝器 -83℃液相乙烯冷剂的热流值输入给乙烯制冷系统模型的 E318X。将全流程分离系统模型计算出的乙烯精馏塔塔底逆流换热器、3 号冷箱、4 号冷箱、尾气精馏冷凝器、脱甲烷塔塔底蒸发器和脱甲烷塔冷凝器的热流值各分别输入给乙烯制冷系统模型的 E440X、E303X、E304X、E313X、E314X 和 E3420。将乙烯制冷系统模型计算出的 1 号乙烯冷剂冷却器、2 号乙烯冷剂冷却器、3 号乙烯冷剂冷却器、乙烯冷剂冷凝器和乙烯产品逆流过冷器的热流值各分别输入给丙烯制冷系统模型的 E444X、E445X、E446X、E447X 和 E448X。

10.2.4 模拟结果分析

由于 EP1 装置的乙烯制冷系统工艺流程与 EP2 和 EP3 装置截然不同，就不将EP1装置乙烯制冷系统每段的模拟计算结果与EP2和EP3装置比较，仅将它们综合比较。EP2和EP3装置都采用开式热泵系统，但其工艺流程差异较大，就专门比较这两者的不同模拟计算结果。

（1）乙烯制冷压缩机一段K4411

乙烯制冷压缩机一段系统带−101℃级位的工艺用户，其主要参数的模拟计算结果见表10-12。EP1装置的一段工艺用户所获总冷量等于脱甲烷塔进料高压冷凝器E310X和脱甲烷塔回流冷凝器E330X的换热量之和，EP2装置的一段工艺用户所获总冷量等于2号冷箱E302X和脱甲烷塔冷凝器E3420的换热量之和，EP3装置的一段工艺用户所获总冷量等于尾气精馏冷凝器E313X和E3420的换热量之和。在表10-12中，EP1装置采用低压脱甲烷分离工艺，在两种工况下其一段工艺用户所获总冷量和一段功率都相应比其它两套乙烯装置高许多。

表10-12　乙烯制冷压缩机一段系统主要参数模拟计算结果

项目	EP1	EP2	EP3	EP1	EP2	EP3
	工况一			工况二		
一段入口温度/℃	−101.4	−61.11	−101.20	−101.4	−59.07	−101.14
一段入口压力/MPa	0.118	0.106	0.104	0.118	0.106	0.104
一段入口绝热指数	1.356	1.319	1.3527	1.356	1.317	1.3516
一段入口压缩因子	0.966	0.983	0.9700	0.966	0.983	0.9706
一段出口温度/℃	−13.97	20.54	−37.14	−13.97	22.92	−35.37
一段出口压力/MPa	0.420	0.310	0.285	0.420	0.310	0.285
一段出口压缩因子	0.959	0.979	0.9642	0.959	0.979	0.9649
一段平均多变体积指数	1.466	1.429	1.4620	1.466	1.426	1.4606
一段吸气量/m³·h⁻¹	27895	30378.3	10726.8	28403	33419.5	12312.5
一段吸气量/t·h⁻¹	66.911	52.150	22.747	68.127	56.800	25.880
一段压缩比	3.559	2.9245	2.740	3.559	2.9145	2.740
一段所需的功率/kW	2082.1	1655.5	504.7	2119.9	1819.9	579.1
E310X换热量/MW	1.2481	—	—	1.4242	—	—
E330X换热量/MW	6.4164	—	—	6.3798	—	—
E302X乙烯冷剂供冷量/MW	—	1.3486	—	—	1.6697	—
E313X乙烯冷剂供冷量/MW	—	—	0.2513	—	—	0.5991
E3420换热量/MW	—	4.4014	2.4837	—	4.5706	2.5352
一段工艺用户所获总冷量/MW	7.6645	5.7500	2.7350	7.8040	6.2403	3.1343

在表10-12中，EP2和EP3装置在同一工况下，乙烯制冷压缩机一段进出口的热力学参数有差异，一些性能参数也有差异。在工况一下，EP2装置的一段吸气体积、一段吸气质量、一段所需功率和一段工艺用户所获总冷量分别比EP3装置多1.83倍、1.29倍、2.28倍和1.10倍。在工况二下，随着裂解原料变轻，EP2装置的这种增加趋势变得稍弱。

随着裂解原料变轻，同一乙烯装置工况二的绝热指数、压缩因子、平均多变体积指数等热力学参数变化不大，一些性能参数变化一致。EP1装置在工况二下一段吸气体积、一段吸气质量、一段所需功率和一段工艺用户所获总冷量都比工况一上升约1.82%；EP2装置在工况二下一段吸气体积、一段吸气质量、一段所需功率和一段工艺用户所获总冷量分别比工况一增加10.01%、8.92%、9.93%和8.53%；EP3装置在工况二下一段吸气体积、一段吸气质量、一段所需功率和一段工艺用户所获总冷量分别比工况一增加14.78%、13.77%、14.74%和14.60%。仅从这点看，随着裂解原料变轻，三套乙烯装置的工况适应性随EP1、EP2和EP3装置顺序依次变差。

（2）乙烯制冷压缩机二段K4412

乙烯制冷压缩机二段系统带–83~–75℃级位的工艺用户，其主要参数的模拟计算结果见表10-13。EP1装置的二段工艺用户所获总冷量等于4号冷箱E304X的换热量，EP2装置的二段工艺用户所获总冷量等于3号冷箱E303X的换热量，EP3装置的二段工艺用户所获总冷量等于E303X和脱甲烷塔进料接触塔塔顶冷凝器E318X的换热量之和。

在表10-13中，EP2和EP3装置在同一工况下，乙烯制冷压缩机二段进出口的热力学参数差异稍大，一些性能参数也有较大差异。在工况一下，EP2装置的二段吸气体积、二段吸气质量、二段所需功率和二段工艺用户所获总冷量各分别比EP3装置多81.59%、30.89%、101.95%和3.31%。在工况二下，随着裂解原料变轻，EP2装置的这种增加趋势变得更强，尤其是其二段工艺用户所获总冷量比EP3装置增加14.56%。

表10-13　乙烯制冷压缩机二段系统主要参数模拟计算结果

项目	EP1	EP2	EP3	EP1	EP2	EP3
	工况一			工况二		
二段入口温度/℃	−36.42	20.21	−71.17	−36.37	19.93	−69.54
二段入口压力/MPa	0.420	0.300	0.277	0.420	0.300	0.277
二段入口绝热指数	1.340	1.263	1.3638	1.339	1.262	1.3615
二段入口压缩因子	0.947	0.980	0.9469	0.947	0.980	0.9480
二段出口温度/℃	−1.83	100.12	−3.31	−1.78	99.83	−1.41
二段出口压力/MPa	0.670	0.800	0.730	0.670	0.800	0.730
二段出口压缩因子	0.942	0.974	0.9354	0.942	0.975	0.9368
二段平均多变体积指数	1.389	1.316	1.4014	1.389	1.315	1.3998
二段吸气量/m³·h⁻¹	16957	30220.6	16641.8	17247	33372.3	17702.1
二段吸气量/t·h⁻¹	107.183	106.452	81.330	108.994	117.077	85.718
二段压缩比	1.595	2.2667	2.635	1.595	2.2667	2.635
二段所需的功率/kW	1361.9	3859.3	1911.0	1385.2	4240.5	2031.9
E304X乙烯冷剂供冷量/MW	4.3479	—	—	4.4244	—	—
E303X乙烯冷剂供冷量/MW	—	6.2140	3.3381	—	7.0049	3.6930

项目	EP1	EP2	EP3	EP1	EP2	EP3
	工况一			工况二		
E318X乙烯冷剂供冷量/MW	—	—	2.6768	—	—	2.4216
二段工艺用户所获总冷量/MW	4.3479	6.2140	6.0149	4.4244	7.0049	6.1146

随着裂解原料变轻，同一乙烯装置工况二的绝热指数、压缩因子、平均多变体积指数等热力学参数变化不大，一些性能参数变化一致。EP1装置在工况二下二段吸气体积、二段吸气质量、二段所需功率和二段工艺用户所获总冷量各分别比工况一上升1.71%、1.69%、1.71%和1.76%；EP2装置在工况二下二段吸气体积、二段吸气质量、二段所需功率和二段工艺用户所获总冷量各分别比工况一增加10.43%、9.98%、9.88%和12.73%；EP3装置在工况二下二段吸气体积、二段吸气质量、二段所需功率和二段工艺用户所获总冷量各分别比工况一增加6.37%、5.40%、6.33%和1.66%。仅从这点看，随着裂解原料变轻，三套乙烯装置的工况适应性随EP1、EP3和EP2装置顺序依次变差。

（3）乙烯制冷压缩机三段K4413

乙烯制冷压缩机三段系统带−63~−57℃级位的工艺用户，其主要参数的模拟计算结果见表10-14。EP1装置的三段工艺用户所获总冷量等于脱甲烷塔进料冷凝器E309X和乙烯精馏塔尾气冷凝器E4413的换热量之和，EP2装置的三段工艺用户所获总冷量等于E304X和脱乙烷塔塔顶逆流换热器E402X的换热量之和，EP3装置的三段工艺用户所获总冷量等于E318X和E304X的换热量之和。

表10-14　乙烯制冷压缩机三段系统主要参数模拟计算结果

项目	EP1	EP2	EP3	EP1	EP2	EP3
	工况一			工况二		
三段入口温度/℃	−19.11	31.97	−47.49	−20.41	33.16	−47.09
三段入口压力/MPa	0.670	0.79	0.717	0.670	0.79	0.717
三段入口绝热指数	1.347	1.284	1.4188	1.349	1.282	1.4177
三段入口压缩因子	0.930	0.952	0.8930	0.928	0.952	0.8935
三段出口温度/℃	93.94	101.44	−8.47	92.50	102.69	−8.04
三段出口压力/MPa	2.750	2.000	1.280	2.750	2.000	1.280
三段出口压缩因子	0.908	0.937	0.8760	0.906	0.938	0.8767
三段平均多变体积指数	1.322	1.257	1.3196	1.323	1.256	1.3194
三段吸气量/m³·h⁻¹	15752.2	82782.4	51722.9	16426.5	82801.6	53355.3
三段吸气量/t·h⁻¹	150.800	760.026	620.991	158.240	756.010	638.991
三段压缩比	4.104	2.5317	1.785	4.104	2.5317	1.785
三段所需的功率/kW	6752.4	22491.9	7729.7	7044.6	22469.6	7972.9
E309X乙烯冷剂供冷量/MW	2.2080	—	—	2.6739	—	—
E304X乙烯冷剂供冷量/MW	—	6.1702	5.1626	—	6.2126	5.4247

项目	EP1	EP2	EP3	EP1	EP2	EP3
	工况一			工况二		
E318X 乙烯冷剂供冷量/MW	—	—	2.6768	—	—	2.4216
E402X 乙烯冷剂供冷量/MW	—	4.4879	—	—	2.8771	—
E4413 换热量/MW	1.5119	—	—	1.6282	—	—
三段工艺用户所获总冷量/MW	3.7199	10.6581	7.8394	4.3021	9.0897	7.8463

在表 10-14 中，EP2 和 EP3 装置在同一工况下，乙烯制冷压缩机三段进出口的热力学参数差异稍大，一些性能参数也有较大差异。在工况一下，EP2 装置的三段吸气体积、三段吸气质量、三段所需功率和三段工艺用户所获总冷量各分别比 EP3 装置多 60.05%、22.39%、190.98% 和 35.96%。在工况二下，随着裂解原料变轻，EP2 装置的这种增加趋势变得稍弱，尤其是其三段工艺用户所获总冷量比 EP3 装置稍增 15.85%。

随着裂解原料变轻，同一乙烯装置工况二的绝热指数、压缩因子、平均多变体积指数等热力学参数变化不大，一些性能参数变化一致。EP1 装置在工况二下三段吸气体积、三段吸气质量、三段所需功率和三段工艺用户所获总冷量各分别比工况一上升 4.28%、4.93%、4.33% 和 15.65%；EP2 装置在工况二下三段吸气体积、三段吸气质量和三段所需功率都变化不大，但三段工艺用户所获总冷量比工况一下降 14.72%；EP3 装置在工况二下三段吸气体积、三段吸气质量、三段所需功率和三段工艺用户所获总冷量各分别比工况一增加 3.16%、2.90%、3.15% 和 0.09%。仅从这点看，随着裂解原料变轻，三套乙烯装置的工况适应性随 EP2、EP3 和 EP1 装置顺序依次变差。

（4）乙烯制冷压缩机四段 K4414

EP2 装置的乙烯制冷压缩机四段 K4414 用于输出气相乙烯产品，而 EP3 装置的 K4414 主要是热泵压缩机功能，其主要参数的模拟计算结果见表 10-15。

在表 10-15 中，EP2 和 EP3 装置在同一工况下，乙烯制冷压缩机四段进出口的热力学参数差异稍大，一些性能参数也有较大差异。在工况一下，EP3 装置的四段吸气体积、四段吸气质量和四段所需功率分别比 EP2 装置多 2.95 倍、1.99 倍和 24.98%。在工况二下，随着裂解原料变轻，EP3 装置的这种增加趋势变得稍强。

表 10-15　乙烯制冷压缩机四段系统主要参数模拟计算结果

项目	EP2	EP3	EP2	EP3
	工况一		工况二	
四段入口温度/℃	35.00	−8.47	35.00	−8.04
四段入口压力/MPa	1.975	1.280	1.975	1.280
四段入口绝热指数	1.379	1.4125	1.379	1.4111

项目	EP2	EP3	EP2	EP3
	工况一		工况二	
四段入口压缩因子	0.879	0.8760	0.879	0.8767
四段出口温度/℃	94.06	19.81	94.06	20.25
四段出口压力/MPa	4.000	1.890	4.000	1.890
四段出口压缩因子	0.867	0.8637	0.867	0.8644
四段平均多变体积指数	1.296	1.2887	1.296	1.2885
四段吸气量/m³·h⁻¹	6098.7	24090.3	6098.7	24848.9
四段吸气量/t·h⁻¹	150.000	448.728	150.000	461.735
四段压缩比	2.0253	1.477	2.0253	1.477
四段所需的功率/kW	3363.5	4203.7	3363.5	4335.9

在表 10-15 中，EP2 装置的 K4414 在两种工况下是相同的，但 EP3 装置不同。随着裂解原料变轻，EP3 装置工况二的绝热指数、压缩因子、平均多变体积指数等热力学参数变化不大，一些性能参数变化一致。EP3 装置在工况二下四段吸气体积、四段吸气质量和四段所需功率分别比工况一上升 3.15%、2.90% 和 3.14%。

（5）乙烯制冷压缩机五段 K4415

EP3 装置的乙烯制冷压缩机五段 K4415 用于输出气相乙烯产品，其主要参数的模拟计算结果见表 10-16。在表 10-16 中，EP3 装置在不同工况下，其 K4415 的入口温度稍有不同，引起 K4415 进出口的热力学参数稍有变化，一些性能参数也有微小差异。在工况二下，随着裂解原料变轻，EP3 装置的五段所需功率比工况一稍多 0.23%。

表 10-16　EP3 装置乙烯制冷压缩机五段系统主要参数模拟计算结果

项目	工况一	工况二
五段入口温度/℃	19.81	20.25
五段入口压力/MPa	1.890	1.890
五段入口绝热指数	1.4145	1.4130
五段入口压缩因子	0.8637	0.8644
五段出口温度/℃	82.64	83.10
五段出口压力/MPa	4.00	4.00
五段出口压缩因子	0.8501	0.8508
五段平均多变体积指数	1.3124	1.3121
五段吸气量/m³·h⁻¹	5951.3	5965.6
五段吸气量/t·h⁻¹	150.000	150.000
五段压缩比	2.116	2.116
五段所需的功率/kW	3420.4	3428.3

（6）其它结果分析

表10-17列出乙烯制冷压缩机的总功率和乙烯冷剂所需要的总冷量等。EP1装置乙烯冷剂所需要的总冷量等于乙烯制冷压缩机三段出口冷却器E4815、乙烯冷剂冷却器E4520、乙烯冷剂冷凝器E4421、乙烯冷剂开工冷凝器E4521和5号冷箱E305X的换热量之和；EP2装置乙烯冷剂所需要的总冷量等于E4815、乙烯制冷压缩机四段出口冷却器E4816、乙烯冷凝器E4514、乙烯产品丙烯冷却器E4517、乙烯产品丙烯冷凝器E4518、乙烯产品丙烯过冷器E4519、乙烯精馏塔塔底逆流换热器E440X、乙烯精馏塔塔顶逆流换热器E442X和乙烯过冷器E443X的换热量之和；EP3装置乙烯冷剂所需要的总冷量等于乙烯制冷压缩机五段出口冷却器E4817、E440X、乙烯精馏塔侧线逆流换热器E441X、E442X、1号乙烯冷剂冷却器E444X、2号乙烯冷剂冷却器E445X、3号乙烯冷剂冷却器E446X、乙烯冷剂冷凝器E447X、乙烯产品逆流过冷器E448X和脱甲烷塔塔底蒸发器E314X的换热量之和。

表10-17　乙烯制冷压缩系统其它主要参数模拟计算结果

项目	EP1	EP2	EP3	EP1	EP2	EP3
	工况一			工况二		
乙烯制冷压缩机总功率/kW	10196.4	31893.5	17769.5	10549.7	31298.2	18348.1
E4815换热量/MW	4.5337	25.6286	—	4.6340	25.9932	—
E4816换热量/MW	—	5.0777	—	—	5.0777	—
E4817换热量/MW	—	—	4.0991	—	—	4.1331
乙烯冷剂所需要的总冷量/MW	24.0528	120.4878	72.4971	25.1160	120.4363	74.6502

在表10-17中，三套乙烯装置在同一工况下，乙烯制冷压缩机的总功率按EP2、EP3和EP1装置顺序依次降低，乙烯冷剂所需要的总冷量也遵循此变化。在工况一下，EP2装置的乙烯制冷压缩机总功率比EP1装置高2.13倍，除E4815和E4816外乙烯冷剂所需要的工艺总冷量比EP1装置相应多3.60倍；EP3装置的乙烯制冷压缩机总功率比EP1装置高74.27%，除E4815和E4817外乙烯冷剂所需要的工艺总冷量比EP1装置相应多2.50倍。在工况二下，随着裂解原料变轻，EP3装置的乙烯制冷压缩机总功率增加趋势变得稍弱，而EP2装置的乙烯制冷压缩机总功率增加趋势变得更弱。仅从这点看，似乎EP2装置更适合工况二。

随着裂解原料变轻，工况二与工况一相比，EP2装置工况二的乙烯制冷压缩机总功率和乙烯冷剂所需要的总冷量变化与EP1和EP3装置的相应变化不同。在工况二下，EP1装置的乙烯制冷压缩机总功率和除E4815外乙烯冷剂所需要的工艺总冷量各分别比工况一高3.46%和4.93%；EP3装置的乙烯制冷压缩机总功率和除E4817外乙烯冷剂所需要的工艺总冷量各分别比工况一高3.26%和3.10%；而EP2装置的乙烯制冷压缩机总功率比工况一稍少1.87%，除E4815和E4816外乙烯冷剂所需要的工艺总冷量比工况一相应稍低0.46%。从这点看，

EP2装置更适合工况二，同时更进一步表明EP1和EP3装置更适合工况一。

总的来说，乙烯制冷系统与丙烯制冷系统一样，EP1和EP3装置的工况一较优，而EP2装置的工况二较优。

（7）气相乙烯产品输出量的变化

当气相乙烯产品输出量发生变化时，对三套乙烯装置乙烯制冷系统的影响不一，基本上只影响EP3装置的乙烯制冷系统，而EP2和EP3装置的乙烯制冷系统可不受影响。EP3装置的乙烯制冷系统变化情况见表10-18。乙烯-丙烯复叠换热器总换热量等于E444X、E445X、E446X、E447X和E448X的换热量之和。

表10-18　EP3装置的乙烯制冷系统变化情况

项目	工况一		工况二	
输出的气相乙烯百分比/%	60	100	60	100
K4411一段功率/kW	504.7	519.4	579.1	636.2
K4412二段功率/kW	1911.0	1924.3	2031.9	2106.9
K4413三段功率/kW	7729.7	7973.2	7932.9	8041.8
K4414四段功率/kW	4203.7	4224.2	4335.9	4372.1
K4415五段功率/kW	3420.4	3431.3	3428.3	3469.4
乙烯制冷压缩机总功率/kW	17769.5	18072.4	18348.1	18626.4
K4414四段吸气量/t·h⁻¹	448.728	449.425	461.735	459.859
E4817换热量/MW	4.0991	4.1555	4.1331	4.3533
乙烯-丙烯复叠换热器总换热量/MW	18.8247	11.5573	19.7712	12.2903

在表10-18中，当EP3装置气相乙烯产品输出量从60%升到100%时，在两种工况下各项参数的变化趋势稍有差异，大部分变化量差异较小。在工况一下，乙烯-丙烯复叠换热器总换热量减少38.61%，乙烯制冷压缩机一段功率、二段功率、三段功率、四段功率、五段功率、总功率、四段吸气质量和E4817换热量都上升未超过3.00%。在工况二下，乙烯-丙烯复叠换热器总换热量减少37.84%，乙烯制冷压缩机一段功率增加9.86%，其四段吸气质量变化很小，其二段功率、三段功率、四段功率、五段功率、总功率和E4817换热量都上升未超过6.00%。除乙烯-丙烯复叠换热器外，虽然工况二的变化大于工况一，但都在10%以内。

10.3　甲烷制冷系统的模拟

EP1装置与EP2和EP3装置的甲烷制冷系统因脱甲烷工艺不同而有较大差异。EP1装置采用低压脱甲烷工艺，脱甲烷塔逆流冷凝器E329X所需要的冷量由开式甲烷循环制冷系统供给，而1/2号冷箱E301X/E302X所需要的低于−101℃级位的冷量由甲烷节流膨胀供给。EP2和EP3装置采用高压脱甲烷工艺，脱甲烷塔塔顶气体的冷凝都不需要低温甲烷冷剂。EP2装置的E301X/E302X所需要的低于–101℃级位的冷量全部由甲烷节流膨胀供给。EP3装置的E301X/E302X所需要的低于–101℃级位的冷量由甲烷节流膨胀供给，而尾气精馏冷凝器E313X所需要的低于–101℃级位的冷量由甲烷节流膨胀阀和膨胀机同时供给。

10.3.1 工艺描述

10.3.1.1 EP1装置的开式甲烷循环及节流膨胀流程

EP1装置的甲烷制冷系统工艺流程包含在深冷分离系统工艺流程中，其工艺流程简图见图7-1，该系统提供–101℃以下温度级位的甲烷冷剂。

脱甲烷塔C301塔顶和脱甲烷塔回流罐V309罐顶甲烷气体各分别被分成两股气体：C301塔顶一股气体先与来自V309罐顶的一股气体混合，再与来自V309罐底约5.0%甲烷液体节流膨胀两相汽化物混合，这股混合的高压甲烷物流给2号冷箱E302X提供部分低于–136℃级位的冷剂；C301塔顶另一股气体先与来自V309罐顶的另一股气体混合，再与来自V309罐底约25.0%甲烷液体节流膨胀两相汽化物混合，这股混合甲烷物流给脱甲烷塔逆流冷凝器E329X提供–136℃以下的冷剂，它被E329X加热至10.0℃，进入甲烷制冷压缩机一段K3021和二段K3022，被压缩至3.95MPa。自K3022出来的甲烷气体先被甲烷制冷压缩机后冷器E3824冷却至37℃，然后进入E329X被冷甲烷物流冷凝，接着流入脱甲烷塔回流冷凝器E330X继续被–101℃液相乙烯冷剂冷凝至–98℃，再次返回E329X被冷凝至–136℃，甲烷液体经节流膨胀进入V309罐。V309罐底大部分液相甲烷作为C301塔的回流，可降低C301塔顶甲烷气体中的乙烯含量；其余液体甲烷各分别节流膨胀后与V309罐顶的两股气体混合，从而分别调整E329X和E302X所需要的冷量。

氢气分离罐V307罐底液体甲烷节流膨胀成为中压甲烷两相物流；V307罐顶少量氢气通过节流膨胀进入中压甲烷物流中，可进一步降低中压甲烷物流进入1号冷箱E301X的温度。来自V307罐的氢气物流和中压甲烷物流作为E301X的两股低于–164℃级位的冷剂，这两股冷剂将来自低温3号分离罐V306罐顶的气体部分冷凝至–164℃，既在V307罐实现氢气甲烷分离，又确保氢气物流的氢气体积分数大于95.0%。来自E301X的氢气物流和中压甲烷物流，以及来自V306罐底部分液体节流膨胀的两相物流与来自C301塔顶和V309罐的部分甲烷物流，共同作为E302X的四股低于–136℃级位的冷剂，这四股冷剂将来自低温2号分离罐V305罐顶的气体部分冷凝至–136℃，降低V306罐顶甲烷氢气物流中乙烯含量。

10.3.1.2　EP2装置的甲烷节流膨胀流程

EP2装置的甲烷制冷系统工艺流程包含在深冷分离系统工艺流程中，其工艺流程简图见图7-2，该系统提供-101℃以下温度级位的甲烷冷剂。

氢气分离罐V307罐底液体甲烷分为两部分，一部分液体节流膨胀成为高压甲烷两相物流，另一部分液体节流膨胀成为低压甲烷两相物流；V307罐顶少量氢气通过节流膨胀进入低压甲烷物流中，可进一步降低低压甲烷物流进入1号冷箱E301X的温度。来自V307罐的氢气物流、高压和低压甲烷物流作为E301X的三股低于-164℃级位的冷剂，这三股冷剂既将来自碳二吸收塔C302塔顶的气体部分冷凝至-164℃，从而在V307罐实现氢气甲烷分离，确保氢气物流的氢气体积分数大于95.0%，又将脱甲烷塔塔顶甲烷泵P302送来的液体甲烷过冷至-164℃，作为C302塔的回流，降低C302塔顶甲烷氢气物流中乙烯含量。

C301塔顶未凝的甲烷气体全部节流膨胀与E302X入口的高压甲烷物流混合。来自E301X的氢气物流、高压和低压甲烷物流，以及来自C302塔底液体节流膨胀的两相物流，共同作为E302X的四股低于-111℃级位的冷剂，这四股冷剂与-101℃液体乙烯冷剂将来自低温2号分离罐V305罐顶的气体部分冷凝至-111℃。

来自5号冷箱E305X的12℃低压甲烷气体依次进入甲烷增压机一段K3011和二段K3012，被压缩至0.52MPa，作为燃料气。

10.3.1.3　EP3装置的甲烷节流膨胀及通过膨胀机膨胀流程

EP3装置的甲烷制冷系统工艺流程包含在深冷分离系统工艺流程中，其工艺流程简图见图7-3，该系统提供-101℃以下温度级位的甲烷冷剂。

氢气分离罐V307罐底液体甲烷节流膨胀成为低压甲烷两相物流；V307罐顶少量氢气通过节流膨胀进入低压甲烷物流中，可进一步降低低压甲烷物流进入1号冷箱E301X的温度。来自V307罐的氢气物流和低压甲烷物流作为E301X的两股低于-164℃级位的冷剂，这两股冷剂将来自低温3号分离罐V306罐顶的气体部分冷凝至-164℃，既在V307罐实现氢气甲烷分离，又确保氢气物流的氢气体积分数大于95.0%。来自E301X的氢气物流和低压甲烷物流，以及来自V306罐底液体节流膨胀的高压甲烷物流，共同作为E302X的三股低于-140℃级位的冷剂，这三股冷剂将来自尾气精馏塔回流罐V302罐顶的大部分气体部分冷凝至-140℃，降低V306罐顶甲烷氢气物流中甲烷含量。

来自脱甲烷塔C301塔顶及尾气精馏塔回流罐V302罐顶的混合气体经过甲烷膨胀机K320膨胀后，其温度被降至-141.0℃以下，作为尾气精馏冷凝器E313X的一股低压甲烷冷剂。

来自 E302X 的氢气物流、高压和低压甲烷物流，以及来自 K320 出口的两相物流和来自 C301 塔顶少量液体甲烷节流膨胀的两相物流，共同作为 E313X 的五股低于−120℃级位的冷剂，这五股冷剂与−101℃液体乙烯冷剂将来自低温 2 号分离罐 V305 罐顶的部分气体以及尾气精馏塔 C303 塔顶气体各分别部分冷凝，降低 HRS 系统 V302 罐顶甲烷氢气物流中乙烯含量。

来自 K320 的低压甲烷气体被甲烷再压缩机 K321 压缩到 0.60MPa 左右，作为燃料气。来自 V307 罐底和 C301 塔顶的低压甲烷气体返回裂解气压缩机二段吸入罐 V202。

10.3.2　工艺流程特点

三套乙烯装置的甲烷制冷系统都利用了液相甲烷节流膨胀获取低温冷量[9, 10]，只是它们节流膨胀后的压力稍有差异（见表 10-19）。EP1 装置不需要低压甲烷提供低温冷量，它利用甲烷制冷压缩机与脱甲烷塔塔顶之间构成的开式甲烷循环系统给脱甲烷塔 C301 提供回流，并平衡深冷分离系统的冷量平衡[5, 11]。EP2 装置的低压甲烷压力最低，从低压甲烷物流获取的低温冷量较大，它需要设置两段离心式甲烷增压机来压缩回收冷量后的低压甲烷气体，使其并入燃料气系统。EP3 装置氢气分离罐 V307 罐底的低压甲烷流量较低，从该物流中获取的低温冷量较少，还通过膨胀机 K320 将 C301 塔顶甲烷气体及尾气精馏塔回流罐 V302 罐顶少量气体膨胀至 0.49MPa，继续从这股低压甲烷物流中获取低温冷量[12]，前者因流量少，可返回裂解气压缩机，后者通过再压缩机 K321 被升压送入燃料气系统。

表 10-19　甲烷制冷系统液相甲烷节流膨胀后的压力　　单位：MPa

项目	EP1 装置	EP2 装置	EP3 装置
低压甲烷物流	—	0.200	0.365
中压甲烷物流	0.477	—	—
高压甲烷物流	0.625	0.630	0.705

10.3.3　模拟说明

一套乙烯装置的甲烷制冷系统只有一个模型，本书共建立三个模型来模拟计算研究甲烷制冷系统，这三个模型包含在相应乙烯装置的深冷分离系统模型中，也包含在相应乙烯装置的全流程分离系统模型中。甲烷制冷系统模拟属于深冷分离系统模拟的一部分，可参阅 7.1.3 节内容。

EP3 装置甲烷再压缩机 K321 的功率取膨胀机 K320 功率的 95%。

10.3.4　模拟结果分析

（1）EP1装置甲烷制冷压缩机

EP1装置甲烷制冷压缩机系统主要参数模拟计算结果见表10-20。在表10-20中，在两种工况下，甲烷制冷压缩机一段K3021和二段K3022进出口的热力学参数相近，其性能参数差异不大。在工况二下，随着裂解原料变轻，K3021和K3022的性能参数比工况一稍有减少，吸气量、功率、甲烷制冷压缩机中间冷却器E3823换热量和甲烷制冷压缩机后冷器E3824换热量等的减少幅度都低于1.0%；脱甲烷塔逆流冷凝器E329X和脱甲烷塔回流冷凝器E330X的换热量各分别比工况一下降0.44%和0.57%。

表10-20　EP1装置甲烷制冷压缩机系统主要参数模拟计算结果

项目	工况一	工况二
K3021入口温度/℃	10.00	10.00
K3021入口压力/MPa	0.60	0.60
K3021入口绝热指数	1.3355	1.3355
K3021入口压缩因子	0.9863	0.9864
K3021出口温度/℃	127.31	127.35
K3021出口压力/MPa	2.00	2.00
K3021出口压缩因子	0.9906	0.9906
K3021平均多变体积指数	1.4114	1.4116
K3021吸气量/$m^3 \cdot h^{-1}$	16779.5	16717.7
K3021吸气量/$kg \cdot h^{-1}$	66247.6	65887.5
摩尔质量/$kg \cdot kmol^{-1}$	15.278	15.253
K3021压缩比	3.333	3.333
K3021所需的功率/kW	5252.22	5232.97
E3823换热量/MW	4.2454	4.2297
K3022入口温度/℃	37.00	37.00
K3022入口压力/MPa	1.97	1.97
K3022入口绝热指数	1.3592	1.3592
K3022入口压缩因子	0.9688	0.9689
K3022出口温度/℃	109.32	109.34
K3022出口压力/MPa	3.95	3.95
K3022出口压缩因子	0.9778	0.9779
K3022平均多变体积指数	1.4592	1.4594
K3022吸气量/$m^3 \cdot h^{-1}$	5498.15	5478.22
K3022压缩比	2.005	2.005
K3022所需的功率/kW	3184.15	3172.61
E3824换热量/MW	3.4912	3.4775

项目	工况一	工况二
E329X 换热量/MW	8.1340	8.0984
E329X 热物料数/股	2	2
E329X 冷物料数/股	1	1
E330X 换热量/MW	6.4164	6.3798
−101℃乙烯供冷量/MW	6.4164	6.3798
E330X 热物料数/股	1	1
E330X 冷物料数/股	1	1

（2）EP2装置甲烷增压机

EP2装置甲烷增压机系统主要参数模拟计算结果见表10-21。在表10-21中，在两种工况下，甲烷增压机一段K3011和二段K3012进出口的热力学参数相近，但其性能参数变化较大。在工况二下，随着裂解原料变轻，K3011和K3012的性能参数比工况一变大，吸气量、功率、甲烷增压机中间冷却器E3821换热量和甲烷增压机后冷器E3822换热量等的增加幅度约14.38%。

表10-21　EP2装置甲烷增压机系统主要参数模拟计算结果

项目	工况一	工况二
K3011 入口温度/℃	12.00	12.00
K3011 入口压力/MPa	0.120	0.120
K3011 入口绝热指数	1.3233	1.3233
K3011 入口压缩因子	0.9977	0.9977
K3011 出口温度/℃	101.16	101.16
K3011 出口压力/MPa	0.300	0.300
K3011 出口压缩因子	0.9982	0.9982
K3011 平均多变体积指数	1.4234	1.4234
K3011 吸气量/$m^3 \cdot h^{-1}$	15746.6	18011.8
K3011 吸气量/$t \cdot h^{-1}$	11.390	13.018
摩尔质量/$kg \cdot kmol^{-1}$	14.26	14.25
K3011 压缩比	2.50	2.50
K3011 所需的功率/kW	724.2	828.4
E3821 换热量/MW	0.4978	0.5694
K3012 入口温度/℃	40.00	40.00
K3012 入口压力/MPa	0.280	0.280
K3012 入口绝热指数	1.3153	1.3153
K3012 入口压缩因子	0.9962	0.9962
K3012 出口温度/℃	102.99	102.99
K3012 出口压力/MPa	0.520	0.520
K3012 出口压缩因子	0.9970	0.9970
K3012 平均多变体积指数	1.4231	1.4231

项目	工况一	工况二
K3012吸气量/m³·h⁻¹	7400.2	8464.7
K3012压缩比	1.857	1.857
K3012所需的功率/kW	518.7	593.3
E3822换热量/MW	0.5151	0.5892

（3）EP3装置甲烷膨胀机/再压缩机

EP3装置甲烷膨胀机/再压缩机系统主要参数模拟计算结果见表10-22。在表10-22中，在两种工况下，甲烷膨胀机K320和再压缩机K321进出口的热力学参数相近，其性能参数稍微增加。在工况二下，随着裂解原料变轻，K320的吸气体积、吸气质量和膨胀功率各分别比工况一增加6.10%、5.53%和6.22%；K321的吸气体积、吸气质量和功率各分别比工况一增加6.16%、5.53%和6.22%。

表10-22　EP3装置甲烷膨胀机/再压缩机系统主要参数模拟计算结果

项目	工况一	工况二
K320入口温度/℃	-98.49	-98.96
K320入口压力/MPa	3.045	3.045
K320入口绝热指数	2.0736	2.0669
K320入口压缩因子	0.7029	0.7043
K320出口温度/℃	-141.48	-141.69
K320出口压力/MPa	0.49	0.49
K320出口压缩因子	0.7925	0.7926
K320平均多变体积指数	1.0977	1.0982
K320吸气量/m³·h⁻¹	1000.8	1061.8
K320吸气量/kg·h⁻¹	42.349	44.691
摩尔质量/kg·kmol⁻¹	14.184	14.101
K320压缩比	0.1609	0.1609
K320膨胀功率/kW	1153.0	1224.7
K321入口温度/℃	-3.88	-3.88
K321入口压力/MPa	0.389	0.389
K321入口绝热指数	1.3393	1.3396
K321入口压缩因子	0.9910	0.9911
K321出口温度/℃	34.25	34.30
K321出口压力/MPa	0.612	0.612
K321出口压缩因子	0.9912	0.9914
K321平均多变体积指数	1.4144	1.4150
K321吸气量/m³·h⁻¹	17028.3	18078.0
K321吸气量/kg·h⁻¹	42.349	44.691
摩尔质量/kg·kmol⁻¹	14.184	14.101

项目	工况一	工况二
K321压缩比	1.573	1.573
K321所获功率/kW	1095.4	1163.5

（4）综合比较

EP1装置甲烷-乙烯复叠换热量等于4号冷箱E304X、脱甲烷塔进料冷凝器E309X、脱甲烷塔进料高压冷凝器E310X和脱甲烷塔回流冷凝器E330X的换热量之和。EP2装置甲烷-乙烯复叠换热量等于2号冷箱E302X、3号冷箱E303X、E304X和脱甲烷塔冷凝器E3420的换热量之和。EP3装置甲烷-乙烯复叠换热量等于E303X、E304X、尾气精馏冷凝器E313X和E3420的换热量之和。三套乙烯装置的甲烷-乙烯复叠换热量见表10-23，在两种工况下其换热量EP2装置最大，随EP2、EP1和EP3装置顺序依次降低。同时在表10-23中，随着裂解原料变轻，在工况二下，EP1、EP2和EP3装置甲烷-乙烯复叠换热量分别比工况一上升4.80%、7.30%和9.05%。

表10-23　甲烷-乙烯复叠换热量

项目	工况一	工况二
EP1装置/MW	14.2203	14.9022
EP2装置/MW	18.1342	19.4578
EP3装置/MW	11.2357	12.2520

就甲烷制冷系统来说，三套乙烯装置的工况适应性几乎一致，随着裂解原料变轻，都需要更多的乙烯冷剂冷量，只是其数量随乙烯装置分离工艺不同而不同。乙烯生产者应结合深冷分离系统、乙烯制冷系统和甲烷制冷系统的特点，做好分离冷区的流程方案优化[11, 13]。

10.4　综合分析

EP1装置乙烯-丙烯复叠换热量等于乙烯冷剂冷却器E4520和乙烯冷剂开工冷凝器E4521的换热量之和。EP2装置乙烯-丙烯复叠换热量等于乙烯冷凝器E4514、乙烯产品丙烯冷却器E4517、乙烯产品丙烯冷凝器E4518和乙烯产品丙烯过冷器E4519的换热量之和。三套乙烯装置制冷系统的压缩机功率、冷凝换热量、蒸发换热量和乙烯-丙烯复叠换热量等关键模拟计算结果见表10-24。在表10-24中，三套乙烯装置在两种工况下，其压缩机总功率EP2装置最大，随EP2、EP1和EP3装置顺序依次降低；其乙烯制冷系统冷凝换热量、蒸发换热量和乙烯-丙烯复叠换热量都是EP2装置最大，随EP2、EP3和EP1装置顺序依次降低。同时在表10-24中，随着裂解原料变轻，在工况二下，EP1和EP3装置压缩机总功率各分别比工况一增加0.81%和1.65%，而EP2装置压缩机总功率比工况一减少2.83%；其乙烯制冷系统冷凝换热量、蒸发换热量和乙烯-丙烯复叠换热量都是按这种趋势变化。表明EP2装置更适合工况二，而EP1和EP3装置更适合工况一。

表10-24　制冷系统关键模拟计算结果

项目	EP1	EP2	EP3	EP1	EP2	EP3
	工况一			工况二		
丙烯制冷压缩机总功率/kW	31437.4	22136.8	27698.7	31520.9	20991.0	27872.2
乙烯制冷压缩机总功率/kW	10196.4	31893.5	17769.5	10549.7	31298.2	18348.1
甲烷制冷压缩机总功率/kW	8436.4	—	—	8405.6	—	—
甲烷增压机总功率/kW	—	1242.9	—	—	1421.7	—
功率合计/kW	50070.2	55273.2	45468.2	50476.2	53710.9	46220.3
丙烯制冷系统冷凝换热量/MW	125.7858	90.1812	120.9936	124.1369	86.2385	121.2262
丙烯制冷系统蒸发换热量/MW	94.7180	68.4166	93.5773	92.8972	65.6002	93.4834
乙烯制冷系统冷凝换热量/MW	25.7066	120.4878	72.4971	26.8513	120.4362	74.6503
乙烯制冷系统蒸发换热量/MW	15.7323	69.2752	16.4037	16.5304	68.5416	17.2362
乙烯-丙烯复叠换热量/MW	1.6538	21.9458	18.8247	1.7351	21.8953	19.7713

还从表10-24中可看出，EP3和EP2装置在两种工况下，除丙烯制冷系统外，EP3装置压缩机总功率、乙烯制冷系统冷凝换热量、蒸发换热量和乙烯-丙烯复叠换热量都比EP2装置低，在工况一下各分别降低17.74%、39.83%、76.3.2%和14.22%，在工况二下这种降低趋势变弱。表明在同一工况下EP3装置的优势较多。

对于乙烯和丙烯制冷系统，应建立复叠制冷系统优化模型，优化多级制冷系统的级数和分割温度[14~16]，有利于降低制冷系统的能耗。

参 考 文 献

[1]　赵百仁．制冷压缩机出口冷剂收集罐的设置与控制 [J]．乙烯工业，2007，19（2）：39-43.

[2]　江泽洲，高峰．丙烯制冷压缩机负荷影响因素分析 [J]．乙烯工业，2015，27（4）：37-40.

[3]　蒋旺科．武汉乙烯装置丙烯压缩机超负荷原因分析 [J]．广州化工，2015，43（8）：173-175.

[4]　王洲晖，杨春生．乙烯精馏塔热泵系统技术分析 [J]．乙烯工业，2002，14（2）：23-28.

[5]　王振维，杨春生．热泵在乙烯裂解装置中的应用 [J]．石油化工，2001，30（8）：645-650.

[6]　Victor Kaiser，Daussy P，Salhi O．What pressure for C_2 splitter? [J]．Hydrocarbon Processing，1977，56（1）：123-126.

[7]　Henry Z Kister，Robert W Townsend．Ethylene from NGL feedstocks，Part 4—Low pressure C_2 splitter [J]．Hydrocarbon Processing，1984，63（1）：105-108.

[8]　赵百仁，李广华，王建民．乙烯装置中气相冷剂过热度的设定及其影响评述 [J]．化工进展，2007，26（7）：964-969.

[9]　邹仁鋆．石油化工分离原理与技术 [M]．北京：化学工业出版社，1988.

[10]　王松汉，何细藕．乙烯工艺与技术 [M]．北京：中国石化出版社，2000.

[11]　吴兴松，王振维. 高低压脱甲烷流程方案的比较 [J]. 乙烯工业，2002，14（1）：54-57.

[12]　邹余敏，王淇汶，孙晶磊，等. 乙烯装置中尾气膨胀制冷及对深冷分离的影响 [J]. 石油化工，2000，29（9）：686-688.

[13]　雷正香. 乙烯装置改造冷区工艺设计 [J]. 乙烯工业，2015，27（1）：27-32.

[14]　钟晓玲，荆举祥. 复迭制冷系统分割温度研究 [J]. 乙烯工业，2003，15（1）：35-38.

[15]　邱庆刚，尹洪超，葛玉林. 多级制冷系统超结构优化及其应用研究 [J]．热科学与技术，2004，3（4）：304-308.

[16]　谢娜，刘金平，许雄文，等. 乙烯深冷分离中变温冷却过程制冷系统的设计与优化 [J]. 化工学报，2013，64（10）：3590-3598.

第11章

公用工程及
综合能耗

本书涉及的公用工程包括新水、循环水、锅炉给水、透平凝液、工艺凝液、低压蒸汽、中压蒸汽、高压蒸汽和超高压蒸汽等，仅简要介绍蒸汽及其凝液系统和循环水系统。根据模拟计算的泵功率推出电消耗量或透平用汽量，根据模拟计算的换热量推出换热器的用汽量或循环水用量，根据模拟计算的压缩机功率继续模拟计算出透平用汽量和排汽量，从而计算分析分离系统综合能耗。本章基于两种工况的综合模拟计算结果，总体评价三套乙烯装置的分离技术。

11.1　蒸汽及其凝液系统

11.1.1　工艺描述

蒸汽系统用于供给裂解气压缩机、制冷压缩机和极少数泵的驱动透平蒸汽，以及供给一些再沸器和工艺换热器等用户蒸汽。

一般来说，乙烯装置专利商都将乙烯装置蒸汽分为4~5个压力等级[1, 2]，大多数专利商分为SS、HS、MS和LS四个等级。本书乙烯装置的蒸汽分为四个等级，其中HS和MS既可从工艺中获得，也可从界区引入，而LS都来自工艺系统。

不同压力等级的蒸汽管网之间设置有减温减压器[3]，既便于蒸汽系统调整操作，又便于蒸汽系统能量优化利用。

三套乙烯装置的蒸汽及其凝液系统流程简图见图11-1~图11-3。蒸汽系统产生的透平凝液和工艺凝液都作为输出考虑，本书未涉及其利用流程。

（1）超高压蒸汽（SS）

乙烯装置有自产SS，也可从界区引入一部分SS，这由乙烯生产者选择。本书全部SS在裂解炉区的废热锅炉中产生，规定工况一SS产量600t·h⁻¹，工况二SS产量580t·h⁻¹。SS主要去驱动裂解气压缩机透平KT201。EP2装置的甲烷化进料加热器E3926用少量SS加热粗氢。

（2）高压蒸汽（HS）

乙烯装置的HS主要来自KT201的抽汽，也可从界区引入一部分HS。HS主要去驱动乙烯制冷压缩机透平KT441和丙烯制冷压缩机透平KT551，并去驱动急冷油循环泵透平PT101和急冷水循环泵透平PT105。EP1装置用HS驱动甲烷制冷压缩机透平KT302。EP1和EP3装置的E3926用少量HS加热粗氢。

（3）中压蒸汽（MS）

乙烯装置的MS主要来自KT551的抽汽，也可从界区引入一部分MS。EP1装置的KT441抽出MS。大部分MS供给急冷系统，少部分用于压缩机透平的复

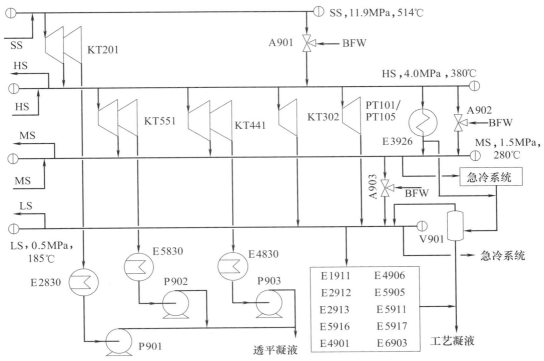

图 11-1　EP1 装置蒸汽及其凝液系统流程简图

A901—SS/HS 减温减压器；A902—HS/MS 减温减压器；A903—MS/LS 减温减压器；E1911—工艺水汽提塔蒸汽再沸器；E2912—冷凝液加热器；E2913—凝液汽提塔再沸器；E3926—甲烷化进料加热器；E4901—脱乙烷塔蒸汽再沸器；E4906—碳二加氢反应器进料加热器；E5905—高压后脱丙烷塔蒸汽再沸器；E5911—低压脱丙烷塔蒸汽再沸器；E5916—1 号丙烯精馏塔蒸汽再沸器；E5917—2 号丙烯精馏塔蒸汽再沸器；E6903—脱丁烷塔再沸器；E2830—裂解气压缩机透平复水器；E4830—乙烯制冷压缩机透平复水器；E5830—丙烯制冷压缩机透平复水器；KT201—裂解气压缩机透平；KT302—甲烷制冷压缩机透平；KT441—乙烯制冷压缩机透平；KT551—丙烯制冷压缩机透平；P901—裂解气压缩机透平凝液泵；P902—丙烯制冷压缩机透平凝液泵；P903—乙烯制冷压缩机透平凝液泵；PT101—急冷油循环泵透平；PT105—急冷水循环泵透平；V901—中压凝液罐

水器抽真空。

（4）低压蒸汽（LS）

虽然乙烯装置的 LS 有部分是 HS 驱动的锅炉给水泵透平所产生的排汽，但本书未涉及，本书中 LS 主要来自 PT101、PT105 的排汽。EP1 装置 KT302 的排汽是 LS，EP2 和 EP3 装置 KT441 的抽汽是 LS。一部分 LS 去急冷区，一部分 LS 去一些再沸器和工艺换热器等用户，剩余 LS 作为输出处理。

（5）凝液系统

中压凝液罐 V901 罐底的凝液和 LS 用户产生的凝液统称为工艺凝液。KT201、KT441 和 KT551 的排汽分别去裂解气压缩机透平复水器 E2830、乙烯制冷压缩机透平复水器 E4830 和丙烯制冷压缩机透平复水器 E5830 被循环水冷却，全部作为透平凝液利用。

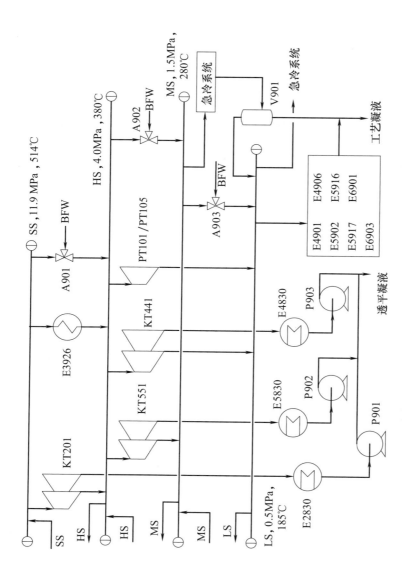

图 11-2　EP2 装置蒸汽及其凝液系统流程简图

A901—SS/HS 减温减压器；A902—HS/MS 减温减压器；A903—MS/LS 减温减压器；E3926—甲烷化进料加热器；E4901—脱乙烷塔蒸汽再沸器；E4906—碳二加氢反应器进料加热器；E5902—脱丙烷塔再沸器；E5916—1 号丙烯精馏塔蒸汽再沸器；E5917—2 号丙烯精馏塔蒸汽再沸器；E6901—汽油汽提塔蒸汽再沸器；E6903—脱丁烷塔再沸器；E2830—裂解气压缩机透平复水器；E4830—乙烯制冷压缩机透平复水器；E5830—丙烯制冷压缩机透平复水器；KT201—裂解气压缩机透平；KT441—乙烯制冷压缩机透平；KT551—丙烯制冷压缩机透平；P901—裂解气压缩机透平凝液泵；P902—丙烯制冷压缩机透平凝液泵；P903—乙烯制冷压缩机透平凝液泵；PT101/PT105—急冷油循环泵透平；PT105—急冷水循环泵透平；V901—中压凝液罐

乙烯装置分离
全流程模拟

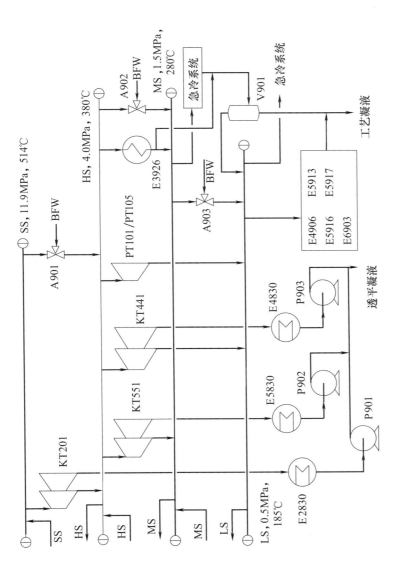

图 11-3　EP3 装置蒸汽及其凝液系统流程简图

A901—SS/HS 减温减压器；A902—HS/MS 减温减压器；A903—MS/LS 减温减压器；E3926—甲烷化进料加热器；E4906—碳二加氢反应器进料加热器；
E5913—碳三加氢进料加热器；E5916—1 号丙烯精馏塔精馏蒸汽再沸器；E5917—2 号丙烯精馏塔精馏蒸汽再沸器；E6903—脱丁烷塔再沸器；E2830—裂解气压缩机
透平复水器；E4830—乙烯制冷压缩机透平复水器；E5830—丙烯制冷压缩机透平复水器；KT201—裂解气压缩机透平；KT441—乙烯制冷压缩机透平；
KT551—丙烯制冷压缩机透平；P901—裂解气压缩机透平凝液泵；P902—丙烯制冷压缩机透平凝液泵；P903—乙烯制冷压缩机透平凝液泵；PT101—急冷油
循环泵透平；PT105—急冷水循环泵透平；V901—中压凝液罐

11.1.2　模拟说明

　　一套乙烯装置的蒸汽及其凝液系统只有一个模型，本书共建立三个模型来模拟计算研究蒸汽及其凝液系统[4]，这三个模型需利用急冷系统模型、全流程分离系统模型和制冷系统模型的模拟计算结果，其基础物性方法选用STEAM-NBS。透平的模拟模块通过 Aspen Plus 的 Compr 选择，选 Compr/Turbine/Isentropic，规定出口压力。三套乙烯装置的压缩机透平和泵透平的热力学参数见表11-1~表11-3。

表11-1　三套乙烯装置裂解气压缩机及泵透平的热力学参数

项目	KT201	PT101/PT105
进汽温度/℃	514.09	379.04~380.47
进汽压力/MPa	11.90	4.00
抽汽温度/℃	379.15	—
抽汽压力/MPa	4.10	—
排汽温度/℃	57.81	185.71~187.17
排汽压力/MPa	0.018	0.50
排汽湿度/%	6.1	0.0

表11-2　EP1装置制冷压缩机透平的热力学参数

项目	KT441	KT551	KT302
进汽温度/℃	380.47	380.47	380.47
进汽压力/MPa	4.00	4.00	4.00
抽汽温度/℃	277.98	277.98	—
抽汽压力/MPa	1.50	1.50	—
排汽温度/℃	53.98	53.98	187.17
排汽压力/MPa	0.015	0.015	0.50
排汽湿度/%	7.4	7.4	0.0

表11-3　EP2和EP3装置制冷压缩机透平的热力学参数

项目	KT441	KT551
进汽温度/℃	379.04	379.04
进汽压力/MPa	4.00	4.00
抽汽温度/℃	186.30	276.69
抽汽压力/MPa	0.50	1.50
排汽温度/℃	53.98	53.98
排汽压力/MPa	0.015	0.015
排汽湿度/%	7.4	7.4

　　图11-1~图11-3是蒸汽及其凝液系统模拟的基础。规定KT201、KT441和

KT551的排汽压力后，可分别模拟计算出排汽湿度。规定E2830、E4830和E5830出口透平凝液的汽化率都为0，三台复水器抽真空用的MS量都为0.8t·h^{-1}。规定裂解气压缩机透平凝液泵P901、丙烯制冷压缩机透平凝液泵P902和乙烯制冷压缩机透平凝液泵P903的出口压力都为0.8MPa。

11.1.3 蒸汽平衡

蒸汽系统的模拟计算结果见表11-4~表11-7。表11-4~表11-7各分别列出了SS、HS、MS和LS的消耗量，其中负值表示输出量。

表11-4 超高压蒸汽消耗量模拟计算结果　　　单位：t·h^{-1}

项目	EP1	EP2	EP3	EP1	EP2	EP3
	工况一			工况二		
KT201进汽	595.111	584.000	595.100	576.026	577.030	576.430
A901	4.889	0.982	4.900	3.974	2.600	3.570
E3926的SS量	—	15.018	—	—	0.370	—
合计	600.000	600.000	600.000	580.000	580.000	580.000

表11-5 高压蒸汽消耗量模拟计算结果　　　单位：t·h^{-1}

项目	EP1	EP2	EP3	EP1	EP2	EP3
	工况一			工况二		
KT201抽汽	−495.132	−487.056	−481.793	−477.238	−469.702	−447.483
压缩机透平进汽	492.276	465.300	453.650	487.900	440.690	423.200
泵透平进汽	30.153	46.250	23.530	27.258	35.064	19.638
急冷系统	0.000	0.000	0.500	0.000	0.000	0.500
E3926的HS量	0.759	−15.018	0.432	2.133	−0.370	0.110
A901	−4.910	−0.986	−4.921	−3.991	−2.611	−3.585
A902	0.000	0.000	0.000	0.000	0.000	0.000
合计	23.146	8.490	−8.602	36.062	3.071	−7.620

表11-6 中压蒸汽消耗量模拟计算结果　　　单位：t·h^{-1}

项目	EP1	EP2	EP3	EP1	EP2	EP3
	工况一			工况二		
透平抽汽	−262.698	−153.900	−235.739	−254.832	−147.528	−192.196
A902	0.000	0.000	0.000	0.000	0.000	0.000
A903	0.000	0.000	0.000	40.000	0.000	0.000
急冷系统	114.330	143.800	150.860	113.300	139.300	146.890
压缩系统	2.400	2.400	2.400	2.400	2.400	2.400
E3926	−0.380	—	−0.216	−1.066	—	−0.055
合计	−146.348	−7.700	−82.695	−100.198	−5.828	−42.961

表 11-7　低压蒸汽消耗量模拟计算结果　　　单位：t·h^{-1}

项目	EP1	EP2	EP3	EP1	EP2	EP3
	工况一			工况二		
E1911	20.64	—	—	20.46	—	—
E2912	4.82	—	—	2.85	—	—
E2913	4.29	—	—	3.12	—	—
E4901	15.59	9.42	0.00	17.96	5.50	0.00
E4906	0.76	0.94	9.92	0.77	0.99	10.31
E5902	—	26.48		—	23.84	
E5905	21.57			21.43		
E5911	12.74	—	—	11.24	—	—
E5913	—		0.43			0.33
E5916	—		6.03	22.44	16.91	19.82
E5917	—		6.03	22.4	16.91	19.82
E6901		5.94			2.92	—
E6903	16.87	15.62	14.08	15.18	13.24	11.81
急冷系统	11.20	—	—	8.60	—	—
压缩机透平抽/排汽	−89.748	−156.195	−98.244	−89.360	−135.982	−97.133
泵透平排汽	−30.153	−46.250	−23.530	−27.258	−35.064	−19.638
A903	0.000	0.000	0.000	−43.700	0.000	0.000
合计	−11.421	−144.045	−85.284	−13.868	−90.736	−54.681

（1）超高压蒸汽

在表 11-4 中，同一工况下，三套乙烯装置消耗的 SS 量不变，确保 KT201 和 E3926 用 SS 量，剩余去 SS/HS 减温减压器 A901。

（2）高压蒸汽

在表 11-5 中，KT201 的抽汽量由裂解气压缩机的总功率决定，压缩机透平进汽量等于 KT441、KT551 和 KT302 的进汽量之和，泵透平进汽量等于 PT101 和 PT105 的进汽量之和。规定没有 HS 去 HS/MS 减温减压器 A902。

（3）中压蒸汽

在表 11-6 中，EP1 装置的透平抽汽量等于 KT441 和 KT551 的抽汽量之和；EP2 和 EP3 装置的透平抽汽量等于 KT551 的抽汽量。KT441 和 KT551 的抽汽量各分别由乙烯制冷压缩机和丙烯制冷压缩机的总功率决定。在工况二下，为确保 LS 用量平衡，规定 MS 去 EP1 装置 MS/LS 减温减压器 A903 的流量为 40t·h^{-1}；其它情况下都没有 MS 去 A903。

（4）低压蒸汽

在表 11-7 中，详细列出了 LS 各工艺用户的 LS 消耗量。EP1 装置的压缩机透平排汽量等于 KT302 的排汽量；EP2 和 EP3 装置的压缩机透平抽汽量等于 KT441 的抽汽量。三套乙烯装置的泵透平排汽量都等于 PT101 和 PT105 的排汽量之和。KT441 的抽汽量由乙烯制冷压缩机的总功率决定。

11.1.4　凝液系统

中压凝液被收集在V901中。V901罐底凝液与LS工艺用户凝液汇合作为工艺凝液输出。透平凝液来自KT201、KT441和KT551的排汽。表11-8给出了凝液系统的模拟计算结果。

表11-8　凝液系统模拟计算结果

项目	EP1	EP2	EP3	EP1	EP2	EP3
	工况一			工况二		
工艺凝液/kg·h⁻¹	110710	139800	147106	110366	136300	146945
透平凝液/kg·h⁻¹	242208	254549	235374	244896	266907	265218
E2830换热量/MW	62.200	60.330	70.410	61.466	66.726	80.045
E4830换热量/MW	13.163	51.950	25.954	15.449	55.721	27.880
E5830换热量/MW	73.637	44.090	48.419	73.747	41.525	55.166
P901功率/kW	43.61	42.30	49.38	43.10	46.79	56.15
P902功率/kW	52.08	31.17	34.24	52.15	29.35	39.02
P903功率/kW	9.24	36.81	18.34	10.85	39.49	19.71

表头实际为：工艺凝液/kg·h⁻¹ 等，单位列。（注：以上表格单位使用 $kg\cdot h^{-1}$）

11.1.5　蒸汽系统个性化

本书三套乙烯装置在两种工况下的蒸汽系统都没有被做能量优化工作。作者建议乙烯生产者对设计的乙烯装置蒸汽系统做能量优化，应设计出蒸汽热能优化利用的个性化蒸汽系统，从而尽可能降低乙烯装置综合能耗[5, 6]。

11.2　循环水系统

11.2.1　概述

三套乙烯装置的循环水系统流程示意图见图11-4~图11-6。新水经QW/XW冷却器E1807冷却QW后进入循环水进水管网。除E2830、E4830和E5830利用一部分二次循环水外，其余循环水换热器用户都利用一次循环水，各用户的热量被循环水带走，使排出管网的循环水温度升高。

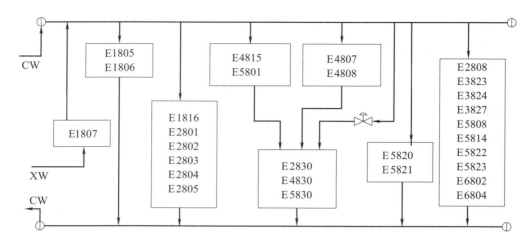

图 11-4　EP1 装置循环水系统流程示意图

E1805—1号急冷水冷却器；E1806—2号急冷水冷却器；E1807—QW/XW冷却器；E1816—排污冷却器；E2801—裂解气压缩机一段出口冷却器；E2802—裂解气压缩机二段出口冷却器；E2803—裂解气压缩机三段出口冷却器；E2804—裂解气压缩机四段出口冷却器；E2805—裂解气压缩机五段出口冷却器；E2808—洗水冷却器；E2830—裂解气压缩机透平复水器；E3823—甲烷制冷压缩机中间冷却器；E3824—甲烷制冷压缩机后冷器；E3827—甲烷化出口物料冷却器；E4807—碳二加氢反应器一段中间冷却器；E4808—碳二加氢反应器二段出口冷却器；E4815—乙烯制冷压缩机三段出口冷却器；E4830—乙烯制冷压缩机透平复水器；E5801—丙烯冷剂冷凝器；E5808—高压后脱丙烷塔冷凝器；E5814—碳三反应器出口物料冷却器；E5820—1号丙烯精馏塔冷凝器；E5821—2号丙烯精馏塔冷凝器；E5822—丙烯精馏塔尾气冷凝器；E5823—丙烯产品冷却器；E5830—丙烯制冷压缩机透平复水器；E6802—汽油冷却器；E6804—脱丁烷塔冷凝器

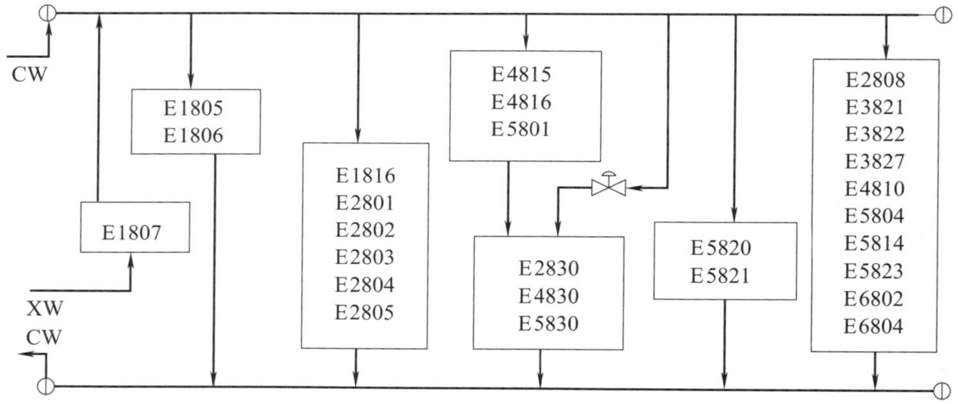

图 11-5　EP2 装置循环水系统流程示意图

E1805—1号急冷水冷却器；E1806—2号急冷水冷却器；E1807—QW/XW冷却器；E1816—排污冷却器；E2801—裂解气压缩机一段出口冷却器；E2802—裂解气压缩机二段出口冷却器；E2803—裂解气压缩机三段出口冷却器；E2804—裂解气压缩机四段出口冷却器；E2805—裂解气压缩机五段出口冷却器；E2808—洗水冷却器；E2830—裂解气压缩机透平复水器；E3821—甲烷增压机中间冷却器；E3822—甲烷增压机后冷器；E3827—甲烷化出口物料冷却器；E4810—甲醇冷凝器；E4815—乙烯制冷压缩机三段出口冷却器；E4816—乙烯制冷压缩机四段出口冷却器；E4830—乙烯制冷压缩机透平复水器；E5801—丙烯冷剂冷凝器；E5804—脱丙烷塔进料冷却器；E5814—碳三反应器出口物料冷却器；E5820—1号丙烯精馏塔冷凝器；E5821—2号丙烯精馏塔冷凝器；E5823—丙烯产品冷却器；E5830—丙烯制冷压缩机透平复水器；E6802—汽油冷却器；E6804—脱丁烷塔冷凝器

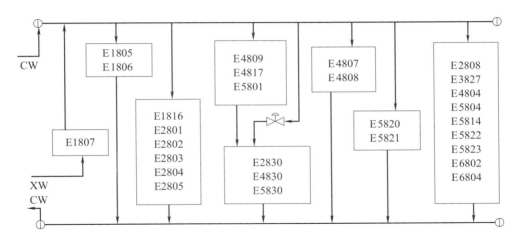

图 11-6　EP3装置循环水系统流程示意图

E1805—1号急冷水冷却器；E1806—2号急冷水冷却器；E1807—QW/XW冷却器；E1816—排污冷却器；
E2801—裂解气压缩机一段出口冷却器；E2802—裂解气压缩机二段出口冷却器；E2803—裂解气压缩机
　三段出口冷却器；E2804—裂解气压缩机四段出口冷却器；E2805—裂解气压缩机五段出口冷却器；
E2808—洗水冷却器；E2830—裂解气压缩机透平复水器；E3827—甲烷化出口物料冷却器；E4804—脱乙
　烷塔塔底冷却器；E4807—碳二加氢反应器一段中间冷却器；E4808—碳二加氢反应器二段出口冷却器；
　E4809—碳二加氢三段出口冷却器；E4817—乙烯产品水冷却器；E4830—乙烯制冷压缩机透平复水器；
E5801—丙烯冷剂冷凝器；E5804—脱丙烷塔进料冷却器；E5814—碳三反应器出口物料冷却器；E5820—
　1号丙烯精馏塔冷凝器；E5821—2号丙烯精馏塔冷凝器；E5822—丙烯精馏塔尾气冷凝器；E5823—丙烯
　产品冷却器；E5830—丙烯制冷压缩机透平复水器；E6802—汽油冷却器；E6804—脱丁烷塔冷凝器

11.2.2　循环水消耗量

　　本书利用补充循环水的新水冷却急冷水。新水需求量约1976t·h⁻¹。三套乙烯装置的循环水消耗量列于表11-9中。在同一工况下，EP3装置的循环水消耗量最低，EP2装置消耗循环水最多。在不同工况下，随着裂解原料变轻，EP1和EP2装置在工况二下的循环水消耗量各分别比工况一少0.14%和0.33%，而EP3装置在工况二下的循环水消耗量比工况一高2.48%。

表 11-9　循环水消耗量模拟计算结果　　　　　　单位：t·h⁻¹

项目	EP1	EP2	EP3	EP1	EP2	EP3
	工况一			工况二		
E1807的新水	−1976	−1976	−1976	−1976	−1976	−1976
E2830	6704	6502	7589	6625	7192	8627
E4830	1419	5599	2797	1665	6006	3005
E5830	7937	4752	5219	7949	4476	5946
其它换热器	47352	47059	45393	47085	46035	44889
合计	61436	61936	59022	61348	61733	60491

11.3　分离系统综合能耗

11.3.1　电消耗量

三套乙烯装置的电消耗量列于表11-10中。在同一工况下，EP3装置的电消耗量最低，EP2装置耗电量最大。在不同工况下，随着裂解原料变轻，三套乙烯装置在工况二下的电消耗量各分别比工况一少3.91%、8.43%和9.08%。

表 11-10　电消耗量模拟计算结果　　　　单位：kW

项目	EP1	EP2	EP3	EP1	EP2	EP3
	工况一			工况二		
急冷系统	2585	5357	3286	2393	4561	2884
透平凝液泵	105	110	102	106	116	115
其它	2219	2754	1128	2218	2851	1107
合计	4909	8221	4516	4717	7528	4106

11.3.2　综合能耗

由于SS是乙烯装置自产，实际计算乙烯装置综合能耗时，仅涉及裂解炉所消耗燃料的低热值，而不使用外供SS能量折算值，因此读者阅读本节前，敬请注意：本书给出的乙烯装置分离系统的综合能耗与SS的能量折算值取值密切相关[7]，其数值仅供参考，它并非分离系统的综合能耗绝对值。

三套乙烯装置生产每吨乙烯的分离系统综合能耗模拟计算结果见表11-11。在同一工况下，EP3装置分离系统的综合能耗最低，EP2装置分离系统的综合能耗最高，与王振维[8]的分析结果一致；在工况二下，EP1和EP2装置分离系统的综合能耗相近，表明裂解原料轻质化后EP1和EP2装置分离工艺的差异对其综合能耗影响较小。在不同工况下，随着裂解原料变轻，三套乙烯装置在工况二下分离系统的综合能耗分别比工况一高2.96%、0.59%和3.90%，表明裂解原料的轻质化对EP2装置分离系统的综合能耗影响最小，而对EP3装置分离系统的综合能耗影响最大。由于不同工况下裂解原料的差异，可能裂解原料对裂解炉区自产SS的能量折算值有影响，因此在不同工况下乙烯装置分离系统的综合能耗比较仅是相对的。这一点，留待读者深入研究。

Laurence K. Ng等[9]对以一种乙烷体积分数70%、丙烷体积分数30%液化气为裂解原料的乙烯装置三种分离流程进行过细致的比较，比较的结果表明气体原料占比100%的前脱乙烷分离流程在投资和操作费用方面均优于顺序分离流程和前脱丙烷分离流程[9, 10]，与本书气体原料占比低于44%的研究结果不同，建议读者进一步研究比较。

表11-11　分离系统的综合能耗模拟计算结果

项目	EP1	EP2	EP3	EP1	EP2	EP3
	工况一			工况二		
电/GJ·t⁻¹	0.319	0.535	0.294	0.307	0.490	0.267
BFW/GJ·t⁻¹	0.030	0.062	0.039	0.039	0.057	0.033
XW/GJ·t⁻¹	0.094	0.094	0.094	0.094	0.094	0.094
CW/GJ·t⁻¹	1.716	1.730	1.649	1.714	1.724	1.690
SS/GJ·t⁻¹	15.400	15.400	15.400	14.887	14.887	14.887
HS/GJ·t⁻¹	0.568	0.209	−0.224	0.886	0.075	−0.199
MS/GJ·t⁻¹	−3.267	−0.172	−1.846	−2.237	−0.13	−0.959
LS/GJ·t⁻¹	−0.210	−2.653	−1.571	−0.255	−1.671	−1.007
透平凝液/GJ·t⁻¹	−0.247	−0.259	−0.240	−0.249	−0.272	−0.27
工艺凝液/GJ·t⁻¹	−0.236	−0.299	−0.314	−0.236	−0.291	−0.314
综合能耗/GJ·t⁻¹	14.167	14.647	13.294	14.950	14.963	14.234
综合能耗/kgoe·t⁻¹	338.4	349.8	317.5	357.1	357.4	340.0

11.4　总体评价

　　"三机"功率是裂解气压缩机、乙烯制冷压缩机和丙烯制冷压缩机的总功率之和，制冷系统压缩机总功率是乙烯制冷压缩机、丙烯制冷压缩机和甲烷制冷压缩机/甲烷增压机的总功率之和，"四机"功率是"三机"功率和甲烷制冷压缩机/甲烷增压机的功率之和或裂解气压缩机和制冷系统压缩机总功率之和。本书压缩机功率模拟计算结果汇总于表11-12。从表11-12可看出，在同一工况下，EP2装置的制冷系统压缩机总功率、"三机"功率和"四机"功率都是最高，"三机"功率都是EP1装置最低，制冷系统压缩机总功率都是EP3装置最低；在工况一下，EP3装置的"四机"功率最低，而在工况二下，EP1装置的"四机"功率最低。在不同工况下，随着裂解原料变轻，EP1装置在工况二下的"三机"功率和"四机"功率各分别比工况一低1.00%和0.95%，而其制冷系统压缩机总功率却相应高0.81%；EP2装置在工况二下的"三机"功率和制冷系统压缩机总功率各分别比工况一低0.08%和2.83%，而其"四机"功率却相应稍高0.08%；EP3装置在工况二下的"三机"功率、制冷系统压缩机总功率和"四机"功率分别比工况一高2.52%、1.65%和2.54%。表明裂解原料的轻质化对EP2装置"三机"功率和"四机"功率影响很小，而对EP3装置"三机"功率和"四机"功率影响稍大。从"三机"功率、制冷系统压缩机总功率和"四机"功率来说，EP3装置分离工艺更适合重质裂解原料；其它两套装置分离工艺应根据裂解原料情况进一步评估。

表11-12 压缩机功率模拟计算结果

项目	EP1	EP2	EP3	EP1	EP2	EP3
	工况一			工况二		
裂解气压缩机总功率/kW	56863.6	55471.7	59421.8	55437.0	57124.1	61333.9
丙烯制冷压缩机总功率/kW	31437.4	22136.8	27698.7	31520.9	20991.0	27872.2
乙烯制冷压缩机总功率/kW	10196.4	31893.5	17769.5	10549.7	31298.2	18348.1
"三机"功率合计/kW	98497	109502	104890	97508	109413	107533
制冷系统压缩机总功率/kW	50070	55273	45468	50476	53711	46220
"四机"功率合计/kW	106934	110745	104890	105913	110835	107554

从分离系统的综合能耗来说，EP1和EP3装置分离工艺更适合重质裂解原料，而EP2装置对裂解原料的适应性略强一些。对轻质或重质裂解原料来说，可进一步降低本书EP1和EP2装置分离系统的综合能耗。作者建议乙烯生产者试着模拟计算采用EP3装置急冷系统、高压脱甲烷及甲烷膨胀/再压缩系统的顺序分离工艺乙烯装置分离系统的综合能耗，模拟计算采用EP3装置急冷系统的前脱乙烷分离工艺乙烯装置分离系统的综合能耗，然后优选出适合特定裂解原料的较佳乙烯装置分离技术。

最后，请读者深知，乙烯装置气体原料占比会影响乙烯分离技术的选择。可能气体原料占比超过一定百分数（如50%）后，与本书相关的研究结果会发生变化，从而影响对三种乙烯分离技术的总体评价。

参 考 文 献

[1] 冯艺芹，李波. 某公司乙烯装置蒸汽平衡问题的研究 [J]. 北京教育学院（自然科学版），2006, 1
（6）：16-19.
[2] 张涛. 乙烯装置蒸汽系统节能降耗技术 [J]. 炼油与化工，2020, （2）：65-67.
[3] 陈凤奎，何继兴，艾金辉. 乙烯装置蒸汽平衡方案的确定 [J]. 乙烯工业，2004, 16 （4）：44-46.
[4] 林长春，安宏利，鲁刚，等. 乙烯装置汽机工况对蒸汽系统影响的模拟 [J]. 石化技术与应用，
2018, 36 （5）：323-327.
[5] 曹欢，张兴春，刘向莉. 乙烯装置升级节能改造蒸汽平衡优化设计 [J]. 石油化工设计，2017, 34
（4）：20-23.
[6] 隋婷，孟祥斌，王雁鹏，等. 乙烯装置蒸汽优化节能措施及效果 [J]. 炼油与化工，2019, （6）：67-68.
[7] 堵祖荫. 化工装置能耗的计算 [J]. 化工与医药工程，2018, 39 （3）：59-68.
[8] 王振维. 乙烯分离技术分析 [J]. 乙烯工业，2004, 16 （3）：40-43.
[9] Laurence K Ng, Curtis N Eng, Reno S Zack. Ethylene from NGL feedstocks, Part 3—Flow
scheme comparison [J]. Hydrocarbon Processing, 1983, 62 （12）：99-103.
[10] 王明耀，李广华. 乙烯装置前脱乙烷分离技术（二）[J]. 乙烯工业，2009, 21 （4）：60-64.

附录

设备位号
编制说明

1. 设备用字母标识

主要用下面9个大写字母标识13种设备。

设备类型	标识字母	设备类型	标识字母
干燥器	A	泵透平	PT
减温减压器	A	急冷器	Q
塔	C	反应器	R
换热器	E	脱砷吸附床	R
压缩机	K	球罐	T
压缩机透平	KT	立式或卧式柱罐	V
泵	P		

2. 系统用数字区分

用1~6表示乙烯装置的7个分离系统。用0表示裂解原料预热系统。用8和9分别表示水及蒸汽等公用工程系统。

系统	数字	系统	数字
急冷系统	1	碳三及丙烯制冷系统	5
裂解气压缩系统	2	碳四及裂解汽油系统	6
深冷及脱甲烷系统	3	新水、循环水、除氧水等系统	8
甲烷化系统	3	蒸汽及其凝液系统	9
碳二及乙烯制冷系统	4	裂解原料预热系统	0

3. 压缩机位号规则

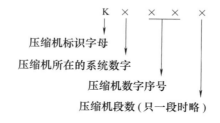

4. 冷箱位号规则

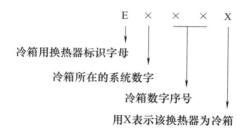

5. 除冷箱外换热器位号规则

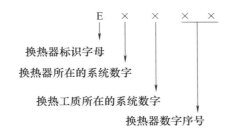

E   ×   ×   × ×

换热器标识字母

换热器所在的系统数字

换热工质所在的系统数字

换热器数字序号

6. 透平位号规则

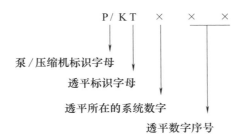

P / K T   ×   × ×

泵 / 压缩机标识字母

透平标识字母

透平所在的系统数字

透平数字序号

7. 其它设备位号规则

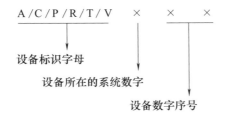

A / C / P / R / T / V   ×   × ×

设备标识字母

设备所在的系统数字

设备数字序号

8. 设备位号列表

序号	设备名称	设备位号	备注
1	裂解气干燥器	A201	
2	裂解气凝液干燥器	A202	EP1装置无
3	氢气干燥器	A301	
4	乙烯干燥器	A401	仅EP1装置有
5	裂解气保护干燥器	A402	EP1装置无
6	丙烯干燥器	A501	仅EP1装置有
7	SS/HS减温减压器	A901	
8	HS/MS减温减压器	A902	
9	MS/LS减温减压器	A903	
10	汽油分馏塔	C101	

序号	设备名称	设备位号	备注
11	裂解燃料油汽提塔	C102	EP3 装置无
12	急冷水塔	C103	
13	工艺水汽提塔	C104	
14	重燃料油汽提塔	C112	仅 EP3 装置有
15	轻燃料油汽提塔	C113	仅 EP3 装置有
16	碱洗塔	C201	
17	凝液汽提塔	C202	仅 EP1 装置有
18	预脱甲烷塔	C300	仅 EP3 装置有
19	脱甲烷塔	C301	
20	碳二吸收塔	C302	仅 EP2 装置有
21	尾气精馏塔	C303	仅 EP3 装置有
22	脱甲烷塔进料接触塔	C304	仅 EP3 装置有
23	脱乙烷塔	C401	
24	碳三吸收塔	C402	仅 EP2 装置有
25	乙烯精馏塔	C403	
26	脱丙烷塔	C501	EP1 装置无
27	高压后脱丙烷塔	C502	仅 EP1 装置有
28	低压脱丙烷塔	C503	仅 EP1 装置有
29	高压前脱丙烷塔	C504	仅 EP3 装置有
30	碳三汽提塔	C505	仅 EP3 装置有
31	1 号丙烯精馏塔	C506	
32	2 号丙烯精馏塔	C507	
33	汽油汽提塔	C601	EP1 装置无
34	脱丁烷塔	C602	
35	石脑油进料预热器	E0101	
36	液化气加热器	E0102	
37	加氢尾油预热器	E0103	
38	乙烷过热器	E0104	仅 EP2 装置有
39	循环丙烷汽化器	E0105	EP2 装置无
40	稀释蒸汽发生器	E1101	
41	裂解燃料油冷却器	E1102	
42	盘油调温冷却器	E1103	仅 EP3 装置有
43	裂解柴油调温加热器	E1104	仅 EP2 装置有
44	1 号急冷水冷却器	E1805	
45	2 号急冷水冷却器	E1806	
46	QW/XW 冷却器	E1807	
47	稀释蒸汽分离罐蒸汽再沸器	E1908	
48	稀释蒸汽分离罐 2 号进料加热器	E1909	
49	稀释蒸汽过热器	E1910	

序号	设备名称	设备位号	备注
50	工艺水汽提塔蒸汽再沸器	E1911	仅EP1装置有
51	工艺水汽提塔再沸器	E1111	仅EP2装置有
52	工艺水汽提塔2号进料加热器	E1112	仅EP3装置有
53	稀释蒸汽分离罐1号进料加热器	E1113	
54	排污预冷器	E1114	仅EP3装置有
55	工艺水汽提塔进料加热器	E1115	EP1装置无
56	排污冷却器	E1816	
57	QO/LS发生器	E1117	仅EP1装置有
58	裂解气压缩机一段出口冷却器	E2801	
59	裂解气压缩机二段出口冷却器	E2802	
60	裂解气压缩机三段出口冷却器	E2803	
61	裂解气压缩机四段出口冷却器	E2804	
62	裂解气压缩机五段出口冷却器	E2805	
63	弱碱循环加热器	E2106	仅EP1装置有
64	碱洗塔进料加热器	E2107	仅EP3装置有
65	洗水冷却器	E2808	仅EP3装置有
66	碱洗塔塔顶过冷器	E2510	仅EP3装置有
67	烃凝液加热器	E2111	仅EP1装置有
68	冷凝液加热器	E2912	仅EP1装置有
69	凝液汽提塔再沸器	E2913	仅EP1装置有
70	裂解气干燥器进料预冷器	E2414	仅EP1装置有
71	裂解气干燥器进料丙烯预冷器	E2515	EP3装置无
72	裂解气干燥器出口丙烯预冷器	E2516	仅EP2装置有
73	裂解气干燥器出口预冷器	E2417	仅EP1装置有
74	裂解气压缩机透平复水器	E2830	
75	1号冷箱	E301X	
76	2号冷箱	E302X	
77	3号冷箱	E303X	
78	4号冷箱	E304X	
79	5号冷箱	E305X	
80	丙烯冷剂换热器	E306X	仅EP2装置有
81	乙烷汽化器	E3306	仅EP1装置有
82	脱甲烷塔进料预冷器	E3507	仅EP1装置有
83	预脱甲烷塔进料冷却器	E308X	仅EP3装置有
84	脱甲烷塔进料冷凝器	E309X	仅EP1装置有
85	脱甲烷塔进料高压冷凝器	E310X	仅EP1装置有
86	预脱甲烷塔再沸器	E3511	仅EP3装置有
87	脱甲烷塔裂解气再沸器	E3312	仅EP1装置有
88	脱甲烷塔逆流再沸器	E312X	EP1装置无

序号	设备名称	设备位号	备注
89	尾气精馏冷凝器	E313X	仅EP3装置有
90	脱甲烷塔塔底蒸发器	E314X	仅EP3装置有
91	预脱甲烷塔冷凝器	E3315	仅EP3装置有
92	脱甲烷塔进料分流换热器	E316X	仅EP1装置有
93	脱甲烷塔塔底冷却器	E317X	仅EP3装置有
94	脱甲烷塔进料接触塔顶冷凝器	E318X	仅EP3装置有
95	脱甲烷塔侧线再沸器	E3319	仅EP1装置有
96	脱甲烷塔冷凝器	E3420	EP1装置无
97	甲烷增压机中间冷却器	E3821	仅EP2装置有
98	甲烷增压机后冷器	E3822	仅EP2装置有
99	甲烷制冷压缩机中间冷却器	E3823	仅EP1装置有
100	甲烷制冷压缩机后冷器	E3824	仅EP1装置有
101	甲烷化进出物料换热器	E3325	
102	甲烷化进料加热器	E3926	
103	甲烷化出口物料冷却器	E3827	
104	氢气干燥器进料冷却器	E3528	EP2装置无
105	脱甲烷塔逆流冷凝器	E329X	仅EP1装置有
106	脱甲烷塔回流冷凝器	E330X	仅EP1装置有
107	脱乙烷塔裂解柴油再沸器	E4100	仅EP2装置有
108	脱乙烷塔急冷水再沸器	E4101	EP2装置无
109	脱乙烷塔蒸汽再沸器	E4901	EP3装置无
110	脱乙烷塔冷凝器	E4502	EP2装置无
111	脱乙烷塔塔顶逆流换热器	E402X	仅EP2装置有
112	脱乙烷塔塔顶过冷器	E4503	仅EP3装置有
113	脱乙烷塔塔底冷却器	E4804	仅EP3装置有
114	碳二加氢反应器进出物料换热器	E4405	EP3装置无
115	碳二加氢反应器进料加热器	E4906	
116	碳二加氢反应器一段中间冷却器	E4807	EP2装置无
117	碳二加氢反应器二段出口冷却器	E4808	EP2装置无
118	碳二加氢反应器三段出口冷却器	E4809	仅EP3装置有
119	甲醇冷凝器	E4810	仅EP2装置有
120	乙烯精馏塔塔底再沸器	E4510	仅EP1装置有
121	乙烯精馏塔侧线再沸器	E4311	仅EP1装置有
122	乙烯精馏塔冷凝器	E4512	仅EP1装置有
123	乙烯精馏塔尾气冷凝器	E4413	仅EP1装置有
124	乙烯冷凝器	E4514	仅EP2装置有
125	乙烯制冷压缩机三段出口冷却器	E4815	EP3装置无
126	乙烯制冷压缩机四段出口冷却器	E4816	仅EP2装置有
127	乙烯产品水冷却器	E4817	仅EP3装置有

序号	设备名称	设备位号	备注
128	乙烯产品丙烯冷却器	E4517	仅EP2装置有
129	乙烯产品丙烯冷凝器	E4518	仅EP2装置有
130	乙烯产品丙烯过冷器	E4519	仅EP2装置有
131	乙烯冷剂冷却器	E4520	仅EP1装置有
132	乙烯冷剂冷凝器	E4421	仅EP1装置有
133	乙烯冷剂开工冷凝器	E4521	仅EP1装置有
134	乙烯产品加热器	E4522	仅EP1装置有
135	乙烯产品汽化器	E4923	
136	脱乙烷塔进料加热器	E4124	仅EP2装置有
137	乙烯制冷压缩机透平复水器	E4830	
138	乙烯精馏塔塔底逆流换热器	E440X	EP1装置无
139	乙烯精馏塔侧线逆流换热器	E441X	仅EP3装置有
140	乙烯精馏塔塔顶逆流换热器	E442X	EP1装置无
141	乙烯过冷器	E443X	仅EP2装置有
142	1号乙烯冷剂冷却器	E444X	仅EP3装置有
143	2号乙烯冷剂冷却器	E445X	仅EP3装置有
144	3号乙烯冷剂冷却器	E446X	仅EP3装置有
145	乙烯冷剂冷凝器	E447X	仅EP3装置有
146	乙烯产品逆流过冷器	E448X	仅EP3装置有
147	丙烯冷剂冷凝器	E5801	
148	脱丙烷塔蒸汽再沸器	E5902	仅EP2装置有
149	脱丙烷塔盘油再沸器	E5102	仅EP3装置有
150	脱丙烷塔冷凝器	E5503	仅EP1装置有
151	脱丙烷塔进料冷却器	E5804	仅EP1装置有
152	高压前脱丙烷塔盘油再沸器	E5105	仅EP3装置有
153	高压后脱丙烷塔蒸汽再沸器	E5905	仅EP1装置有
154	高压前脱丙烷塔1号回流冷却器	E5506	仅EP3装置有
155	高压前脱丙烷塔2号回流冷却器	E5507	仅EP3装置有
156	高压前脱丙烷塔冷凝器	E5508	仅EP3装置有
157	高压后脱丙烷塔冷凝器	E5808	仅EP1装置有
158	高压后脱丙烷塔进料加热器	E5509	仅EP1装置有
159	高压前脱丙烷塔进料与塔顶物料换热器	E5510	仅EP3装置有
160	低压脱丙烷塔蒸汽再沸器	E5911	仅EP1装置有
161	低压脱丙烷塔冷凝器	E5512	仅EP1装置有
162	碳三加氢进料加热器	E5913	仅EP3装置有
163	碳三反应器出口物料冷却器	E5814	
164	碳三汽提塔冷凝器	E5515	仅EP2装置有
165	1号丙烯精馏塔再沸器	E5116	
166	1号丙烯精馏塔蒸汽再沸器	E5916	

序号	设备名称	设备位号	备注
167	2号丙烯精馏塔再沸器	E5117	
168	2号丙烯精馏塔蒸汽再沸器	E5917	
169	1号丙烯精馏塔侧线再沸器	E5118	
170	2号丙烯精馏塔侧线再沸器	E5119	
171	1号丙烯精馏塔冷凝器	E5820	
172	2号丙烯精馏塔冷凝器	E5821	
173	丙烯精馏塔尾气冷凝器	E5822	EP2装置无
174	丙烯产品冷却器	E5823	
175	丙烯制冷压缩机透平复水器	E5830	
176	汽油汽提塔蒸汽再沸器	E6901	仅EP2装置有
177	汽油汽提塔盘油再沸器	E6101	仅EP3装置有
178	汽油冷却器	E6802	EP2装置无
179	脱丁烷塔再沸器	E6903	
180	脱丁烷塔冷凝器	E6804	
181	裂解气压缩机一段	K2011	
182	裂解气压缩机二段	K2012	
183	裂解气压缩机三段	K2013	
184	裂解气压缩机四段	K2014	
185	裂解气压缩机五段	K2015	
186	甲烷增压机一段	K3011	仅EP2装置有
187	甲烷增压机二段	K3012	仅EP2装置有
188	甲烷制冷压缩机一段	K3021	仅EP1装置有
189	甲烷制冷压缩机二段	K3022	仅EP1装置有
190	甲烷膨胀机	K320	仅EP3装置有
191	甲烷再压缩机	K321	仅EP3装置有
192	乙烯制冷压缩机一段	K4411	
193	乙烯制冷压缩机二段	K4412	
194	乙烯制冷压缩机三段	K4413	
195	乙烯制冷压缩机四段	K4414	EP1装置无
196	乙烯制冷压缩机五段	K4415	仅EP3装置有
197	丙烯制冷压缩机一段	K5511	
198	丙烯制冷压缩机二段	K5512	
199	丙烯制冷压缩机三段	K5513	
200	丙烯制冷压缩机四段	K5514	EP2装置无
201	裂解气压缩机透平	KT201	
202	甲烷制冷压缩机透平	KT302	仅EP1装置有
203	乙烯制冷压缩机透平	KT441	
204	丙烯制冷压缩机透平	KT551	

序号	设备名称	设备位号	备注
205	急冷油循环泵	P101	效率68.0%。三开一备,两台透平,两台电机
206	裂解柴油循环泵	P102	效率74.0%
207	裂解柴油增压泵	P103	效率15.7%
208	裂解燃料油泵	P104	效率29.0%
209	急冷水循环泵	P105	效率74.5%。两开一备,一台透平,两台电机
210	汽油分馏塔回流泵	P106	效率54.5%
211	工艺水泵	P107	效率63.6%
212	稀释蒸汽分离罐进料泵	P108	效率64.5%
213	稀释蒸汽分离罐工艺水循环泵	P109	效率43.0%
214	裂解柴油进料泵	P112	效率44.0%
215	轻燃料油泵	P113	效率51.0%
216	盘油循环泵	P120	效率43.0%
217	裂解气压缩机一段吸入罐凝液泵	P201	效率53.0%
218	裂解气压缩机二段吸入罐凝液泵	P202	效率43.4%
219	弱碱循环泵	P205	效率68.0%
220	中碱循环泵	P206	效率67.0%
221	强碱循环泵	P207	效率67.1%
222	液体干燥器进料泵	P208	效率61.0%
223	洗水循环泵	P209	效率47.0%
224	脱甲烷塔塔底泵	P301	效率58.0%
225	脱甲烷塔塔顶甲烷泵	P302	效率53.5%
226	脱乙烷塔回流泵	P401	效率70.0%
227	绿油罐罐底泵	P402	效率67.0%
228	乙烯精馏塔回流泵	P403	效率71.7%
229	乙烯产品泵	P404	效率27.0%
230	乙烯输运泵	P406	效率33.7%
231	乙烷循环泵	P407	效率59.0%
232	乙烯冷剂排放泵	P441	效率63.0%
233	脱丙烷塔回流泵	P501	效率52.0%
234	高压后脱丙烷塔回流泵	P502	效率75.0%
235	低压脱丙烷塔回流泵	P503	效率31.6%
236	碳三加氢循环泵	P504	效率50.0%
237	高压后脱丙烷塔进料泵	P505	效率44.9%
238	碳三汽提塔塔底泵	P506	效率55.1%
239	丙烯产品泵	P507	效率76.8%
240	丙烯精馏塔回流泵	P508	效率68.0%
241	丙烯冷剂排放泵	P551	效率53.0%

序号	设备名称	设备位号	备注
242	汽油汽提塔塔底泵	P601	效率53.0%
243	脱丁烷塔塔底泵	P602	效率54.8%
244	脱丁烷塔回流及产品泵	P603	效率68.0%
245	裂解气压缩机透平凝液泵	P901	效率51.0%
246	丙烯制冷压缩机透平凝液泵	P902	效率51.0%
247	乙烯制冷压缩机透平凝液泵	P903	效率51.0%
248	急冷油循环泵透平	PT101	两台
249	急冷水循环泵透平	PT105	一台
250	模拟共用急冷器	Q101	
251	模拟乙烷裂解气急冷器	Q102	EP2装置无
252	甲烷化反应器	R301	
253	碳二加氢反应器	R401	
254	碳二加氢脱砷保护床	R402	EP1装置无
255	碳三加氢反应器	R501	
256	碳三加氢脱砷保护床	R502	仅EP3装置有
257	乙烯球罐	T401	
258	稀释蒸汽分离罐	V101	
259	裂解气压缩机一段吸入罐	V201	
260	裂解气压缩机二段吸入罐	V202	
261	裂解气压缩机三段吸入罐	V203	
262	裂解气压缩机四段吸入罐	V204	
263	碱洗塔入口分离罐	V205	
264	碱洗塔出口分离罐	V206	
265	汽油与水分离罐	V207	仅EP2装置有
266	裂解气干燥器进料分离罐	V208	
267	预冷沉降罐	V209	仅EP2装置有
268	预冷分离罐	V301	仅EP2装置有
269	尾气精馏塔回流罐	V302	仅EP3装置有
270	预脱甲烷塔进料分离罐	V303	仅EP3装置有
271	低温1号分离罐	V304	
272	低温2号分离罐	V305	
273	低温3号分离罐	V306	EP2装置无
274	氢气分离罐	V307	
275	氢气干燥器进料分离罐	V308	
276	脱甲烷塔回流罐	V309	仅EP1装置有
277	脱乙烷塔回流罐	V401	
278	绿油分离罐	V402	EP3装置无
279	乙烯精馏塔回流罐	V403	仅EP1装置有
280	甲醇相分离罐	V404	仅EP2装置有

序号	设备名称	设备位号	备注
281	乙烯制冷压缩机一段吸入罐	V441	EP2装置无
282	乙烯制冷压缩机二段吸入罐	V442	EP2装置无
283	乙烯制冷压缩机三段吸入罐	V443	EP2装置无
284	乙烯冷剂缓冲罐	V444	
285	乙烯排放罐	V445	仅EP1装置有
286	脱丙烷塔回流罐	V501	
287	高压后脱丙烷塔回流罐	V502	仅EP1装置有
288	低压脱丙烷塔回流罐	V503	仅EP1装置有
289	高压前脱丙烷塔回流罐	V504	仅EP3装置有
290	碳三加氢分离罐	V505	
291	丙烯精馏塔回流罐	V506	
292	丙烯压缩机一段吸入罐	V551	
293	丙烯压缩机二段吸入罐	V552	
294	丙烯压缩机三段吸入罐	V553	
295	丙烯压缩机四段吸入罐	V554	EP2装置无
296	丙烯收集罐	V555	
297	脱丁烷塔回流罐	V601	
298	中压凝液罐	V901	

后记

2021年1月终于写完本书第11章。回顾近10年来的历程，仅完成当初设想的一半，即乙烯装置分离系统全流程稳态模拟部分。计划再用3~5年时间继续整理分析本书未引用的国内外文献，并完成一些典型案例的模拟计算。前6年都在查阅国内外文献，并整理积累相关知识，近4年才间断地写作和开展模拟计算。1年多时间花在汽油分馏塔和急冷水塔系统模拟计算上，总算是功夫不负有心人，建立了可开展急冷系统优化设计和操作的模拟模型，并找到了计算方法。本书的完稿至少有两个离不开，一是离不开作者曾养成科学精神和打好理论基础的上海交通大学和清华大学；二是离不开克拉玛依市独山子区这片沃土，尤其是助力作者成长的独山子石化公司。

本书提供了作者绘制的乙烯装置三种不同主流分离技术的整套工艺流程简图，它们较系统地囊括了自汽油分馏塔系统接收裂解炉区废热锅炉出口的裂解气始至脱丁烷塔采出碳四馏分和粗裂解汽油组分止的分离流程，可用于乙烯装置分离技术比选和培训、生产操作分析与研讨、分离过程模拟与优化等，都受到本书著作权保护。未经作者书面许可，本书工艺流程简图及文字内容不允许用于所有以盈利为目的的培训、报告等行为。随着本书的出版，作者可为某特定乙烯装置提供标定、绩效分析等个性化技术服务，可按用户要求将本书内容转化为个性化的培训资料或报告，需要的用户可邮件 lubrightway@163.com 联系作者。进一步，可按用户要求，与设计院协作，利用本书稳态模拟计算模型开展乙烯装置的工艺包设计及其优化设计工作；同时与先进控制承包商合作，开展乙烯装置的先进控制及在线优化方案设计工作。更进一步，可与大学及科研院所联合培养硕士、博士研究生，利用本书稳态模拟计算模型开展乙烯装置分离过程的有效能分析、全运行过程的动态模拟优化及先进控制与优化研究工作，既节约乙烯生产过程能耗，又减少乙烯装置试车、开停车等过程的氮气、蒸汽等公用工程消耗和开停车物料火炬排放；并开发适合特定裂解原料配制的乙烯装置新分离工艺，个性化地给出减少该乙烯装置开停车期间物料排放的新增工艺流程。

亲爱的读者，若您新设计一套乙烯装置，该乙烯装置分离技术采用EP3装置的急冷系统、甲烷膨胀/再压缩系统和EP1装置的顺序分离工艺，并在乙烯精馏系统应用热泵技术，其技术指标可能优于本书的EP1装置，敬请读者独立研究之。

二十一世纪第三个十年，国内乙烯生产能力会出现井喷式增长，乙烯行业竞争逐渐剧烈。作者期望本书更有助于乙烯生产者对现有乙烯装置进行创新改进，不断提高乙烯装置的竞争力。

著者
2021年2月于独山子